"十三五"医学高职高专规划教材

生物化学

SHENGWU HUAXUE

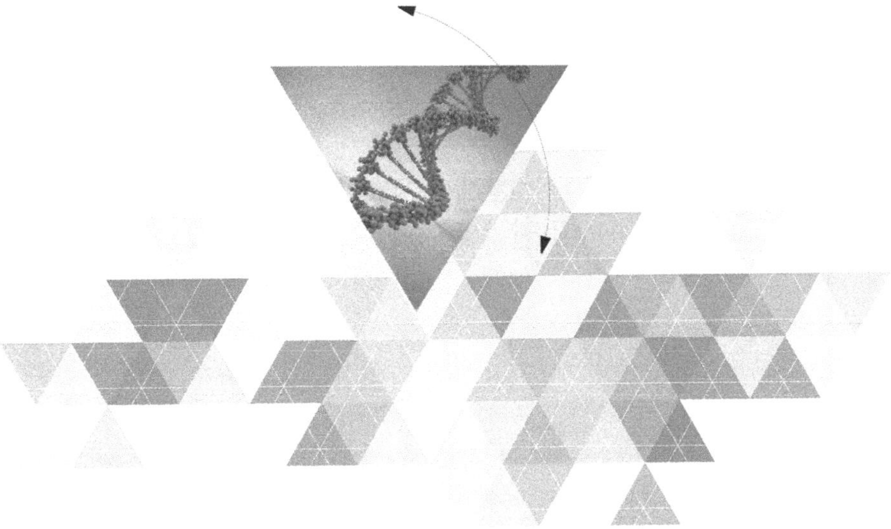

U0232782

主　编　肖明贵　胡　静　王　腾

副主编　沈红元　杨友谊　简清梅

编　者　（按姓氏拼音排序）

陈　飞（孝感市中心医院）　　胡　静（湖北职业技术学院）

李保安（襄阳职业技术学院）　简清梅（荆楚理工学院）

马　平（随州职业技术学院）　沈红元（湖北职业技术学院）

王　腾（湖北职业技术学院）　肖明贵（湖北职业技术学院）

杨友谊（湖北中医药专科学校）左华泽（黄石理工学院职业技术学院）

长江出版传媒 Changjiang Publishing & Media　湖北科学技术出版社 HUBEI SCIENCE & TECHNOLOGY PRESS

图书在版编目(CIP)数据

生物化学 / 肖明贵，胡静主编．—武汉：湖北科学技术出版社，2019.10(2024.8重印)
ISBN 978-7-5706-0718-1

Ⅰ.①生… Ⅱ.①肖… ②胡… Ⅲ.①生物化学—医学院校—教材 Ⅳ.①Q5

中国版本图书馆 CIP 数据核字(2019)第 132327 号

责任编辑：程玉珊　冯友仁　　　　封面设计：喻　杨

出版发行：湖北科学技术出版社　　　　电话：027－87679447
地　　址：武汉市雄楚大街 268 号　　　　邮编：430070
（湖北出版文化城 B 座 13－14 层）
网　　址：http://www.hbstp.com.cn

印　　刷：湖北云景数字印刷有限公司　　　　邮编：430205

787×1092　1/16　12.75 印张　330 千字
2019 年 10 月第 1 版　　　　2024 年 8 月第 8 次印刷
定价：40.00 元

前 言

生物化学是医药卫生类专业的一门基础医学课程，本教材以教育部“国家教育事业发展‘十三五’规划”为基本指导思想，突出职业能力培养，以提高技术应用能力为宗旨，掌握“三基”（基本理论、基本知识、基本技能）为主线，突出“必需、够用、实用”的基本原则，根据岗位需求编写完成，可供临床医学、口腔医学、护理、康复等专业使用。

本书为了适应高职高专的教学特点，在内容选取上紧密结合专业培养目标，以执业助理医师考试大纲为指导，在编写中力求把理论内容简化、把复杂概念细化，每章提出学习目标，分掌握、理解、了解三个层次；插入知识小贴士，开阔学生视野；后附思考题，强化知识点，便于学生自学；将实验项目和教材相结合，建立实验课标准，具有较强的指导作用。通过本书的学习力求解决生物化学内容多、概念复杂、教师难讲、学生难学的问题。

全书共分 16 章，包括绪论、蛋白质、核酸、酶、糖代谢、生物氧化与能量代谢、脂类代谢、蛋白质分解代谢、核苷酸代谢、肝脏生物化学、无机盐与维生素、DNA 生物合成、RNA 生物合成、蛋白质生物合成（翻译）、常用基因技术、生物化学实验指导。

本书由相关高职高专院校的多名生物化学骨干教师编写，在编写中凝聚了全体参编人员的智慧和努力，得到各院校及老师的大力支持，谨此一并致谢。

由于编者水平有限，时间较短，教材编写工作量大，任务繁重，尽管我们尽了最大努力，但仍难免存在不足之处，竭诚希望广大专家和使用本教材的师生给予批评指正。

肖明贵

2019 年 5 月

目 录

第一章

绪　论

学习目标

1. **掌握**　生物化学的概念及研究内容。
2. **理解**　生物化学与医学的关系。
3. **了解**　生物化学发展简史。

生物化学(biochemistry)是研究生物体的化学组成和生命过程中化学变化规律的科学。它主要采用化学及物理学和免疫学等原理和方法,从分子水平来探讨生命现象的本质,故又称生命的化学。

生物化学的主要任务是了解生物的化学组成、结构及生命过程中各种化学变化。从早期对生物总体组成的研究,进展到对各种组织、细胞及亚细胞成分的精确分析。运用光谱分析、同位素标记、X射线衍射、电子显微镜等物理学、化学技术,对生物大分子(如蛋白质、核酸等)进行分析,阐释生物大分子的功能与结构的特定关系。生物化学既是重要的基础医学学科,又与其他医学学科有着广泛的联系与交叉。

分子生物学(molecular biology)是从分子水平研究作为生命活动主要物质基础的生物大分子结构与功能,从而阐明生命现象本质的科学。其主要研究领域为:①蛋白质(包括酶)的结构和功能;②核酸的结构和功能,包括遗传信息的传递;③生物膜的结构和功能;④生物调控的分子基础;⑤生物进化。分子生物学作为生物化学的重要组成部分,是生物化学的发展和延续。该学科是在第二次世界大战后,在生物化学基础上,融入遗传学、微生物学及高分子化学等不同研究领域而形成的一门交叉科学。目前分子生物学已发展成生命科学中的新兴带头学科,与临床医学的发展紧密相连。

第一节　生物化学发展简史

生物化学是一门既古老又年轻的学科。在我国可追溯到公元前21世纪,在欧洲约为200年前,但直到20世纪初才引用“生物化学”这个名称而成为一门独立的学科。

生物化学的发展可分为叙述生物化学、动态生物化学及分子生物学三个阶段。

(一)叙述生物化学阶段(20世纪20年代以前)

公元前21世纪,我国人民已能造酒,开始了中国古代酶学的萌芽。相传夏人仪狄做酒,禹饮而甘之,做酒必用曲,故称曲为酒母,又叫作酶,是促进谷物中主要成分淀粉转化为酒的媒介物。《周礼》上已有五味的描述，称饴和醋为五味之一，饴即今之麦芽糖，是大麦芽中的淀粉酶水解谷物中淀粉的产物。可见我国在上古时期，已使用生物体内一类很重要的有生物学活性的物质——酶进行制饴及酵醋。膳食疗法早在周秦时代即已开始应用。《黄帝内经·素问》的"藏气法时论"篇记载有"五谷为养，五畜为益，五果为助，五菜为充"，将食物分为四大类，并以"养""益""助""充"表明在营养上的价值。孟诜著《食疗本草》及昝殷著《食医必鉴》二书，是我国最早的膳食疗法书籍。我国古代医学对某些营养缺乏病的治疗，也有所认识。4世纪，葛洪著《肘后备急方》中载有用含碘丰富的海藻酒治疗地方性甲状腺肿——瘿病的方法。唐代王焘的《外台秘要》中载有疗瘿方36种，其中27种为含碘植物。夜盲症古称"雀目"，是一种缺乏维生素A的病症。唐代孙思邈首先用含维生素A较丰富的猪肝治疗"雀目"。沈括著的《沈存中良方》中记载用皂角汁从男性尿液中沉淀出秋石——类固醇激素，用于明目清心、清血热等。明代李时珍撰著《本草纲目》，共载药物1 800余种，还包括人体各类代谢物，对生物化学的发展贡献斐然。

近代生物化学的发展，欧洲处于领先地位。18世纪中叶，Scheele研究生物体（植物及动物）各种组织的化学组成，一般认为这是奠定现代生物化学基础的工作。随后，Lavoisier于1785年证明，在呼吸过程中，吸进的氧气被消耗，呼出二氧化碳，标志着生物氧化及能量代谢研究的开端。1828年Wohler在实验室里人工合成尿素，为生物化学发展开辟了广阔的道路。1897年Buchner制备的无细胞酵母提取液，在催化糖类发酵上获得成功，奠定了酶学的基础。9年之后，Harden与Young又发现发酵辅酶的存在，使酶学的发展更向前推进一步。

（二）动态生物化学时期（20世纪前半叶）

从20世纪开始，生物化学进入了一个蓬勃的发展时期。特别从20世纪50年代开始，生物化学的进展突飞猛进，对体内各种主要物质的代谢途径均已初步阐明，此阶段特点是：主要物质的代谢途径、人类必需氨基酸、必需脂肪酸、多种维生素及多种激素的发现。比如：在营养方面，酶学研究进一步深入，发现了必需氨基酸、必需脂肪酸、多种维生素及一些重要的微量元素，研究了人体对蛋白质的需要量。许多维生素及激素能够被提纯，甚至还被合成。在酶学方面，Sumner于1926年分离并制备了尿酶结晶，胃蛋白酶及胰蛋白酶也相继被制备成结晶，有力推动了体内新陈代谢的研究。在这一时期，我国生物化学家吴宪等在血液分析方面创立了血液化学分析及血糖的测定等方法，至今还为人们所采用；在蛋白质的研究中，提出了蛋白质变性学说。

（三）分子生物学阶段（20世纪50年代以后）

这一时期生物化学的发展突飞猛进，焦点是蛋白质与核酸。1953年，Watson和Crick提出DNA的双螺旋结构模型，随后弗朗西斯·克里克于1958年提出人类遗传中心法则，破译基因密码的竞赛亦随之展开。20世纪60年代遗传密码的破译，标志着生物化学的发展进入了新的里程碑。与此同时，我国的生物化学也得到繁荣发展。1965年我国的生物化学工作者和有机化学工作者首先人工合成了有生物学活性的胰岛素，开拓了人工合成生物分子的途径。1981年又首先人工合成了具有生物活性的酵母 $tRNA^{Ala}$。

20世纪70年代以来，PCR技术、DNA重组技术、克隆技术等分子生物学技术纷纷问世，大大推进了基因表达调控机制的研究，揭开了主动改造生物体基因的序幕。乙肝疫苗等多种基因工程产品的发明，大大推动了医药和农业的发展。随着核酶（ribozyme）的发现、转基因

(transgene)、基因剔除(gene knock out)等技术的发明及开展,人类向基因诊断和基因治疗迈开新的征程。1997年Ian Wilmut等通过体细胞核转移制备了举世闻名的克隆绵羊Dolly,1998年A. Fire等报告RNA干扰(RNAi),加速推动生物化学的蓬勃发展。

20世纪90年代,人类基因组计划(human genome project,HGP)是人类生命科学领域的又一伟大的创举,它是有史以来最庞大的全球性研究计划。人类基因组计划确定了人类基因组的全部序列及人类基因的一级结构。1986年3月,诺贝尔奖获得者Dulbecco首次提出人类基因组计划的概念。1990年10月,正式启动人类基因组计划。1999年7月,中国科学院遗传研究所承担了1%的测序工作,2000年6月,全部基因的测序工作完成。2001年2月人类基因组图谱完成。随着人类基因组计划的完成,人类揭开了后基因组学时代(蛋白质组学,proteomics)新的帷幕。研究重心已开始从揭示生命的所有遗传信息转移到在分子整体水平对功能的研究上,目前进入更广阔的研究领域——功能基因组学、生物信息学、比较基因组学、结构基因组学、蛋白质组学和整体生物学等开展研究。

第二节 生物化学研究的主要内容

生物化学研究的领域涉及整个生物界各类物种,人体生物化学的研究对象主要是人体,其研究内容广泛,主要归纳有以下几个方面。

一、人体的物质组成

人体由各种器官构成,不同器官均是由人体四大组织(上皮组织、结缔组织、肌肉组织、神经组织)所构成,组织是由形态相似、功能相同的一群“细胞和细胞间质”组合起来,是构成“器官的基本成分”。这些细胞和细胞间质则由成千上万种化学物质组成。人体的化学组成主要有水55%~67%、蛋白质15%~18%、脂类10%~15%、无机盐3%~4%、核酸2%和糖类1%~2%,另外还有少量其他化合物。其中水和无机盐为无机物,其他物质属于有机物。有机物包括大分子有机物和小分子有机物。生物大分子指的是作为生物体内主要活性成分的各种分子量达到上万或更多的有机分子,主要是指蛋白质、核酸及相对分子量较高的碳氢化合物。常见的生物大分子包括蛋白质、核酸、多糖,与生物大分子对应的是小分子物质(二氧化碳、甲烷等)和无机物质。

二、生物分子的结构和功能

生物大分子的种类繁多,结构复杂。分子结构是功能的基础,而功能则是结构的体现。研究生物分子的结构和功能之间的关系,代表了现代生物化学与分子生物学发展的方向。由基本组成单位按一定顺序和方式连接而形成有机大分子是生物大分子的组成所遵循的规律。如核酸是以核苷酸作为基本单位,通过磷酸二酯键连接形成的多核苷酸链;氨基酸作为基本组成单位,通过肽键连接形成的多肽链,进一步组成各类蛋白质。对生物大分子的研究除了基本组成单位的排列顺序外,更重要的是研究空间结构与功能的关系。

分子空间结构和分子的相互作用是当今生物化学研究的热点之一。生物大分子的功能还须通过一定分子空间构型之间的相互识别和作用来实现。如蛋白质分子与细胞膜受体之间的相互识别并结合,启动胞内信号转导;蛋白质分子进入细胞核与DNA特定位点识别并结合,启动特定基因的转录调控。在生命活动过程中,生物大分子空间构型及相互作用,实时而精确传递各自信号,发挥特定的功能。

三、物质代谢及调节

新陈代谢是生物体不同于非生物的基本特征之一。生物体内每时每刻都在进行物质交换,如糖代谢、脂类代谢、生物氧化、氨基酸代谢、核苷酸代谢等,各类代谢之间互相联系和调节,从而维持其内环境的稳定,保障生命活动的正常延续。据估计,纵观人体一生,从外界环境摄取的水、糖类、蛋白质和脂类等物质的总量约高达人体自身重量的 1 000 多倍。同时机体经消化吸收等途径利用维生素、无机盐及其他小分子物质,为机体生长发育、组织更新修补、细胞增殖等生命活动提供必需原料。一方面,机体可以进行合成代谢将其转变为自身的物质,另一方面也可对物质进行分解代谢,为生命活动提供所需的能源,所产生的代谢废物经排泄器官排出体外。物质代谢每时每刻在机体内进行,如人体肝脏是一个独特的器官,它是人体最大的代谢和解毒器官,它含有 600 多种酶进行着 500 多种生化反应,其功能多达 2 500 种。体内各种物质代谢之间存在着密切而复杂的内在联系,而且内外环境的变化影响代谢途径的变化。物质代谢中的绝大部分生物化学反应是由酶来催化,酶的活性的变化对物质代谢调节起着重要作用。当前,不同代谢途径之间细胞信号转导的机制及网络调控也是近代生物化学研究的重要方向,同时也催生了免疫代谢学等新兴交叉领域,使人类对肿瘤和炎症的认识更加深入。

四、基因信息传递及调控

繁殖与遗传是生命的另一个基本特征。基因信息传递涉及遗传、变异、生长等生命过程,也与遗传代谢性疾病、恶性肿瘤、心脑血管病、自身免疫性疾病、变态反应等多种疾病的发病机制有关。因此,基因信息传递的研究在生命科学尤其是医学中的作用越来越显示出它的重要性。生物体的遗传信息以基因为基本单位贮存于 DNA 分子中。随着基因工程技术的发展,许多基因工程产品将应用于人类疾病的诊断和治疗。如建立宏基因组感染性疾病诊断平台,通过对患者血液遗传物质测序,有利于快速明确未知的病原体(细菌、病毒、真菌、寄生虫等);建立遗传性疾病基因诊断中心帮助寻找人类复杂疾病的病因。大数据时代的 DNA 重组、转基因、基因剔除、新基因克隆、人类基因组及功能基因组研究等的发展将大大推动这一领域的转化进程。

第三节　生物化学与医学

生物化学与许多基础学科存在广泛联系,相互促进。生物化学已成为生物学各学科之间、医学各学科之间相互联系的共同语言基础。生物化学的理论和技术已渗透到医学的各个领域,在基础医学中,产生了分子免疫学、分子病理学、分子药理学等许多新兴的交叉学科,方兴未艾。

临床医学与生物化学联系紧密,如疾病的发生发展及转归的分子机制与遗传易感性,明确疾病的病因与个体化治疗,均与生物化学密不可分。生物化学每一步革命性的突破都促进了临床医学的巨大进展。一方面提高人们对疾病认识的深度,如糖类脂质代谢紊乱导致的脂肪肝、代谢综合征和 2 型糖尿病,胆红素代谢异常与黄疸,维生素缺乏与夜盲症和佝偻病等;另一方面加强疾病诊断手段的理论基础和技术支撑,如用比色法检测血液中转氨酶水平来评估肝细胞功能。因此,生物化学是必修课程,能为进一步学习其他基础医学和临床医学课程奠定坚实的基础。

随着大数据时代的来临，转化医学的蓬勃发展，生物化学的新发现、新技术将越来越多地应用于临床实践中，在疾病的预防、诊断和治疗上，结合遗传与环境因素，从分子水平探索疾病发生、发展及转归机制，瞄准肿瘤、心脑血管病、代谢性疾病、免疫性疾病、神经系统疾病等重大疾病发病机制进行分子水平的研究，寻找个体化精准医学治疗途径，已成为当代医学研究的共同目标。新型诊断试剂和治疗药物不断得到开发和利用，尤其在疾病相关基因克隆、基因芯片与蛋白质芯片诊断、基因治疗、重组 DNA 技术生产多肽药物、基因工程疫苗等方面已有大量成果得到应用。如利用重组 DNA 产生的工程菌来大量高效地合成干扰素、促红细胞生成素、白介素、生长激素及肿瘤疫苗等。随着生物化学与生物学的飞速发展，临床医学的诊断、治疗和预防将会迎来更深远、广阔的升级。

第四节　学习生物化学的方法

生物化学学科特点：生物化学这门基础医学课程，看似零乱枯燥的分子微观世界的变化，实际上具有承前启后的内在联系。

1. 知识储备的必需性　需要化学理论基础，特别是有机化学基础，并与其他生物学科有一定的联系。

2. 内在联系紧密性　貌似内容多、复杂，并且抽象，实际上各章节之间联系密切，前后交错呼应。生物大分子由基本分子单体组成，生物复杂多样，但在分子水平具有简单同一性。

3. 结论的非绝对性　与数学、物理、化学不同，它还没有进入定量科学阶段，还处于定性科学阶段，没有绝对，部分科学结论在不断被新的研究成果突破。

学习方法

1. 记忆和理解相结合　以概念为主，当然也有规律和规则，在理解的基础上加强记忆，注意记忆与理解的相互促进。生物化学内容十分丰富，有不少知识点需要记忆，丰富的记忆材料是良好理解能力的基础，对问题的理解又可以促进记忆，学生在学习中应注意锻炼记忆与理解相互促进的学习方法。

2. 归纳与复习相结合　课堂随时消化，及时总结归纳，温故知新，注重复习。

3. 理论与实际相结合　生物化学是以生物体为研究对象，生物体内的物质组成及其性质、物质代谢和调控，都是与其生物学功能相适应的。因此，注重与生物学功能的联系，从生物学功能的角度理解问题，注重理论联系实际，引导学生积极参与相关实验和临床实践，将课堂理论知识充分应用于实际，从而显著地提高学习效率。

思　考　题

1. 生物化学的概念是什么？

2. 生物化学研究的主要内容有哪些？

3. 试述生物化学与医学的关系。

（胡　静）

第二章 蛋 白 质

学习目标

1. 掌握 蛋白质的生物学功能、元素组成及特点；一级、二级、三级、四级结构及等电点；蛋白质变性的概念。

2. 理解 氨基酸的结构特点及分类。

3. 了解 分离纯化蛋白质的常用方法。

第一节 蛋白质的生物学功能

凡是有生命的物质无不含有蛋白质(protein)，它是人体中含量和种类最多的生物大分子(biomacromolecule)，约占人体干重的45%，种类约有数十万之多。各种蛋白质的分子结构千差万别，从而决定了蛋白质功能的多样性，担负起参与并完成以复杂的物质代谢为基础的生命活动。

一、构成和修复机体组织

蛋白质是机体所有组织细胞、体液的重要组成成分，是构成肌肉组织、内脏器官、骨骼组织和内分泌系统的重要物质，是机体生长发育和组织修复与更新的物质基础。

小贴士

蛋白质一词由19世纪中期荷兰化学家穆尔德(1802—1880)命名。当时，穆尔德从动物组织和植物体液中提取出一种共同的物质，他认为这种物质存在于有机界的一切物质中。根据瑞典著名化学家贝采里乌斯的提议，将这种物质命名为蛋白质，并认为蛋白质是构成所有生命组织中复杂物质的第一重要元素。尽管随着时代的变迁，人们已否认了生命活动过程中扮演重要角色的复杂物质是由蛋白质这一种物质构成的，但蛋白质作为生命活动中复杂物质的含义一直沿用至今天。

二、参与调节机体生理功能

机体的生命活动之所以能够有条不紊地精确进行，依赖于生理活性物质的调节。而蛋白质在体内是构成某些具有重要生理活性物质的主要成分，参与调节生理活动。如酶蛋白具有促进食物消化、吸收和代谢的作用，免疫球蛋白具有维持机体免疫功能的作用，核蛋白构成细胞核并影响细胞功能和参与遗传信息传递，收缩蛋白如肌球蛋白具有调节肌肉收缩的功能，血液中的白蛋白具有调节渗透压、维持体液平衡的功能，脂蛋白、运铁蛋白、视黄醇结合蛋白具有运送营养素的作用，血红蛋白具有携带运送氧气的功能，凝血因子、抗凝血因子及纤溶物质有凝血、抗凝血和纤溶作用，肽类激素具有调节体内各器官和生理活性成分的功能等。

三、供给能量

蛋白质在体内分解可转变成生糖氨基酸(glucogenic amino acid)或生酮氨基酸(ketogenic amino acid)，进而转变成葡萄糖或糖原的形式氧化供能或储存；或者转变为脂肪酸被利用；或以甘油三酯的形式储存于体内备用。而当机体的糖和脂肪供给不足时，蛋白质的消耗就会增加。

第二节　蛋白质的分子组成

一、蛋白质的元素组成

蛋白质的分子量虽然大，结构也很复杂，并且表现出重要的生物学活性，但化学元素分析证明它含有几种主要元素。一般蛋白质都含有碳(50%～55%)、氢(6%～8%)、氧(19%～24%)、氮(13%～19%)。除此之外，大部分蛋白质还含硫(0～4%)，一些蛋白质还含有少量的磷、铁、铜、锌、锰、钴、硒、碘等元素。各种蛋白质的含氮量十分接近，平均约16%，且蛋白质又是机体内主要的含氮化合物，因此在测定生物样本中蛋白质的含量时，只需先测定其含氮量，再乘以6.25即可得出蛋白质的大致含量。

每克样品中蛋白质含量＝每克样品中含氮量×6.25

二、蛋白质的基本组成单位——氨基酸

蛋白质结构虽很复杂，但经酸、碱或蛋白质水解酶作用后，可得到多种不同的氨基酸(amino acid)物质，因此氨基酸是蛋白质的基本构成单位。存在于自然界的氨基酸有300余种，而组成人体蛋白质的天然氨基酸仅20种。

氨基酸是α碳原子带有氨基的有机羧酸，其基本结构特征是：α碳原子连有4个基团或原子，分别为氨基(或亚氨基)、羧基、氢和侧链(结构通式见图2-1)。除甘氨酸的R为H外，其余氨基酸α-碳原子都是不对称碳原子，存在L型和D型两种构型，组成人体蛋白质的氨基酸都为L-α-氨基酸。由于侧链R结构的差异，从而形成了理化性质各异的氨基酸。

图2-1　L-α-氨基酸结构通式

(一)氨基酸的分类

组成人体天然蛋白质的20种氨基酸，可根据其侧链的结构和理化性质分成4类(表2-1)：①非极性疏水性氨基酸；②极性中性氨基酸；③酸性氨基酸；④碱性氨基酸。此外，脯氨酸和半

胱氨酸结构较特殊，脯氨酸属亚氨基酸在蛋白质合成加工时可被修饰成羟脯氨酸；而 2 个半胱氨酸通过脱氢以二硫键相结合形成胱氨酸，蛋白质中不少半胱氨酸是以胱氨酸形式存在。

表 2-1　氨基酸的结构与分类

名称及缩写	英文名及缩写	结构式	等电点
1. 非极性疏水性氨基酸			
甘氨酸(甘)	glycine(Gly 或 G)	CH_2—COOH NH_2 (on CH_2)	5.97
丙氨酸(丙)	alanine(Ala 或 A)	CH_3—CH—COOH NH_2 (on CH)	6.00
缬氨酸(缬)	valine(Val 或 V)	CH_3—CH—CH—COOH CH_3 (on 1st CH), NH_2 (on 2nd CH)	5.96
亮氨酸(亮)	leucine(Leu 或 L)	CH_3—CH—CH_2—CH—COOH CH_3 (on 1st CH), NH_2 (on 2nd CH)	5.98
异亮氨酸(异亮)	isoleucine(Ile 或 I)	CH_3—CH_2—CH—CH—COOH CH_3 (on 1st CH), NH_2 (on 2nd CH)	6.02
苯丙氨酸(苯)	phenylalanine(Phe 或 F)	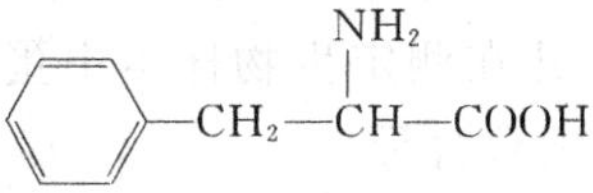	5.48
脯氨酸(脯)	proline(Pro 或 P)	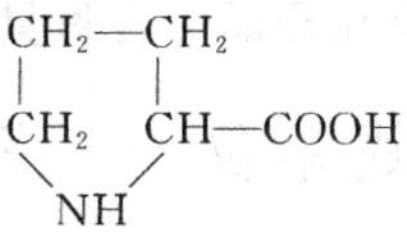	6.30
2. 极性中性氨基酸			
色氨酸(色)	tryptophan(Trp 或 W)	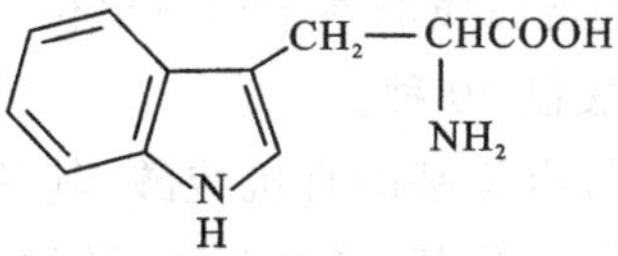	5.89
丝氨酸(丝)	serine(Ser 或 S)	HO—CH_2—CH—COOH NH_2 (on CH)	5.68
酪氨酸(酪)	tyrosine(Tyr 或 Y)	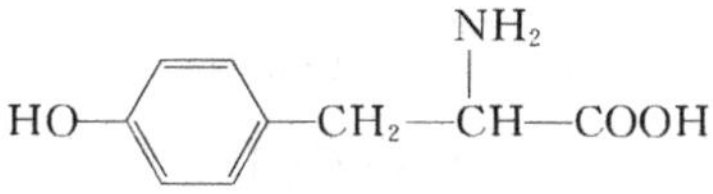	5.66
半胱氨酸(半)	cysteine(Cys 或 C)	HS—CH_2—CHCOOH NH_2 (on CH)	5.07
蛋氨酸(蛋)	methionine(Met 或 M)	CH_3—S—CH_2CH_2—CHCOOH NH_2 (on CH)	5.74

续表

名称及缩写	英文名及缩写	结构式	等电点
天冬酰胺(天冬酰)	asparagine(Asn 或 N)	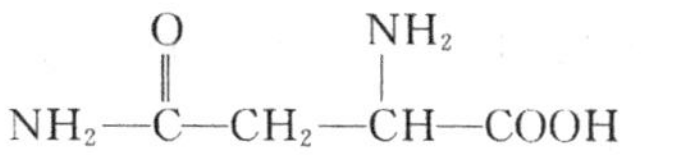	5.41
谷氨酰胺(谷酰)	glutamine(Gln 或 Q)	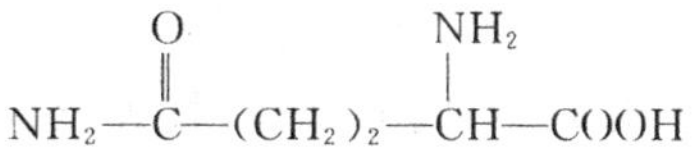	5.65
苏氨酸(苏)	threonine(Thr 或 T)	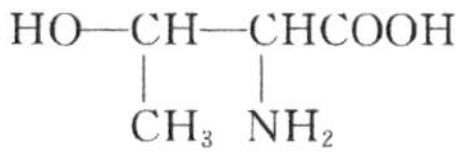	5.60
3. 酸性氨基酸			
天冬氨酸(天)	aspartic acid(Asp 或 D)	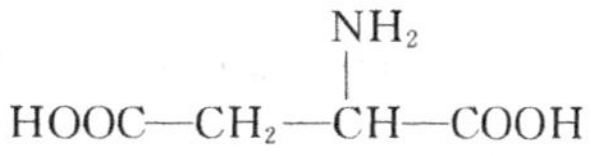	2.77
谷氨酸(谷)	glutamic acid(Glu 或 E)	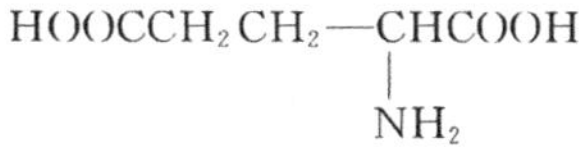	3.22
4. 碱性氨基酸			
赖氨酸(赖)	lysine(Lys 或 K)	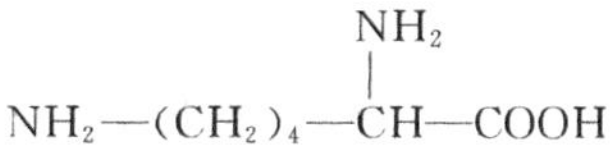	9.74
精氨酸(精)	arginine(Arg 或 R)	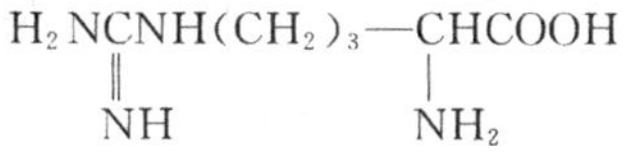	10.76
组氨酸(组)	histidine(His 或 H)	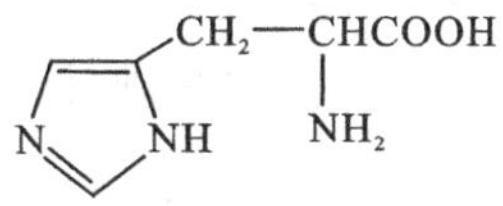	7.59

(二)氨基酸的理化性质

1. 两性电离和等电点　构成天然蛋白质的氨基酸都有一个呈碱性的 α-氨基和呈酸性的 α-羧基，前者可在酸性溶液中与质子(H^+)结合为阳离子($-NH_3^+$)，后者在碱性溶液中与 OH^- 结合，失去质子变成阴离子($-COO^-$)，因此氨基酸是一种两性电解质，具有两性电离的特性。电离方式取决于氨基酸所处溶液的 pH 值。如果氨基酸在某一 pH 值溶液中电离成阴离子和阳离子的趋势与程度相等，即成为兼性离子时，溶液的 pH 值就称为该氨基酸的等电点(isoelectric point，pI)(图 2-2)。

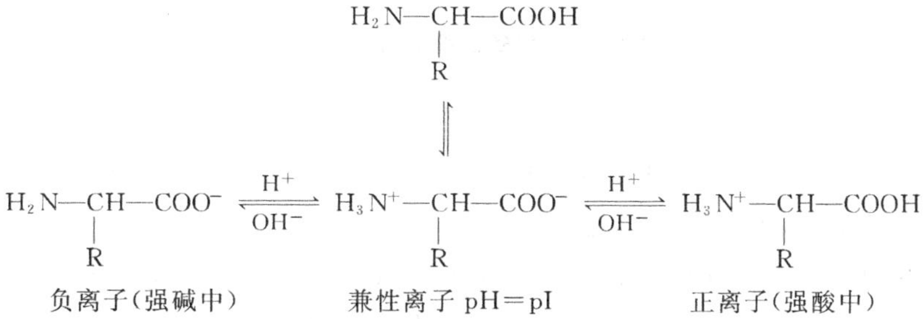

图 2-2　氨基酸两性电离和等电点

2. 物理性质和光谱性质　①物理性质：氨基酸熔点高，各种氨基酸在水中溶解度大小不一，一般在水中的溶解度大于在乙醚中的溶解度。在等电点状态时，水中的溶解度最小。②光谱性质：苯丙氨酸、酪氨酸、色氨酸等芳香族氨基酸在 280nm 波长处具有特征性吸收峰，因此可用来测定蛋白质的含量。

3. 氨基酸化学反应　氨基酸分子结构上的氨基和羧基都可发生不同的化学反应。如氨基的酰化、烃基化；羧基的成酯、成酐、成酰胺等反应；氨基酸与茚三酮反应生成蓝紫色化合物，在 570nm 处有最大吸收峰，因此可作为氨基酸的定性和定量试验。

三、肽

（一）肽键（peptide bond）

在蛋白质分子中，一个氨基酸的 α-羧基与另外一个氨基酸的 α-氨基，通过脱去一分子 H_2O 所形成的酰胺键称为肽键（图 2-3）。

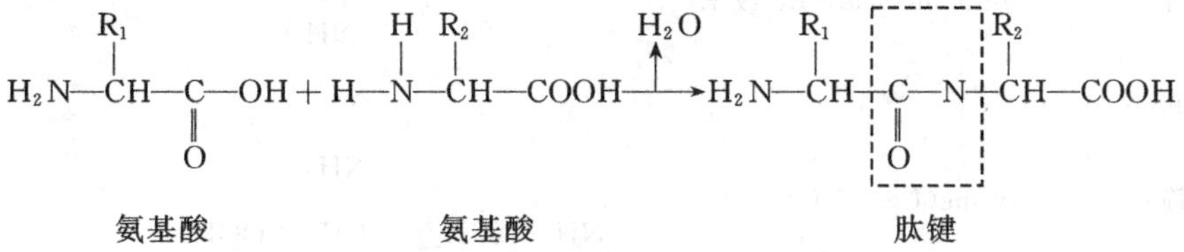

图 2-3　肽键的形成

肽键是共价键，参与构成肽键的 6 个原子都位于同一平面上，称肽键平面。肽键长度介于单键和双键之间，具有双键的性质，因此不可自由旋转。而与 Cα 相连的 N 和 C 是真正的单键，能自由旋转，它是产生蛋白质空间结构的基础（图 2-4）。

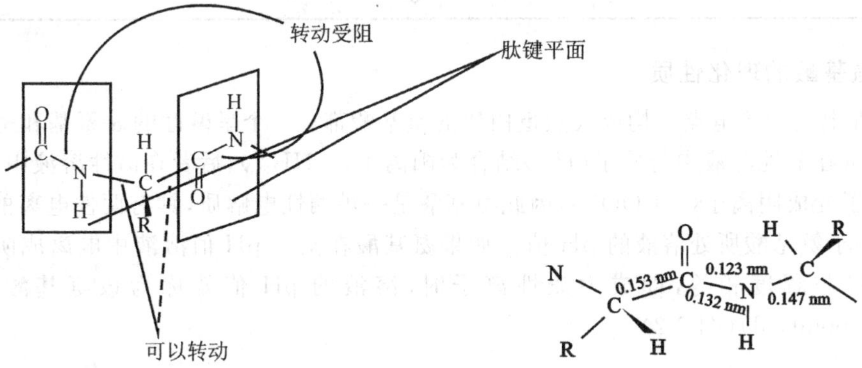

图 2-4　肽键各键键长与肽键平面

（二）肽

氨基酸通过肽键相互连接而成的化合物称为肽。由 2 个氨基酸形成的肽称二肽，由 3 个氨基酸形成的肽称三肽，以此类推。一般十肽以下称作寡肽，十肽以上称作多肽（又称多肽链）。蛋白质其实是由许多氨基酸连接而成的多肽链（polypeptide chain）结构。蛋白质和多肽在分子量上很难划出明确界线，常把由 39 个氨基酸残基组成的促肾上腺皮质激素称作为多肽，而把含有 51 个氨基酸残基、分子量为 5 733 的人胰岛素称作蛋白质。

由于氨基酸间通过脱水才形成肽键，因此蛋白质多肽链中的氨基酸结构已不完整，称为氨基酸残基。而一个多肽链分子的两端分别存在游离的 α-氨基和 α-羧基，因此称为氨基末端（简称 N 末端）和羧基末端（简称 C 末端）。在表示肽链中氨基酸残基的顺序时，习惯上将 N 端写在左侧，C 端写在右侧，氨基酸编号依次从 N 端向 C 端排列。

（三）生物活性肽

人体内存在许多具有生物活性的低分子量的肽，在代谢调节、神经传导等方面起着重要的作用。

1. 谷胱甘肽（glutathione，GSH）是由谷氨酸、半胱氨酸和甘氨酸组成的三肽（图 2-5）。GSH 分子中半胱氨酸的巯基（—SH）是该化合物的主要功能基团，具有还原性，可保护体内蛋白质或酶分子中的巯基免遭氧化，从而维持其活性状态。GSH 还有嗜核特性，能与外源的嗜电子毒物如致癌剂或药物等结合，从而阻断这些化合物与 DNA、RNA 或蛋白质结合，以保护机体免遭毒物损害。

2. 肽类激素及神经肽　体内有许多激素属寡肽或多肽，如属于下丘脑-垂体-肾上腺皮质轴的催产素、抗利尿素、促肾上腺皮质激素、促甲状腺素释放激素等。

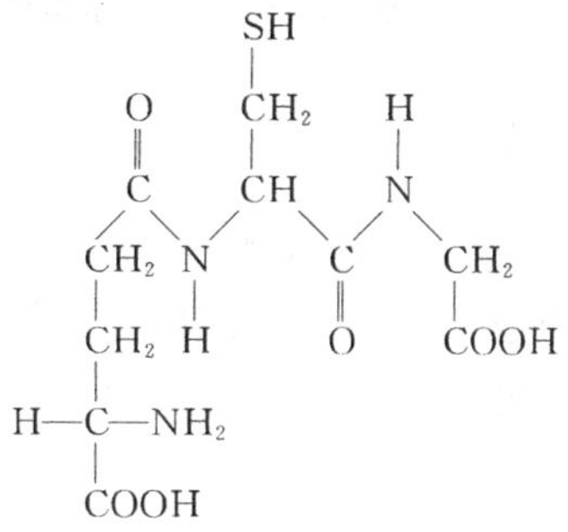

图 2-5　谷胱甘肽

有一类在神经传导过程中起信号转导作用的肽类被称为神经肽（neuropeptide）。如脑啡肽、β-内啡肽、强啡肽等，它们与中枢神经系统产生痛觉抑制有密切关系，已被用于临床的镇痛治疗。相信随着 DNA 技术的广泛应用，更多的肽类药物和疫苗将应用于疾病预防和治疗上。

第三节　蛋白质的分子结构

人体内具有生理功能的蛋白质都是有序结构，由氨基酸排列顺序及肽链的空间排布等所构成的蛋白质分子结构，才真正体现蛋白质的个性，是每种蛋白质具有独特生理功能的结构基础。蛋白质的分子结构分为 4 个层次，即一级、二级、三级、四级结构，后三者称为高级结构或空间构象（conformation）。空间构象涵盖蛋白质分子中的每一原子在三维空间的相对位置，它们是蛋白质特有性质和功能的结构基础。

一、蛋白质分子的一级结构

在蛋白质分子中氨基酸的排列顺序称为蛋白质的一级结构（primary structure）。维持一级结构完整性靠氨基酸之间形成的肽键。有些蛋白质分子中的二硫键也属于一级结构范畴。氨基酸的排列顺序受到遗传信息的决定，是蛋白质空间构象和特殊生物学功能的基础。

英国化学家 Frederick Sanger 于 1953 年第一个测出牛胰岛素的一级结构，牛胰岛素也是世界上首例被确定一级结构的蛋白质。胰岛素有 A 和 B 两条多肽链，A 链有 21 个残基，B 链有 30 个残基。牛胰岛素分子中有 3 个二硫键，1 个位于 A 链内，另 2 个二硫键位于 A、B 链之间（图 2-6），都是由两个半胱氨酸的巯基氧化形成的。

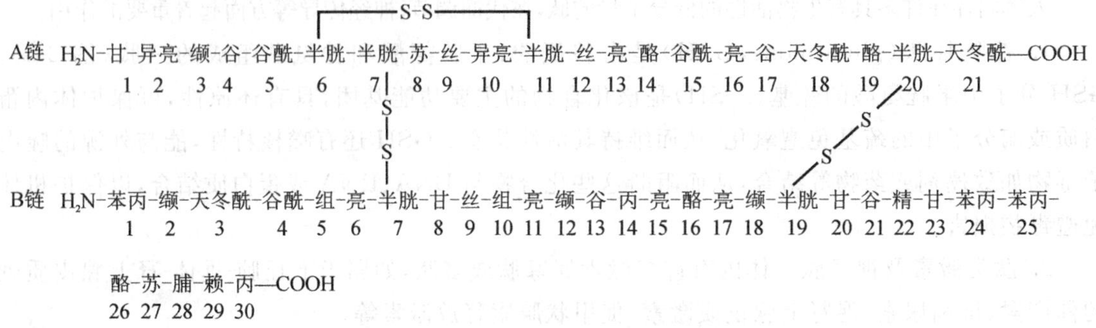

图 2-6　牛胰岛素一级结构示意图

二、蛋白质分子的空间结构

蛋白质多肽链在一级结构的基础上，经过折叠、盘曲形成空间结构。蛋白质分子中各原子和基团在三维空间的相对位置称为蛋白质的空间结构或蛋白构象（protein conformation）。按形成的方式和复杂程度分为二级结构、三级结构和四级结构三个层次。

（一）二级结构

蛋白质的二级结构（secondary structure）是指多肽链的局部空间结构，也就是该段肽链主链骨架原子的相对空间位置，并不涉及氨基酸残基侧链的构象。由于 α-碳原子所连的两个单键能自由旋转，使 α-碳原子两侧的肽键平面可形成不同的空间排布位置，这就是产生二级结构的基础。二级结构有 α-螺旋、β-折叠、β-转角和无规卷曲等结构形式，但以 α-螺旋和 β-折叠两种形式为主。通常在一种蛋白质分子中，可同时交替出现数种二级结构形式。

1. α-螺旋　α-螺旋如图 2-7 所示。多肽链的主链围绕中心轴做有规律的螺旋式上升，螺旋走向为顺时针方向，称右手螺旋，每 3.6 个氨基酸残基使螺旋上升 1 圈，约 0.54nm，氨基酸的侧链伸向螺旋外侧。α-螺旋的每个肽键的 N—H 与第 4 个肽键的羧基氧形成氢键，氢键方向与螺旋长轴基本平行。肽链中的全部肽键的 N—H 和 C═O 都可形成氢键，以稳固 α-螺旋结构。

2. β-折叠　β-折叠如图 2-8 所示。在 β-折叠结构中，多肽链充分伸展，每个肽键平面以 C_α 为旋转点，依次折叠成锯齿状结构，氨基酸残基侧链交替位于其上下方。一般锯齿状结构比较短，只有 5～8 个氨基酸残基，但两条以上肽链或一条肽链内的若干肽段的锯齿状结构可平行排列，肽链的走向可相同亦可相反。链间有氢键相连，以维持 β-折叠结构的稳定。

3. β-转角和无规卷曲　在二级结构中，有时多肽链主链可以出现 180°的转折，此为 β-转角结构。β-转角通常有 4 个氨基酸残基组成，其第 1 个残基的羧基氧(O)与第 4 个残基的氨基氢(H)可形成氢键（图 2-9）。β-转角的结构较特殊，第 2 个残基常为脯氨酸，其他常见残基有甘氨酸、天冬氨酸、天冬酰胺和色氨酸。无规卷曲是用来阐述没有确定规律性的那部分肽链结构（图 2-10）。

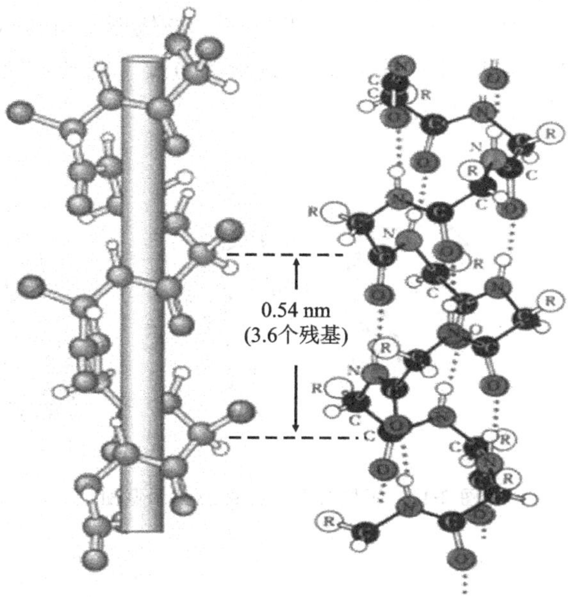

图 2-7　α-螺旋示意图

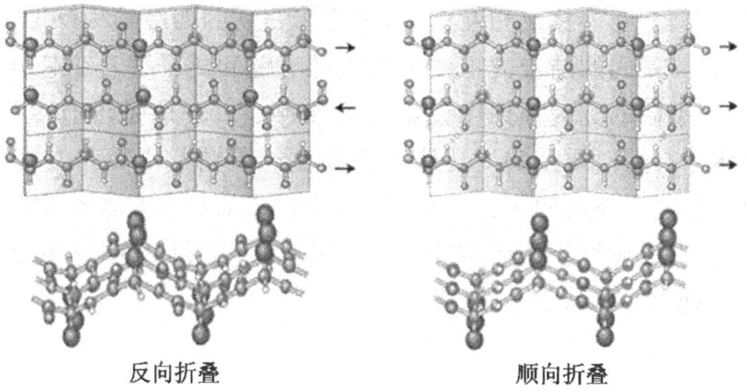

图 2-8　β-折叠示意图

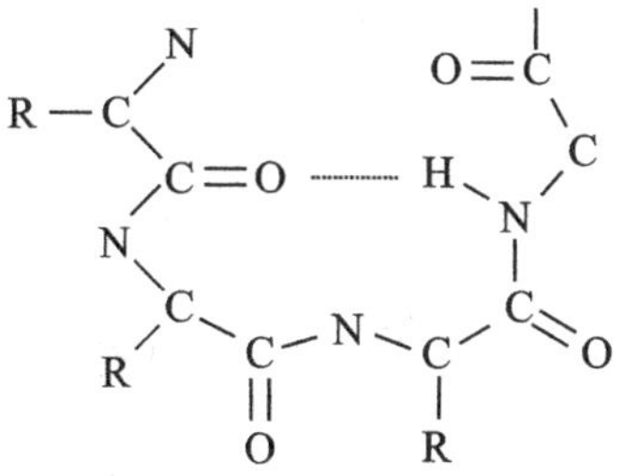

图 2-9　β-转角示意图

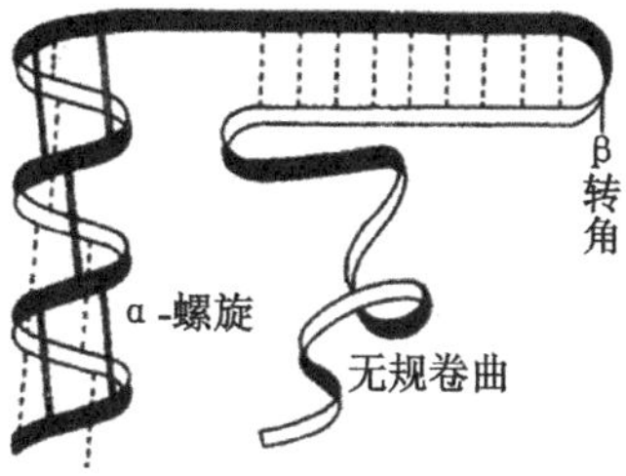

图 2-10　α-螺旋、β-转角、无规卷曲示意图

(二)三级结构

蛋白质的三级结构(tertiary structure)是指多肽链所有原子在三维空间的排布位置,即具

有二级结构的多肽链进一步折叠盘曲形成的空间结构。三级结构一般为球状或椭圆状，有些蛋白质可表现出生物活性。三级结构的稳定主要依靠氨基酸侧链基团之间形成的次级键来维持，如氢键、疏水键、离子键和范德华引力等，以疏水键最为重要。此外，半胱氨酸的巯基形成的二硫键，也参与稳定三级结构(图 2-11)。

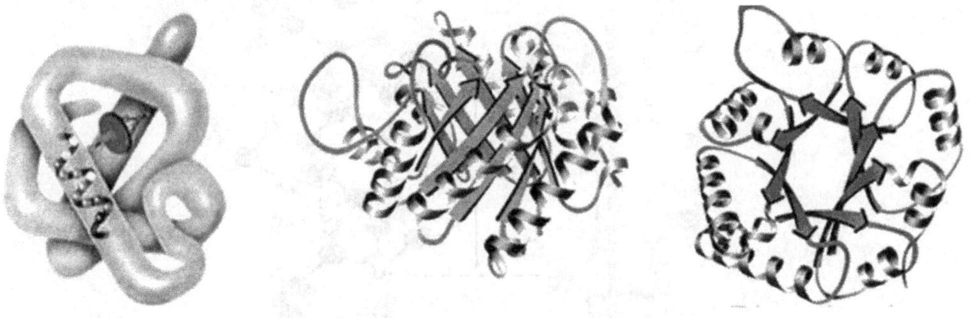

图 2-11　不同多肽链三级结构示意图

(三)四级结构

蛋白质分子的二级、三级结构，只涉及由一条多肽链盘曲而成的蛋白质。而体内有许多蛋白质分子含有两条以上的多肽链，且每一条多肽链都有其完整的三级结构，称为亚基(subunit)。亚基与亚基之间呈特定的三维空间排布，并以非共价键相连接，这种蛋白质分子中各亚基之间的空间排布、相互连接及相互作用，称为蛋白质的四级结构(quaternary structure)。

在四级结构中，各亚基间的结合力主要是次级键氢键和离子键。亚基分子结构相同的称为同聚体，亚基分子结构不同的称为异聚体。亚基单独存在时一般是没有生物学功能的，只有完整的四级结构聚合体才有蛋白质生物学功能。例如血红蛋白是由 2 个 α 亚基和 2 个 β 亚基组成的四聚体。两种亚基的三级结构颇为相似，且每个亚基都结合有 1 个血红素辅基。4 个亚基通过 8 个离子键相连，形成血红蛋白的四聚体，具有运输 O_2 和 CO_2 的功能。每个亚基单独存在时，虽与 O_2 亲和力强，但在组织中难于释放 O_2(图 2-12)。

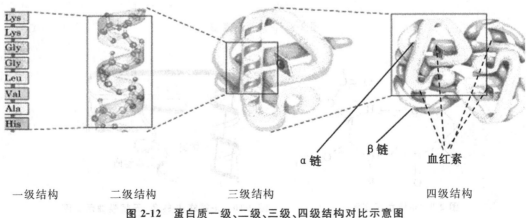

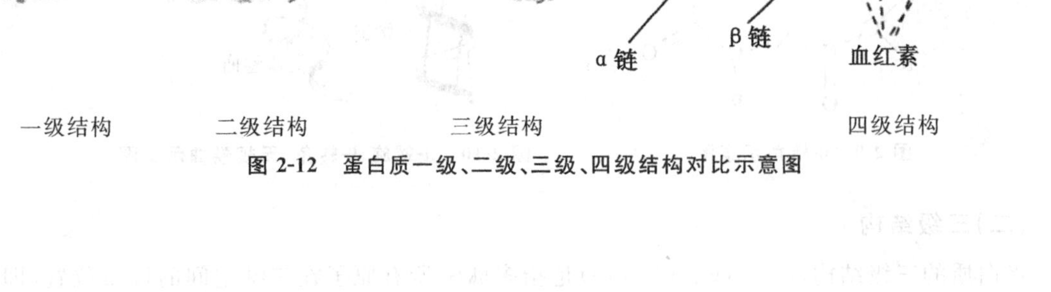

图 2-12　蛋白质一级、二级、三级、四级结构对比示意图

第四节　蛋白质的理化性质

蛋白质既然是由氨基酸组成，其理化性质必然与氨基酸相同或相关，例如，两性电离及等电点、紫外吸收性质、呈色反应等。但蛋白质是生物大分子化合物，还具有胶体性质、沉淀、变性等特点。

一、蛋白质分子的两性电离

蛋白质分子除两端的氨基和羧基可解离外，氨基酸残基侧链中某些基团，如谷氨酸、天冬氨酸残基中的γ-羧基和β-羧基，赖氨酸残基中的ε-氨基、精氨酸残基的胍基和组氨酸残基的咪唑基，在一定的溶液pH值条件下都可解离成带负电荷或正电荷的基团。当蛋白质溶液处于某一pH值时，蛋白质解离成正、负离子的趋势相等，即成为兼性离子，其净电荷为零，此时溶液的pH值称为蛋白质的等电点(isoelectric point，pI)。蛋白质溶液的pH值大于pI时，该蛋白质颗粒带负电荷，反之则带正电荷。

各种蛋白质分子由于所含的碱性氨基酸和酸性氨基酸的数目不同，因而有各自的等电点。碱性蛋白质含碱性氨基酸较多，等电点偏碱性，如组蛋白、精蛋白等；酸性蛋白质含酸性氨基酸较多，等电点偏酸性，如胃蛋白酶和丝蛋白等。人体体液中许多蛋白质的等电点在pH值5.0左右，所以在体液中以负离子形式存在。蛋白质的两性电离性质是电泳和离子交换层析等方法分离及纯化蛋白质的主要原理。

$$H_3N^+—P—COOH \underset{H^+}{\overset{OH^-}{\rightleftharpoons}} H_3N^+—P—COO^- \underset{H^+}{\overset{OH^-}{\rightleftharpoons}} H_2N—P—COO^-$$

二、蛋白质的胶体性质

蛋白质属于生物大分子，分子量多在1万～100万，其分子的直径可达1～100nm，属于胶粒范围之内。蛋白质颗粒表面大多为亲水基团，可吸引水分子，使颗粒表面形成一层水化膜，从而阻断蛋白质颗粒的相互聚集，防止溶液中蛋白质的沉淀析出。除水化膜是维持蛋白质胶体稳定的重要因素外，蛋白质胶粒表面带的相同电荷，也起胶体稳定作用。若去除蛋白质胶体颗粒表面电荷和水化膜两个稳定因素，蛋白质极易从溶液中析出(称为沉淀)。如血浆中加入一定量的中性盐亚硫酸钠，可使部分蛋白质水化膜破坏而析出，达到分离和定量蛋白质的目的。若改变蛋白质溶液的pH值，可影响蛋白质分子表面亲水基团的解离，当溶液pH值调节至蛋白质的等电点时，蛋白质分子净电荷为零，也易于从溶液中析出。

蛋白质颗粒不易透过半透膜。利用这一性质，将蛋白质溶液装入半透膜制成的透析袋进行透析，可将蛋白质和小分子化合物分离，这是蛋白质分离纯化中常用的简便方法之一。血浆蛋白不能透过血管膜可产生胶体渗透压，对维持血管内外水平衡有重要作用。

三、蛋白质的变性

某些理化因素如加热、酸、碱、有机溶液、重金属离子等，可影响多肽链侧链基团的相互作用，使蛋白质的特定空间结构遭到破坏，导致其理化性质改变和生物活性的丧失，这称为蛋白质变性(protein denature)。能使蛋白质发生变性作用的物质称为变性剂。一般认为蛋白质的变性主要发生二硫键和非共价键的破坏，不涉及一级结构中氨基酸序列的改变。蛋白质变性后，其溶解度降低，黏度增加，结晶能力消失，生物活性丧失，易被蛋白酶水解等。

在临床工作中，高热灭菌、乙醇消毒就是使细菌等病原体蛋白质变性而失活达到消毒、抗感染的目的。此外，防止蛋白质变性也是有效保存蛋白质制剂（如疫苗等）的必要条件。蛋白质变性后，疏水侧链暴露在外，肽链融合相互缠绕继而聚集，而从溶液中析出，易于沉淀。若蛋白质变性程度较轻，去除变性因素后，仍可恢复或部分恢复其原有的构象和功能，称为复性（renaturation）。蛋白质变性后进一步发展可发生凝固。

四、紫外吸收性质及呈色反应

蛋白质分子中含有共轭双键的酪氨酸和色氨酸，在 280nm 波长处有特征性的吸收峰。在此波长处，蛋白质的光密度值与其浓度呈正比关系，因此常用于蛋白质定量测定。

蛋白质分子可与多种化学试剂反应，生成有色化合物，也是溶液蛋白质含量测定的常用简便方法。双缩脲反应是蛋白质肽键所特有的反应，即在碱性铜溶液中，肽键与铜离子形成络合物，显紫色。氨基酸不出现此反应。

思考题

1. 名词解释

肽键　肽　等电点　蛋白质变性

2. 组成蛋白质的基本单位是什么？有哪些结构特点？

3. 氨基酸的等电点与水的中性点（pH 值 7.0）有何区别？

4. 什么是蛋白质的一级、二级、三级、四级结构？各级结构稳定的维持力是什么？

（胡　静　左华泽）

第三章

核　　酸

学习目标

1. **掌握**　核酸的分子组成;DNA 的一级、二级结构;tRNA 的二级结构特点。
2. **理解**　核酸的生物学功能与分类、DNA 的三级结构。
3. **了解**　体内一些重要的核苷酸、核酸的理化性质。

核酸是体内一类含有磷酸基团的重要的生物大分子化合物。它是 1868 年由瑞士的外科医生 Friedrich Miescher 从脓细胞的胞核中分离出来的,具有酸性,故称核酸。一切生物都含有核酸,包括微生物。

核酸具有非常重要的生物学意义,不仅与正常的生命活动如生长繁殖、遗传变异、细胞的分化等有着密切关系,而且与生命的异常活动如肿瘤发生、辐射损伤、遗传病、代谢病、病毒感染等息息相关。对核酸的研究是现代生物化学、分子生物学和医药学研究的重要领域。

第一节　核酸的生物学功能与分类

一、核酸的分类

自然界的核酸主要分为两大类,即核糖核酸(ribonucleic acid,RNA)和脱氧核糖核酸(deoxyribonucleic acid,DNA)。DNA 主要分布在细胞核中,少量分布在线粒体;RNA 可存在细胞质和细胞核中,以细胞质为多。原核细胞和真核细胞都含有 3 种主要的 RNA,即信使 RNA(messenger RNA,mRNA)、转运 RNA(transfer RNA,tRNA)、核糖体 RNA(ribosomal RNA,rRNA)。真核细胞还含有核内不均一 RNA(heterogeneous nuclear RNA,hnRNA)和核小 RNA(small nuclear RNA,snRNA)。hnRNA 是 mRNA 的前体物,snRNA 参与 RNA 的修饰。

二、核酸的功能

(一)DNA 是遗传变异的物质基础

遗传与变异是生命活动中最重要的生命现象。“种瓜得瓜,种豆得豆”,生物能够将其基本性状传给下一代,这就是生物的遗传现象。然而生物同时又受到外界复杂多变的环境的影响,子代的生物性状又不完全与亲代相同,这就是生物的变异现象。生物的遗传和变异都是由基因所决定的。基因就是一段 DNA 序列，它所携带的 DNA 分子中的特定核苷酸种类、数目和排列顺序决定了生物的性状。如利用 DNA 重组技术可以使一种生物的 DNA 片段进入另一种生物体内，而后者可表现前者的生物学性状和被转移基因的生物功能，从而证明了 DNA 是遗传变异的物质基础。

(二)不同的 RNA 具有不同的功能

mRNA 是蛋白质合成的直接模板。每一种多肽链都由一种特定的 mRNA 所编码，它决定着蛋白质分子中氨基酸的排列顺序。在蛋白质合成过程中，mRNA 将来自 DNA 携带的遗传信息传递给蛋白质，起着信使的作用。

tRNA 是运输氨基酸的工具。作为氨基酸载体，将活化的氨基酸按 mRNA 模板的顺序带到核糖体上以合成肽链。

rRNA 与多种蛋白质结合形成核蛋白体，由大、小两个亚基组成，为蛋白质生物合成提供场所。

(三)催化调控作用

近年来发现核酸不仅参与遗传信息的传递和表达，而且还有催化和调控作用，故又称核酶。

第二节　核酸的分子组成

一、核酸的元素组成

核酸是由 C、H、O、N、P 五种主要元素组成，其分子中磷元素的含量比较恒定，为 9%～10%，因此可通过测定生物样品中磷的含量来计算其核酸的含量。

二、核酸的分子组成

天然的核酸分子量很大，一般为几万到几百万，其分子组成和分子结构比较复杂，但是在核酸酶和核苷酸酶的催化下先水解成单核苷酸，然后进一步水解为磷酸、戊糖和碱基(图 3-1)，故组成核酸的基本单位是核苷酸，而磷酸、戊糖和碱基是组成核酸的基本成分(表 3-1)。

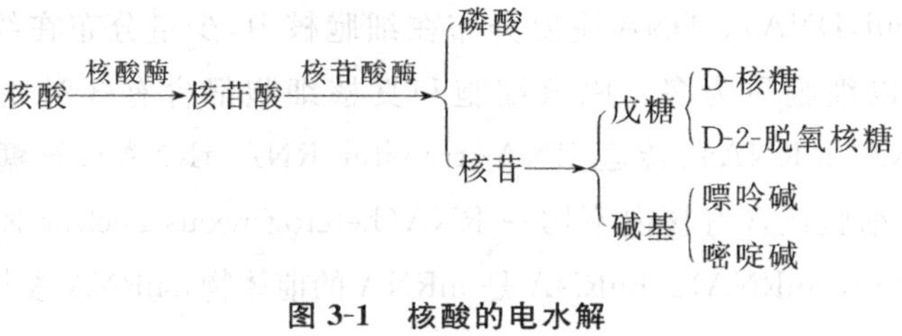

图 3-1　核酸的电水解

表 3-1　两类核酸的组成

分类	磷酸	戊糖	碱基			
脱氧核糖核酸(DNA)	H_3PO_4	D-2-脱氧核糖	腺嘌呤(A)	鸟嘌呤(G)	胞嘧啶(C)	胸腺嘧啶(T)
核糖核酸(RNA)	H_3PO_4	D-核糖	腺嘌呤(A)	鸟嘌呤(G)	胞嘧啶(C)	尿嘧啶(U)

(一)戊糖

核酸分子中戊糖主要有两种,都是以呋喃糖的形式存在。β-D-核糖存在于 RNA 中,β-D-脱氧核糖存在于 DNA 分子中。为了和碱基中的碳原子相区别,戊糖中的碳原以 $C_{1'}$ 表示(图3-2)。

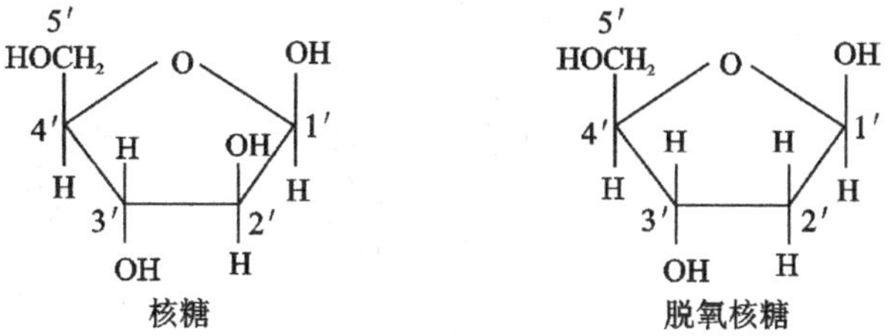

图 3-2 戊糖结构示意图

(二)碱基

核酸中碱基包括两类:嘌呤碱和嘧啶碱。其中嘌呤碱有两种,腺嘌呤(adenine,A)、鸟嘌呤(guanine,G);嘧啶碱有 3 种,胞嘧啶(cytosine,C)、尿嘧啶(uracil,U)、胸腺嘧啶(thymine,T)(图 3-3)。

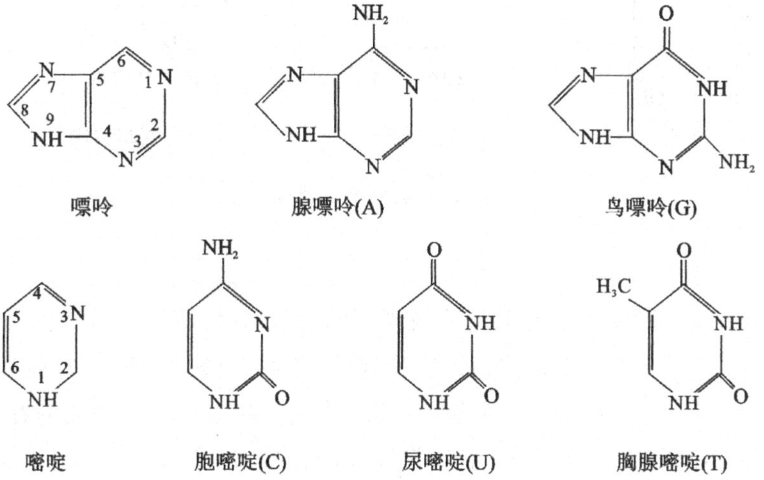

图 3-3 核酸中 5 种碱基结构图

(三)磷酸

分子式为 H_3PO_4,它是一个三元酸,有三级解离,生成单酯或二酯后酸性增强。

(四)核苷

碱基和核糖或脱氧核糖以糖苷键连接形成的化合物称为核苷。在核苷分子中,嘌呤碱的第 9 位氮原子上的氢原子或嘧啶碱第 1 位氮原子上的氢原子与戊糖分子上第 1 位碳原子上的羟基脱水缩合形成糖苷键。RNA 分子中核苷的命名是以碱基的名称后加上"核苷"二字,符号和相应碱基的符号相同。如腺嘌呤核苷(A),简称腺苷。DNA 分子中形成的脱氧核苷的命名是在碱基的名称后加上"脱氧"二字,符号是在相应的碱基符号前加"d"。如胸嘧啶脱氧核苷(dT),简称脱氧胸苷(图 3-4)。

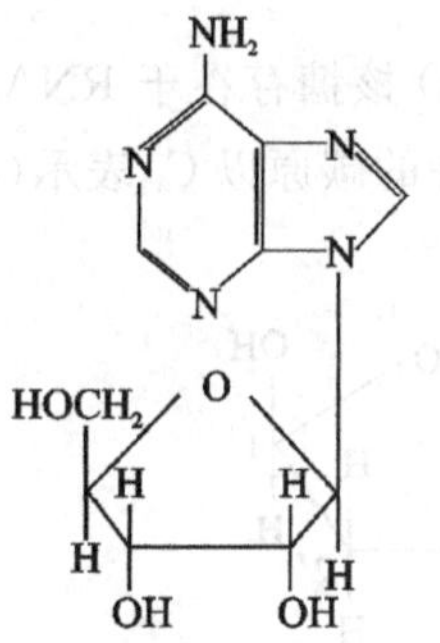
腺苷

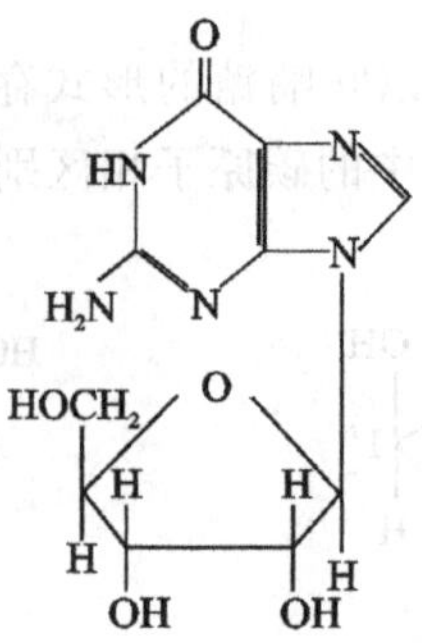
鸟苷

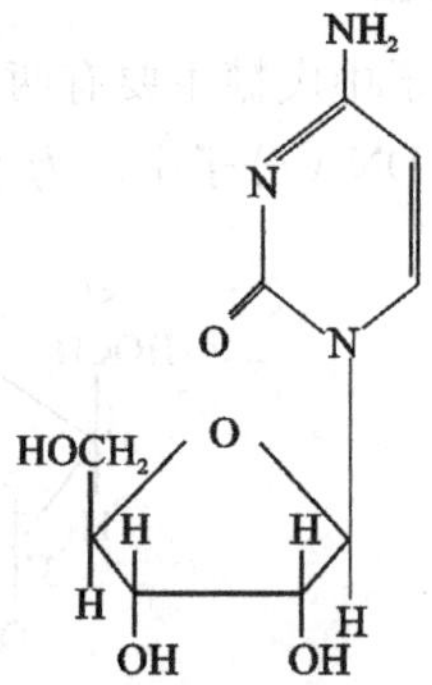
胞苷

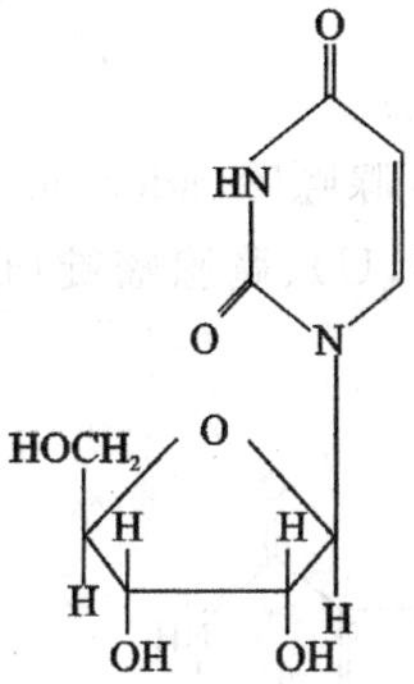
尿苷

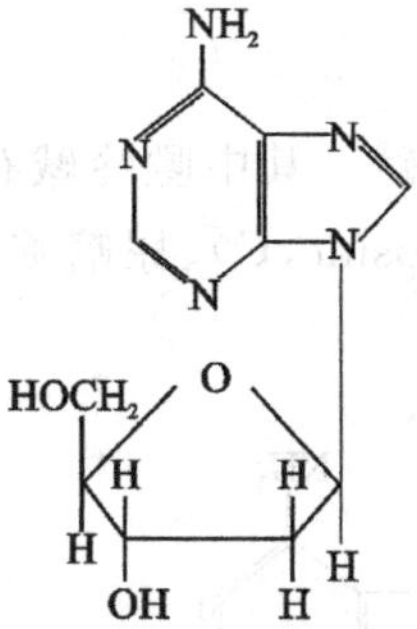
脱氧腺苷

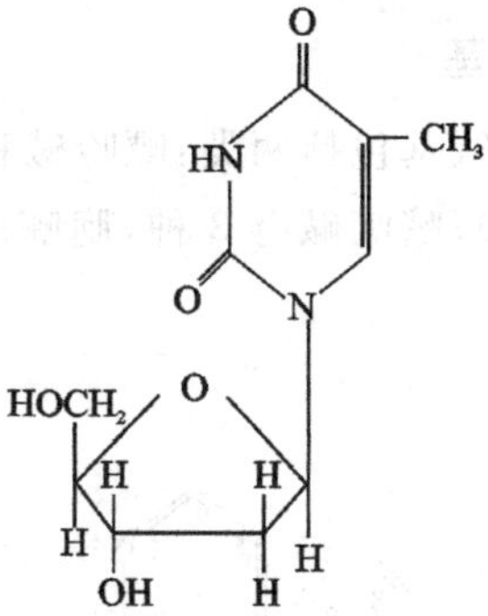
脱氧胸苷

图 3-4　核苷的结构图

(五)核苷酸

核苷酸是核酸的基本单位,是由核苷中戊糖上的羟基与磷酸形成的磷酸酯。核糖核苷中戊糖中有 $C_{2'}$、$C_{3'}$、$C_{5'}$ 三个自由羟基,可形成 2′-核苷酸、3′-核苷酸、5′-核苷酸;脱氧核糖核苷中只有 $C_{3'}$、$C_{5'}$ 两个自由羟基,可以形成 3′-脱氧核苷酸、5′-脱氧核苷酸。生物体内存在的主要是 5′-核苷酸,常用代号“NMP”表示,N 表示“核苷”(图 3-5)。构成 RNA 的基本单位有 AMP、GMP、CMP、UMP;构成 DNA 的基本单位有 dAMP、dGMP、dCMP、dTMP。

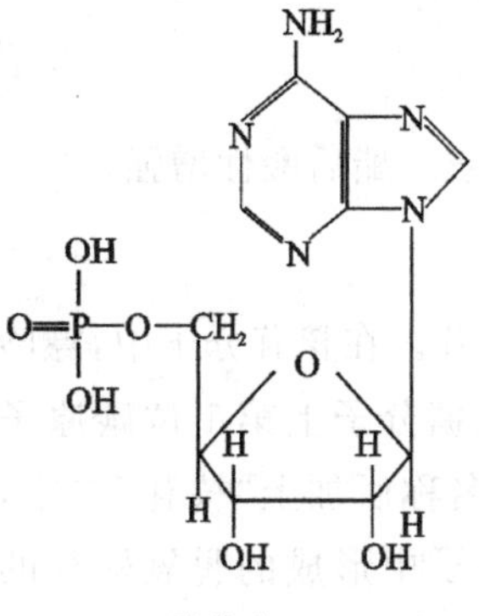
腺苷酸(AMP)

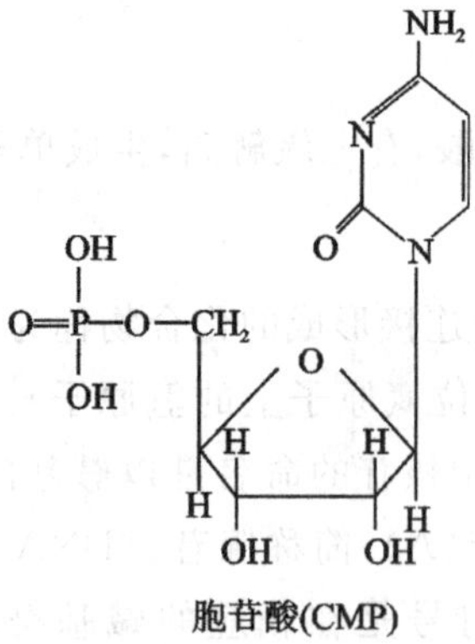
胞苷酸(CMP)

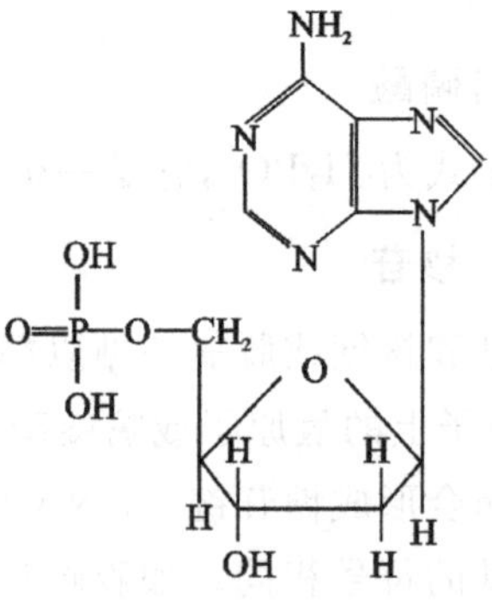
脱氧腺苷酸(dAMP)

图 3-5　核苷酸结构图

一个核苷酸的3′羟基与另一个核苷酸的5′磷酸脱水形成的酯键，称为3′，5′-磷酸二酯键。许多核苷酸借3′，5′磷酸二酯键连接便形成了大分子的多核苷酸链（图3-6）。所有的核苷酸链都有5′端和3′端。为了书写方便，核酸的多核苷酸链常用简化式表示，习惯的书写方式由5′→3′，5′端通常写在左边。如5′pACGT……—OH3′。

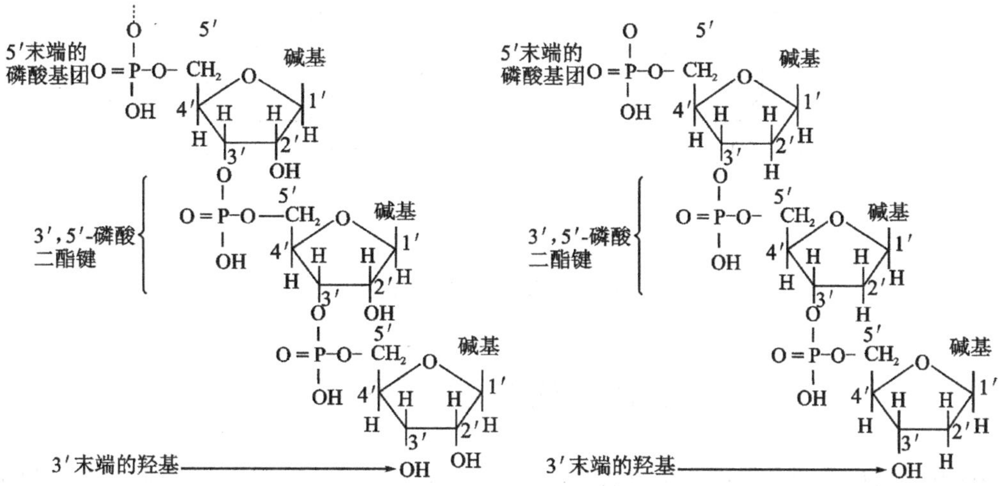

图3-6 核苷酸链结构图

（六）体内重要的核苷酸衍生物

1. 多磷酸核苷　含有一个磷酸酯键的称一磷酸核苷（NMP、dNMP）；含有两个磷酸酯键的称二磷酸核苷（NDP、dNDP）；含有三个磷酸酯键的称三磷酸核苷（NTP、dNTP）（图3-7）。体内的多磷酸核苷有重要的生理功能。一磷酸核苷是合成核酸的前体；ATP直接参与能量的贮存和利用；GTP参与蛋白质的合成；UTP参与糖原的合成；CTP参与磷脂的合成。

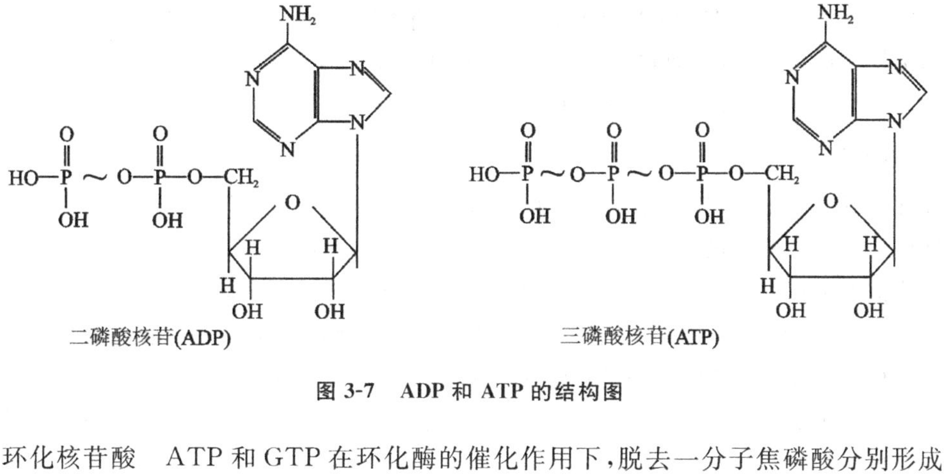

图3-7 ADP和ATP的结构图

2. 环化核苷酸　ATP和GTP在环化酶的催化作用下，脱去一分子焦磷酸分别形成cAMP和cGMP（图3-8），它们作为激素的第二信使，参与信息的传递过程。

3. 辅酶类核苷酸　生物体内的某些辅酶组成中含核苷酸。如尼克酰胺腺嘌呤二核苷酸（NAD^+）、尼克酰胺腺嘌呤二核苷酸磷酸（$NADP^+$）、黄素单核苷酸（FMN）、黄素腺嘌呤二核苷酸（FAD）。它们在物质代谢和能量代谢中起着重要作用。

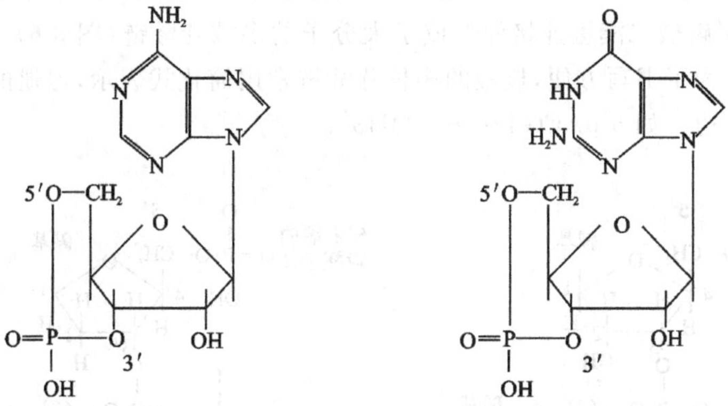

3′,5′-环腺苷酸(cAMP)　　3′,5′-环鸟苷酸(cGMP)

图 3-8　cAMP 和 cGMP 结构图

第三节　核酸的分子结构

核酸和蛋白质是两类不同的生物大分子物质,在生物体内各自发挥着不同的作用,但是,在结构上两者却有着惊人的相似之处,这就为遗传信息的传递提供了极为有利的条件。核酸也具有一级结构和高级结构。

一、DNA 的分子结构

(一)DNA 的一级结构

DNA 是由若干个脱氧核苷酸通过 3′,5′-磷酸二酯键彼此相连而成的线性大分子。DNA 的一级结构就是指脱氧多核苷酸链中核苷酸的排列顺序。生物的遗传信息绝大多数以脱氧核苷酸不同的排列顺序编码在 DNA 分子上。由于所有 DNA 分子中脱氧核苷酸中的磷酸和脱氧核糖的结构均相同,不同的仅是碱基,因此 DNA 的一级结构也是脱氧多核苷酸链中碱基的排列顺序。研究 DNA 的一级结构实际上就是测定 DNA 分子中的碱基的排列顺序,简称"测序"。

(二)DNA 的二级结构

DNA 的二级结构是双螺旋结构,这种理论是 Watson 和 Crick 在 1953 年提出的,在分子生物学发展史上具有划时代的意义,为分子生物学和分子遗传学的发展奠定了基础。这种模型的建立主要依据两方面的研究。一是碱基组成的定量分析,通过对不同来源的 DNA 碱基组成的分析得出一个规律,即[A]=[T]、[G]=[C](图 3-9)。二是对 DNA 纤维和晶体进行 X 光衍射图样的分析得出 DNA 的二级结构是双螺旋构型(图 3-10)。其主要特征如下:

(1)DNA 分子是由两条长度相等、走向相反、相互平行的脱氧核苷酸链环绕同一长轴盘旋而成右手双螺旋结构。

(2)由磷酸和脱氧核糖形成的基本骨架位于双螺旋的外侧,碱基位于双螺旋的内侧。处于同一平面的碱基按照互补配对规律,即 A 配 T 形成 2 个氢键;G 配 C 形成 3 个氢键(A=T;G≡C)而彼此连接,每一碱基对中的碱基彼此称为互补碱基,DNA 的两条脱氧多核苷酸链称互补链。

(3)双螺旋结构中的直径为 2nm，每个相邻碱基对之间的距离为 0.34nm。每 10 对碱基对使螺旋旋转一周，螺距为 3.4nm。

(4)双螺旋结构的稳定主要依靠氢键和碱基堆积力。其中氢键维系双螺旋横向结构的稳定，碱基堆积力维系纵向结构的稳定。

双螺旋结构是生物体内 DNA 最主要的一种二级结构构象，除此之外还有其他构型的右手螺旋结构，甚至还有左手螺旋存在，但是这些构象之间可以相互转变。DNA 二级构象之间转变的研究对促进人们进一步认识 DNA 空间构象水平的信息传递与表达具有重要意义。

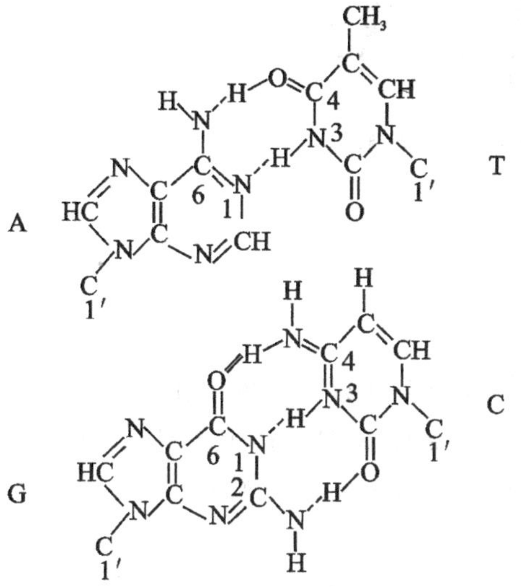

图 3-9　碱基对示意图

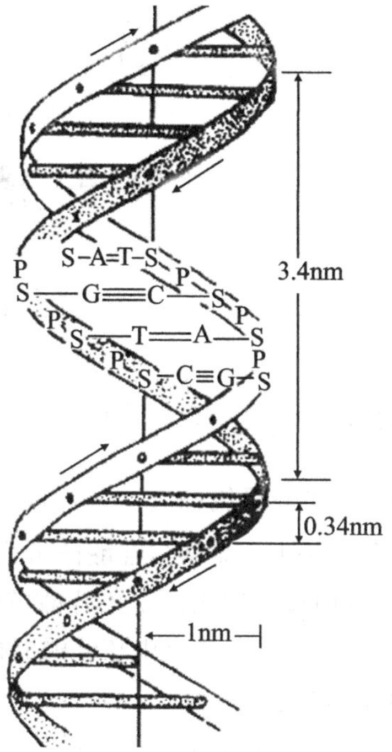

图 3-10　DNA 螺旋结构示意图

(三)DNA 的三级结构

DNA 在双螺旋结构的基础上，在细胞内进一步折叠成为超级螺旋结构，就构成了 DNA 的三级结构。原核生物的 DNA 双螺旋可进一步紧缩成闭合环状或开链环状以及麻花状等形式的三级结构。如多发性肿瘤病毒 DNA 的三级结构，是双螺旋的首尾相接形成的环状或麻花状。线粒体、叶绿体、细菌质粒也可形成封闭环状结构(图 3-11)。

图 3-11　原核生物 DNA 的三级结构模式图

真核生物 DNA 的三级结构与蛋白质的结合有关。与 DNA 相结合的蛋白质有组蛋白和非组蛋白两种。DNA 双螺旋盘绕在组蛋白上形成核小体。完整的核小体由核心和连接区两部分组成。组蛋白共有 H_1、H_2A、H_2B、H_3、H_4 五种。核小体的核心是由 H_2A、H_2B、H_3、H_4 各两分子构成八聚体,然后由有 146 个碱基对的 DNA 链在该八聚体的表面缠绕 1.75 圈而构成。连接区由 H_1 和有 20～80 个碱基对的 DNA 链构成。核心和连接区形成串珠样结构,然后 6 个核小体又绕成一圈空心螺线管,120 个螺线管又盘绕成超螺线管,最后再形成棒状的染色体。这样近 1 m 长的 DNA 分子就只容纳在直径只有几微米的细胞核中(图 3-12)。

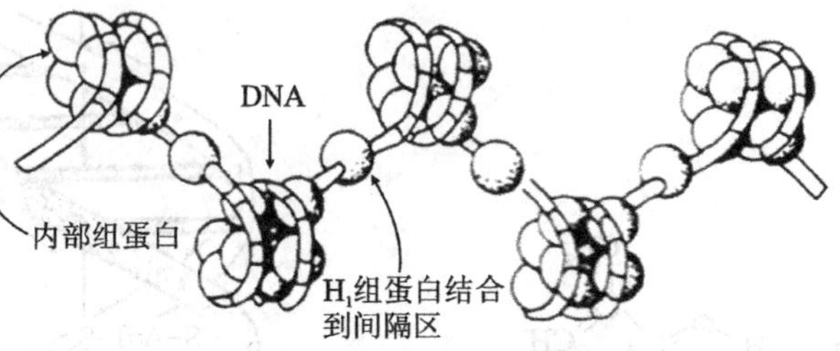

图 3-12　核小体结构示意图

二、RNA 的分子结构

(一)RNA 的一级结构

RNA 分子是由一条多核苷酸链组成,大约由数十个到数千个单核苷酸通过 3′,5′-磷酸二酯键互相连接而成。构成核糖核苷酸链的核苷酸主要有 AMP、GMP、CMP、UMP,因此 RNA 的一级结构就是多核苷酸链中核苷酸的排列顺序,或者碱基的排列顺序。

(二)RNA 的二级结构

RNA 是以单链形式存在,局部可以折叠。在这种折叠结构中只要符合碱基互补配对规律,即 A 配 U、C 配 G,就可形成局部螺旋区;不符合碱基互补配对的形成突出的小环。这种局部螺旋和环称为发夹式结构,是 RNA 二级结构的基本构型(图 3-13)。

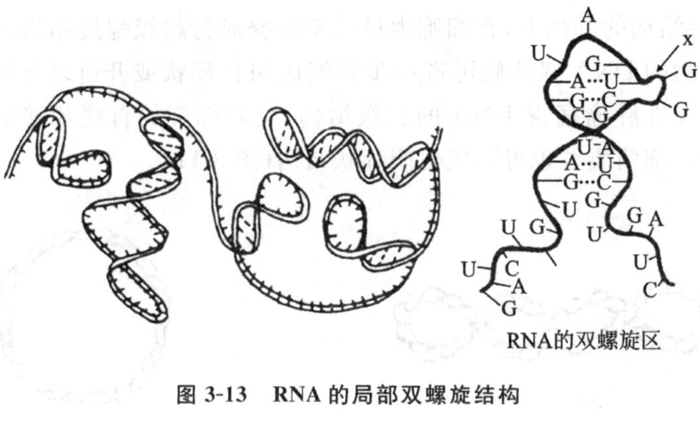

图 3-13　RNA 的局部双螺旋结构

1. mRNA　真核生物成熟 mRNA 的结构特点:不同的 mRNA 5′末端都有一个帽子结构,即一个甲基化的鸟嘌呤磷酸。它在蛋白质的生物合成中促进核糖体与 mRNA 的结合,加快翻译的速度，增强 mRNA 的稳定性。在 mRNA 的 3′末端有一个多聚腺苷酸序列(poly A)的尾，长度为 150～200 腺苷酸残基，可能与 mRNA 从细胞核转移到细胞质及其稳定性有关。mRNA 分子中有编码区和非编码区。编码区的核苷酸序列是编码氨基酸的遗传密码，非编码区与蛋白质生物合成调控有关。如图 3-14 所示。

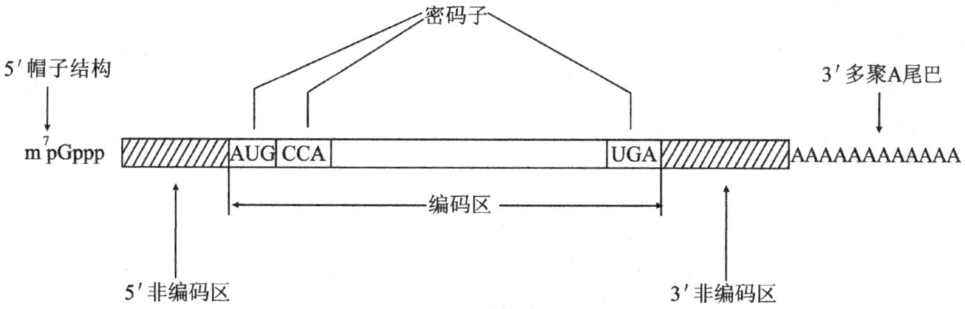

图 3-14 真核生物成熟 mRNA 的结构示意图

2. tRNA 是最小的 RNA 分子，含 75～90 个核苷酸，对其二级结构研究得比较清楚。tRNA 的二级结构呈三叶草状。以构成 4 个螺旋区、3 个环和 1 个附加叉为结构特征。4 个螺旋区是局部碱基配对形成的，其外端连着呈单链存在的小环，分别用环Ⅰ环、Ⅱ环、Ⅲ来表示。环Ⅰ含有 5，6-二氢尿嘧啶，故称二氢尿嘧啶环(DHU 环)；环Ⅱ的顶部有 3 个相邻的核苷酸组成的反密码子，故称反密码环。反密码子可通过碱基互补配对原则识别 mRNA 上的密码子，从而将氨基酸转运到 mRNA 上，并正确定位，合成多肽链。环Ⅲ含有假尿苷(ϕ)和核糖胸苷(T)，故称 T-ϕ 环(所谓假尿苷就是指戊糖的 $C_{1'}$ 连于尿嘧啶的 5 位碳原子所形成的核苷)。在环Ⅱ和环Ⅲ之间有一个附加叉，其核苷酸数量变化大，故又称可变臂。tRNA 的 3′末端还存在一个“CCA-OH”结构，被激活的氨基酸就结合在此结构上，故称“氨基酸臂”(图 3-15)。

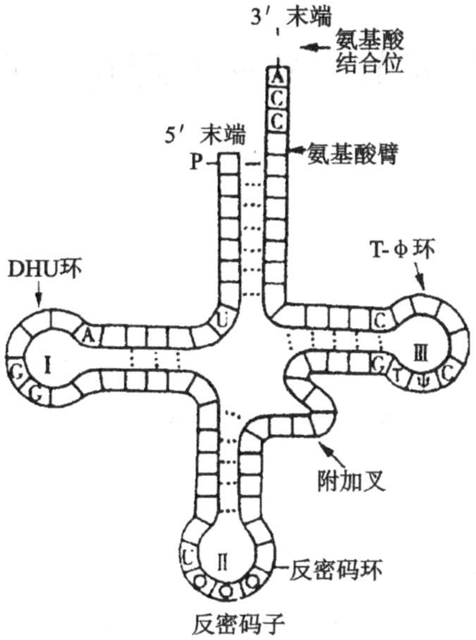

图 3-15 tRNA 三叶草结构示意图

3. rRNA　体内含量最高，分子大小不一。真核生物的 rRNA 有 4 种，沉降系数分别为 28S、18S、5.8S、5S。与多种蛋白质结合而存在于细胞质中的核蛋白体的大小亚基中。其中 5S 有类似三叶草的结构；其他 rRNA 也由部分双螺旋结构和突环相间排列而成。每个螺旋区和环区在结构和功能上都是相对的独立单位。

（三）RNA 的三级结构

1973—1975 年 Kim、Robertus 等人用高分辨率 X 射线分析技术，测定了酵母苯丙氨酸 tRNA 的三级结构是在二级结构的基础上进一步折叠形成的倒“L”形。倒“L”形的一端为反密码环，另一端为氨基酸臂（图 3-16）。

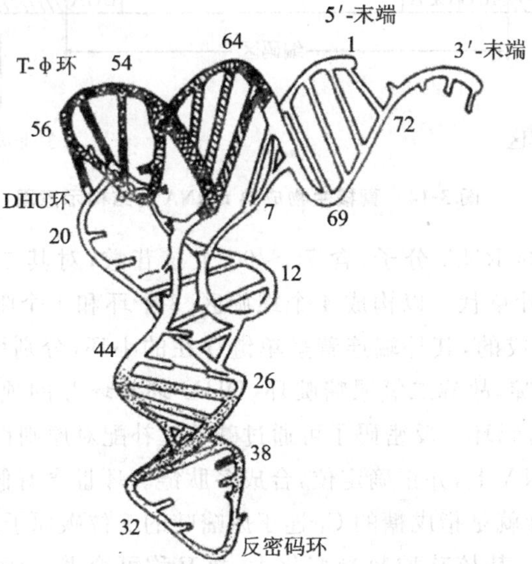

图 3-16　tRNA 的倒“L”形结构

第四节　核酸的理化性质

一、一般性质

（一）核酸的分子量大

核酸是生物大分子，具有大分子的一般性质。人体的二倍体细胞 DNA 若展开成一条直线，总长度约 1.7 m，相对分子量为 3×10^{12}，因此其溶液也有很大的黏度。RNA 分子比 DNA 分子小而且短得多，分子量为 $(2\sim110)\times10^4$，由于 RNA 分子中只存在部分双螺旋，所以黏度也比 DNA 小得多。

（二）核酸是两性电解质

核酸分子中含有酸性的磷酸基和碱性的碱基，故核酸具有两性电离的性质。因磷酸基的酸性较强，故核酸溶液常呈酸性。由于核酸的两性电离的性质，所以溶液中的核酸分子通常带一定量的电荷，在电场中可以电泳，用此法可分离不同的核酸。

(三)核酸的紫外吸收性质

由于核酸分子中含有嘌呤和嘧啶碱基,其结构中含有共轭双键,故具有强烈的紫外吸收的性质。其最大吸收峰为波长 260nm。利用紫外吸收性质可对核酸进行定量测定。

二、核酸的复性、变性和分子杂交

(一)DNA 的变性

DNA 的变性是指 DNA 分子在某些理化因素的作用下,其维系空间结构的碱基堆积力和氢键被破坏,双螺旋结构松散变成单链的过程。

引起 DNA 变性的物理因素如高温、高压、辐射等。化学因素如强酸、强碱、尿素、甲酰胺等有机溶剂。变性后的 DNA 由于双螺旋解开,碱基暴露,使之在 260 nm 处的紫外吸收增强,这种现象称增色效应。

DNA 的热变性是爆发式的,只在很窄的温度范围内发生。以温度对紫外吸收值作图得到一条曲线,称为熔解曲线(或解链曲线)。将熔解曲线中的中点即 50%DNA 变性时温度称熔点或解链温度(melting temperature,Tm)。DNA 的解链温度通常在 70～85℃。不同的 DNA 分子其 *Tm* 值不同,分子中 G-C 的含量越高则 *Tm* 值越高(图 3-17)。

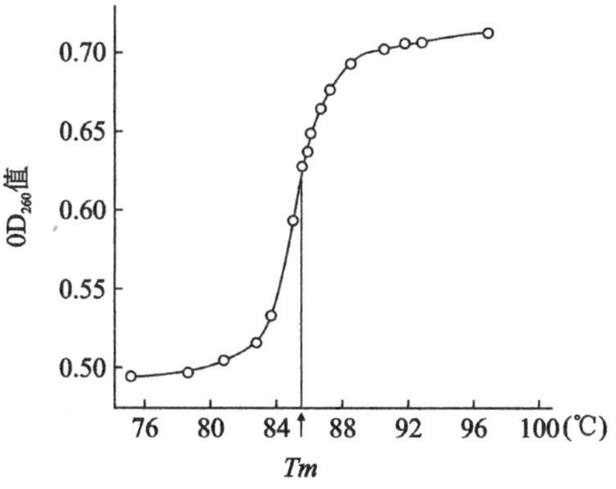

图 3-17 DNA 溶液的增色效应和熔点

(二)DNA 的复性

在适宜的条件下,变性的两条 DNA 单链按照碱基互补的原则配对重新形成双螺旋的过程称 DNA 的复性。复性的 DNA 由于双螺旋的重新形成,在 260 nm 处的紫外吸收减弱,此现象称减色效应。

热变性的 DNA 随温度的缓慢下降,解开的单链可重新形成双螺旋,这个过程称退火。这个最适宜的复性温度又称退火温度。退火温度通常比 *Tm* 低 25℃。如温度迅速下降则复性不能发生。

(三)分子杂交

分子杂交技术是以 DNA 的变性和复性为基础的。不同来源的两条核苷酸链,只要之间存在互补碱基就会依据碱基互补配对的原则形成局部螺旋的现象,称核酸分子杂交。杂交的分子可以是 DNA/DNA,DNA/RNA,RNA/RNA。目前核酸杂交技术已广泛应用于核酸结构和功能的研究。在此基础上发展起来的探针技术已广泛应用于遗传病的诊断和工农业生产。所谓探针就是用同位素或生物素标记一段已知序列的核苷酸单链，让它和待测的DNA或RNA进行杂交，然后通过放射自显影技术判断待测的DNA或RNA与探针是否同源。

思考题

1. 名词解释

核苷　核苷酸　核酸的一级结构　分子杂交　DNA的变性与复性

2. 比较两类核酸的基本成分、基本单位、分子结构、分布及生物学功能。
3. 描述DNA二级结构的特点。
4. 简述tRNA的二级结构的特点。

（胡　静　马　平）

第四章

酶

学习目标

1. 掌握 酶、必需基团、活动中心、酶原激活、结合酶的概念；酶促反应特点、影响酶促反应速度的因素。

2. 理解 同工酶与变构酶概念、意义；辅酶（辅基）与维生素的关系。

3. 了解 酶促反应的作用机制。

> **小贴士**
>
> 对酶的科学研究始于18世纪。1752年，意大利科学家斯伯拉塞尼首先发现老鹰的黄色胃液中有一种能分解食物的物质。1777年，苏格兰医生史蒂文斯用导管插入哺乳类动物胃里，抽出胃液，发现它对食物有分解作用。1834年，德国科学家施旺用氯化汞与动物胃液作用，得到白色沉淀物，把汞除去后，发现剩余物质分解食物的能力竟比胃液还强。1878年，德国化学家屈内把这一系列从有机体中分泌出来有催化作用的物质称之为"酶"。1925年，美国化学家萨姆纳提纯出了酶，并证明是蛋白质。接着，美国化学家诺思谱双把一系列酶提纯出来，证明它们都是蛋白质。他俩因而共同获得了诺贝尔奖。1982年，美国化学家西卡发现非蛋白质酶——核酸，即核酸酶。

生物体内的化学反应几乎都是在生物催化剂（biocatalyst）的催化下进行的。这种由生物活细胞合成的、对其特异底物起高效催化作用的蛋白质称为酶（enzyme，E）。它是机体内催化各种代谢反应最主要的催化剂。迄今为止，已发现生物体内有两类生物催化剂，即蛋白质酶和核酸酶。酶所催化的化学反应称为酶促反应；在酶促反应中被酶催化的物质称为底物（substrate，S）；反应的生成物称为产物（product，P）；酶所具有的催化能力称为酶活性；如果酶失去催化能力称为酶失活。

第一节 酶促反应特点

酶与一般化学催化剂一样，在化学反应前后都没有质和量的改变。它们只能催化热力学允许的化学反应；只能加速可逆反应的进程，而不改变反应的平衡点，即不改变反应的平衡常数。但酶是蛋白质，又具有一般化学催化剂所没有的生物大分子特性。酶促反应具有其特殊的性质与反应特点。

一、高度催化效率

酶的催化效率通常比非催化反应高 10^8～10^{20} 倍，比一般化学催化剂高 10^7～10^{13} 倍。例如，脲酶催化尿素的水解速度是 H^+ 催化作用的 7×10^{12} 倍；α-胰凝乳蛋白酶对苯酰胺的水解速度是 H^+ 的 6×10^6 倍，而且不需要较高的反应温度。酶和一般催化剂加速反应的机制一样都是降低反应的所需的活化能(activation energy)。在任何一种热力学允许的反应体系中，底物分子所含能量的平均水平较低。在反应的任何瞬间，只有那些能量较高，达到或超过一定水平的分子(即活化分子)才有可能发生化学反应。活化分子所具有的高出平均水平的能量称为活化能，是底物分子从初态转变到活化态所需的能量。活化分子愈多，反应速度愈快。酶通过其特有的作用机制，比一般催化剂更有效地降低反应的活化能，使底物分子只需较少的能量便可进入活化状态(图 4-1)。据计算，在 25℃时活化能每减少 4.184kJ/mol(1kcal/mol)，反应速度可增高 5.4 倍。

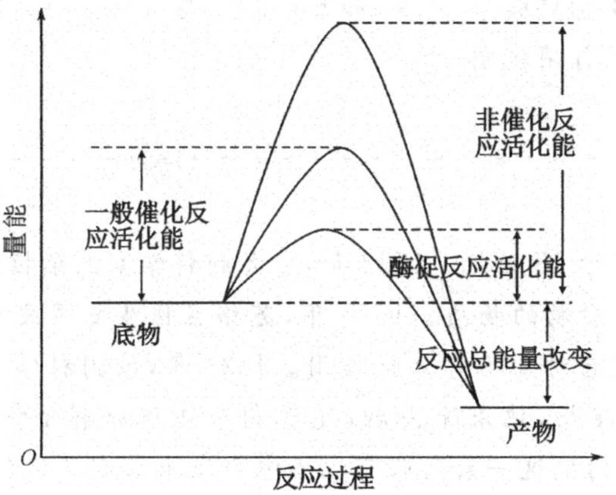

图 4-1 酶促反应活化能的改变

二、高度专一性

与一般催化剂不同，酶对其所催化的底物具有较严格的选择性，即一种酶仅作用于一种或一类化合物，或一定的化学键，发生一定的化学反应并产生一定的产物，酶的这种特性称为酶的特异性或专一性(specificity)。根据酶对其底物结构选择的严格程度不同，酶的特异性可分为以下 3 种类型。

(一)绝对特异性

酶分子只能作用于特定结构的底物，进行一种专一的反应，生成一种特定结构的产物。这种特异性称为绝对特异性(absolute specificity)。例如，脲酶仅能催化尿素水解生成 CO_2 和 NH_3，而对尿素的衍生物无作用。

(二)相对特异性

酶的特异性相对较差，可作用于一类化合物或一种化学键，这种不太严格的选择性称为相对特异性(relative specificity)。例如，磷酸酶对一般的磷脂键都有水解作用，可水解甘油或酚与磷酸形成的酯键；蔗糖酶不仅水解蔗糖，也水解棉籽糖中的同一种糖苷键。

(三)立体异构特异性

酶仅作用于具有立体异构底物中的一种异构体称为立体异构特异性(stereospecificity)。例如,乳酸脱氢酶仅催化L-乳酸脱氢,而不作用于D-乳酸;L-氨基酸氧化酶仅作用于L-氨基酸,对D-氨基酸则无作用;α-淀粉酶只能水解淀粉的α-1,4-糖苷键,却不能水解纤维素的β-1,4-糖苷键。

三、高度不稳定性

生物体内的酶主要是蛋白质酶,所以凡能使蛋白质变性的理化因素,如强酸、强碱、有机溶剂、重金属、高温、高能射线等都可以使蛋白质分子的空间结构破坏而丧失催化活性。

四、活性可调节性

酶促反应受多种因素的调控,以适应机体对不断变化的内外环境和生命活动的需要,包括酶生成与降解量的调节、酶催化效力的调节和通过改变底物浓度对酶进行调节等3个方面。例如,酶与代谢物在细胞内的区域化分布;多酶体系和多功能酶的形成;进化过程中基因分化形成的各种同工酶;代谢物通过对系列酶中关键酶、变构酶的抑制与激活;酶共价修饰的级联调节以及对酶生物合成的诱导与阻遏、酶降解速度的调节等。

第二节　酶的结构与功能

酶是蛋白质,同样具有一级、二级、三级乃至四级结构。仅具有三级结构的酶称为单体酶(monomeric enzyme);由多个相同或不同亚基以非共价键连接组成的酶称为寡聚酶(oligomeric enzyme)。多酶体系(multienzyme system)是由几种不同功能的酶彼此聚合形成的多酶复合物。还有一些多酶体系在进化过程中由于基因的融合,多种不同催化功能存在于一条多肽链中,这类酶称为多功能酶(multifunctional enzyme)或串联酶(tandem enzyme)。

一、酶的分子组成

酶按其分子组成可分为单纯酶(simple enzyme)和结合酶(conjugated enzyme)。单纯酶是仅由肽链构成的酶。如蛋白酶、淀粉酶、脂酶、核糖核酸酶等均属此列。结合酶由蛋白质部分和非蛋白质部分组成,前者称为酶蛋白(apoenzyme),后者称为辅助因子(cofactor)。两者结合形成的复合物称为全酶(holoenzyme),只有全酶才有催化活性。

(一)酶蛋白部分

酶蛋白是指结合酶中的蛋白质。一种酶蛋白只能结合一种辅助因子,并决定反应的专一性。

(二)非蛋白部分

非蛋白部分即辅助因子,主要是金属离子和小分子有机化合物,如K^+、Na^+、Mg^{2+}、Cu^{2+}、Zn^{2+}、Fe^{2+}和B族维生素。辅助因子决定反应的种类与性质。

金属离子是最多见的辅助因子,约2/3的酶含有金属离子。有的金属离子与酶结合紧密,提取过程中不易丢失,这类酶称为金属酶(metalloenzyme),如羧基肽酶、黄嘌呤氧化酶等。有的金属离子与酶的结合不甚紧密，这类酶称为金属激活酶（metal-activated enzyme），如己糖激酶、肌酸激酶等。金属辅助因子的作用有：①作为酶活性中心的催化基团参与催化反应、传递电子；②作为连接酶与底物的桥梁，便于酶对底物起作用；③稳定酶的构象；④中和阴离子，降低反应中的静电斥力等。

小分子有机化合物是一些化学稳定的小分子物质，主要作用是参与酶的催化过程，在反应中传递电子、质子或一些基团。小分子有机化合物作为酶的辅助因子称为辅酶或辅基。辅酶与酶蛋白的结合疏松，可以用透析或超滤的方法将两者分开。辅基与酶蛋白结合紧密，不能通过透析或超滤方法将其除去。辅酶和辅基之间并无严格的界线，两者仅是与酶蛋白结合的牢固程度不同，因而通常统称为辅酶。虽然含小分子有机化合物的酶很多，但辅助因子的种类却不多，且分子结构中常含有维生素或维生素类物质。

（三）辅酶与维生素

已知B族维生素是多种酶的辅酶（表4-1）。

表4-1　B族维生素与辅酶（辅基）

维生素	辅酶（辅基）形式	酶类	酶在反应中的作用
维生素 B_1	焦磷酸硫胺素（TPP）	α-酮酸脱氢酶系	参与α-酮酸氧化脱羧
维生素 B_2	FMN、FAD	黄素酶类	递氢
维生素PP	辅酶Ⅰ（NAD^+）、辅酶Ⅱ（$NADP^+$）	不需氧脱氢酶	递氢、递电子
维生素 B_6	磷酸吡哆醛、磷酸吡哆胺	转氨酶、脱羧酶	递氨基、羧基
泛酸	辅酶A（CoA）	酰基转移酶	递酰基
硫辛酸	硫辛酸	酰基转移酶	递酰基
叶酸	四氢叶酸（FH_4）	一碳单位转移酶	递一碳单位
生物素	生物素	羧化酶	递 CO_2
维生素 B_{12}	甲基钴胺素	转甲基酶	转运甲基

二、酶分子结构

（一）酶的活性中心

酶分子中氨基酸残基的侧链具有不同的化学基团。其中一些与酶活性密切相关的化学基团称为酶的必需基团（essential group）。这些必需基团在一级结构上可能相距很远，但在空间结构上彼此靠近，组成具有特定空间结构的区域，能与底物分子发生特异性的结合并将底物转化为产物，这个区域就称为酶的活性中心（active center）或活性部位（active site）。辅酶或辅基参与酶活性中心的组成。酶的活性中心是酶分子中具有三级结构的区域，形如裂缝或凹陷，由酶的特定空间结构所维持，并深入到酶分子内部，且多为氨基酸残基的疏水基团组成的疏水环境，即疏水“口袋”。

酶活性中心内的必需基团按其作用的特点分两类：①结合基团（binding group），结合底物和辅酶，使之与酶形成复合物；②催化基团（catalytic group），影响底物中某些化学键的稳定性，催化底物发生化学反应并将其转变成产物。活性中心内的必需基团也可同时具有这两方面的功能。组氨酸残基的咪唑基、丝氨酸残基的羟基、半胱氨酸残基的巯基及谷氨酸残基的 γ-羧基是构成酶活性中心的常见基团。还有一些必需基团虽然不参加活性中心的组成，但却是维持酶活性中心应有的空间构象所必需，这些基团称为酶活性中心外的必需基团(图 4-2)。

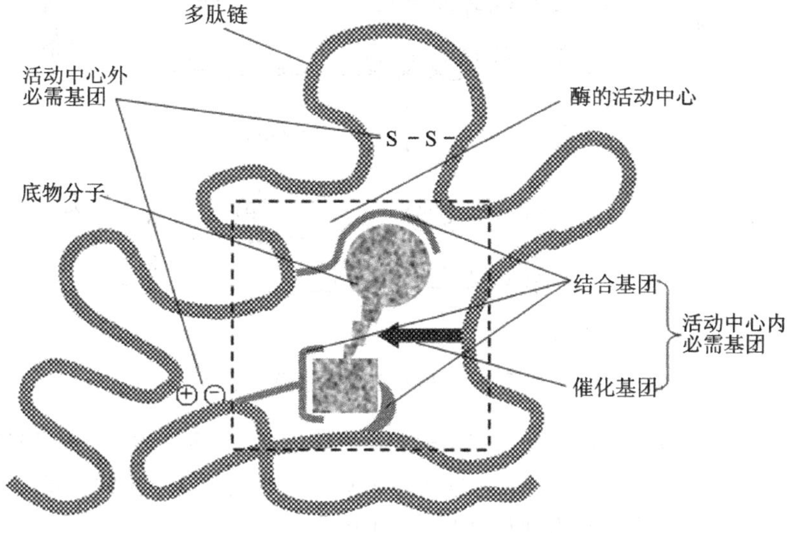

图 4-2　酶活动中心示意图

(二)酶原与酶原的激活

有些酶在细胞内合成或初分泌时，或在其发挥催化功能前只是酶的无活性前体，必须在一定的条件下，发生构象改变后才能表现出酶的活性。这种无活性酶的前体称为酶原(zymogen)。酶原向酶的转化过程称为酶原的激活。酶原的激活实际上是酶的活性中心形成或暴露的过程。

胃蛋白酶、胰蛋白酶、胰凝乳蛋白酶、羧基肽酶、弹性蛋白酶在它们初分泌时都是以无活性的酶原形式存在，在一定条件下水解掉一个或几个短肽，转化成相应的酶。例如，胰蛋白酶原进入小肠后，在 Ca^{2+} 存在下受肠激酶的激活，第 6 位赖氨酸残基与第 7 位异亮氨酸残基之间的肽键被切断，水解掉一个六肽，分子的构象发生改变，形成酶的活性中心，从而成为有催化活性的胰蛋白酶(图 4-3)。而消化管内蛋白酶原的激活具有级联反应特征。胰蛋白酶原被肠激酶激活后，生成的胰蛋白酶除了可以自身激活外，还可进一步激活胰凝乳蛋白酶原、羧基肽酶原 A 和弹性蛋白酶原，从而加速对食物的消化过程。

酶原的激活具有重要的生理意义。消化管内蛋白酶以酶原形式分泌，不仅保护消化器官本身不受酶的水解破坏，而且保证酶在其特定的部位与环境中发挥其催化作用。此外，酶原还可以视为酶的贮存形式。如凝血和纤维蛋白溶解酶类以酶原的形式在血液循环中运行，既防止了血液凝固，又可以在机体需要时转化为有活性的酶，发挥其对机体的保护作用。

(三)变构酶

变构酶(allosteric enzyme)是指某些酶分子活性中心外的部位(也称为变构部位或调节部位)与体内一些代谢物可逆地结合，使酶发生结构变化并改变其催化活性的一类酶。对酶催化活性的这种调节方式称为变构调节(allosteric regulation)。导致变构效应的代谢物称为变构效应剂(allosteric effector)。使酶活性增高的称为变构激活剂,反之称为变构抑制剂。有时底物本身就是变构效应剂。

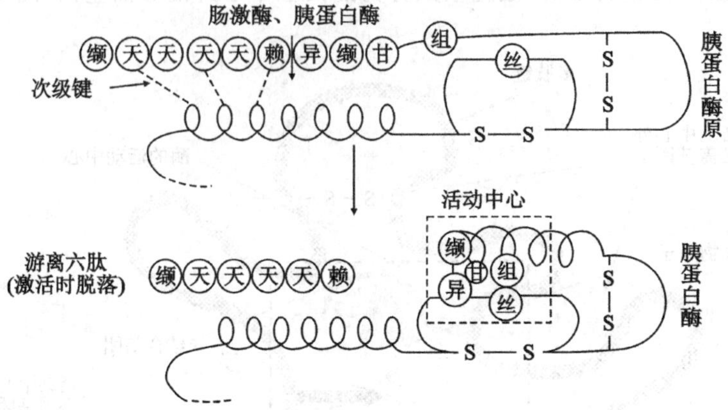

图 4-3　酶原激活示意图

变构酶分子中常含有多个(偶数)亚基,酶分子的催化部位(活性中心)和调节部位有的在同一亚基内,也有的不在同一亚基。含催化部位的亚基称为催化亚基;含调节部位的亚基称为调节亚基。具有多亚基的变构酶具有协同效应,是体内快速调节酶活性的重要方式,包括正协同效应和负协同效应。大多数变构酶催化的反应速度 v 对底物浓度[S]曲线呈"S"形(图 4-4)。

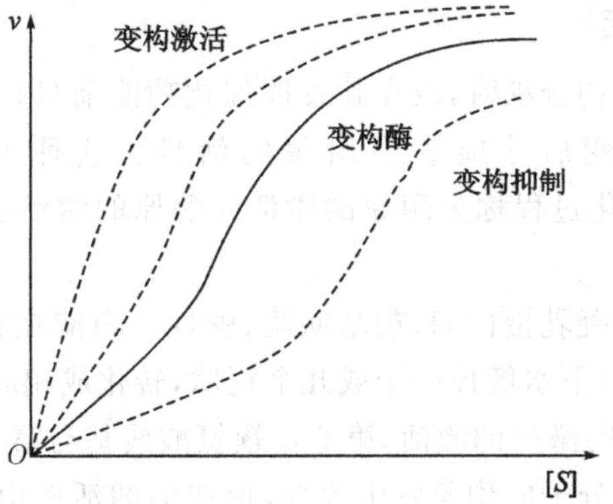

图 4-4　变构酶的"S"形曲线

(四)同工酶

同工酶(isoenzyme)是指催化的化学反应相同,而酶蛋白的分子结构、理化性质以及免疫学性质不同的一组酶。它存在于同一种属或同一个体的不同组织或同一细胞的不同亚细胞结构中,在代谢调节上起着重要的作用。

现已发现百余种酶具有同工酶。乳酸脱氢酶(lactate dehydrogenase,LDH 或 LD)是最为人知的四聚体酶。该酶的亚基有两型:骨骼肌型(M 型)和心肌型(H 型)。这两型亚基以不同的比例组成 5 种同工酶:$LDH_1(H_4)$、$LDH_2(H_3M)$、$LDH_3(H_2M_2)$、$LDH_4(HM_3)$、$LDH_5(M_4)$。由于分子结构上的差异,这 5 种同工酶具有不同的电泳速度(1～5 序列代表电泳速度递减的顺序)，对同一底物具有不同的 Km 值。LDH 的同工酶在不同组织器官中的含量与分布比例不同(表 4-2)。

同工酶的测定已应用于临床实践。当某一组织发生疾病时，可能有某种特殊的同工酶释放入血，导致血清同工酶谱的变化，从而有利于对疾病的诊断。如正常血清 LDH_2 的活性高于 LDH_1，但当心肌梗死或心肌细胞损伤时可见 LDH_1 高于 LDH_2。

表 4-2 人体各组织器官中 LDH 同工酶的分布(占总活性的百分比) 单位：%

组织器官	同工酶百分比				
	LDH_1	LDH_2	LDH_3	LDH_4	LDH_5
心肌	67	29	4	< 1	< 1
肾	52	28	16	4	< 1
肝	2	4	11	27	56
骨骼肌	4	7	21	27	41
红细胞	42	36	15	5	2
肺	10	20	30	25	15
胰腺	30	15	50	—	5
脾	10	25	40	25	5
子宫	5	25	44	22	4

三、酶促反应的机制

(一)酶-底物复合物的形成与诱导契合假说

酶在发挥其催化作用之前，先与底物密切结合，生成酶-底物复合物。这种结合不是锁与钥匙式的机械关系，而是在酶与底物相互接近时，其结构相互诱导、相互变形和适应，进而相互结合，易于酶催化底物生成产物，这一过程称为酶-底物结合的诱导契合假说(induced-fit hypothesis)。

(二)邻近效应与定向排列

反应体系中，底物之间必须相互碰撞，有一定的接触时间，才可能发生反应。酶能将诸多底物结合到酶的活性中心，使其受催化的部位定向于酶的活性中心，并有充足的时间进行反应，大大提高了催化效率。这种邻近效应(proximity effect)与定向排列(orientation arrange)实际上是将分子间的反应变成类似于分子内的反应，从而提高反应速率。

(三)多元催化

一种催化剂通常仅有一种解离状态，只有酸催化或碱催化。酶是两性电解质，所含的多种功能基团具有不同的解离常数。即使同一种功能基团在不同的蛋白质分子中处于不同的微环境，解离度也有差异。因此，同一种酶常常兼有酸、碱双重催化作用。这种多功能基团(包括辅酶或辅基)的协同作用可极大地提高酶的催化效能。

(四)表面效应

酶活性中心内部多为疏水基团构成的疏水性“口袋”。其疏水环境可排除水分子对酶和底物功能基团的干扰性吸引或排斥，防止在底物与酶之间形成水化膜，有利于酶与底物的密切接触，有利于酶的催化基团更有效地发挥作用。

应该指出，一种酶的催化反应通常是多种催化机制的综合作用，这是酶促反应高效性的主要原因。

第三节　影响酶促反应速度的因素

酶促反应动力学研究的是酶促反应速度及其影响因素。这些因素包括酶浓度、底物浓度、pH 值、温度、激活剂、抑制剂等。酶促反应速度通常是指酶促反应开始的速度，即初速度。

一、酶浓度的影响

在酶促反应中，当底物浓度远远大于酶的浓度，即底物浓度达到饱和时，反应速度与酶的浓度变化呈正比关系。酶的浓度愈大、反应速度愈快。在细胞内，通过改变酶浓度来调节酶促反应速度，是细胞调节代谢的一条途径（图 4-5）。

二、底物浓度的影响

在其他因素不变的情况下，底物浓度的变化对反应速度影响的作图呈矩形双曲线（图 4-6）。在底物浓度较低时，反应速度随底物浓度的增加而急剧上升，两者呈正比关系，反应呈一级反应。随着底物浓度的进一步增高，反应速度不再呈正比例加速，增加的幅度逐渐下降。如果继续加大底物浓度，反应速度将不再增加，表现出零级反应。此时酶的活动中心已被底物饱和。所有的酶均有此饱和现象，只是到达饱和所需的底物浓度不同而已。

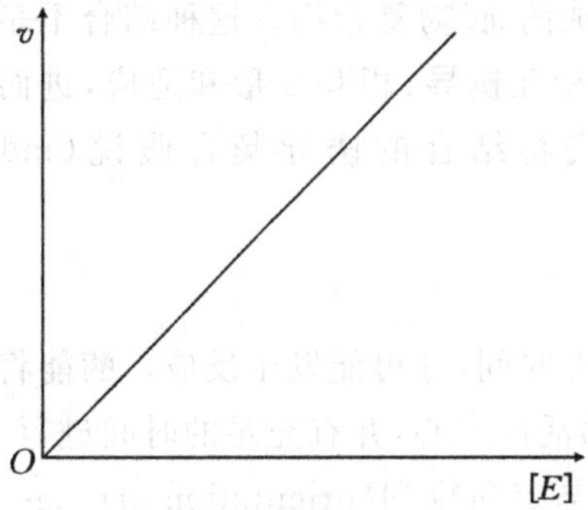

图 4-5　酶浓度对酶促反应速度的影响

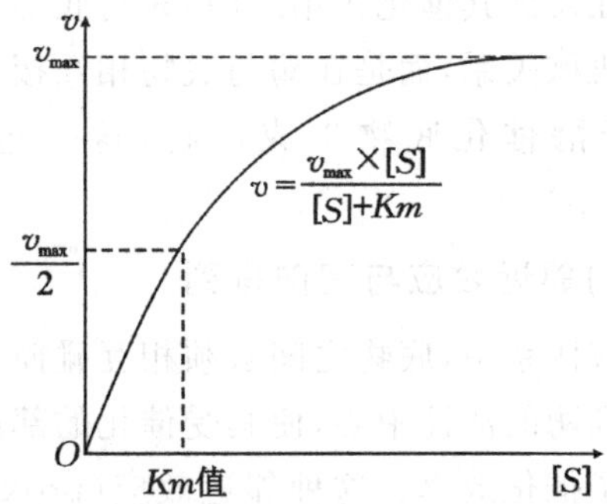

图 4-6　底物浓度对酶促反应的影响

解释酶促反应中底物浓度和反应速度关系最合理的是中间产物学说。酶首先与底物结合成酶-底物复合物（即中间产物）后再解离为产物和酶。

$$E+S \rightleftharpoons ES \longrightarrow P+E$$

Michaelis 和 Menten 根据中间产物学说进行了数学推导，提出了 v 与 $[S]$ 关系的米氏方程式。

$$v=\frac{v_{max}\times[S]}{[S]+Km}$$

式中 v_{max} 为最大反应速度，Km 为米氏常数，[S]为底物浓度。Km 的意义如下：

1. Km 值等于酶促反应速度为最大速度一半时的底物浓度　当 $v=v_{max}/2$ 时，根据米氏方程计算，得到 $Km=[S]$。

2. Km 值可以近似地表示酶与底物的亲和力　Km 值愈大，表示酶与底物的亲和力愈小；Km 值愈小，酶与底物的亲和力愈大。酶与底物的亲和力大，即 Km 值小，表示不需要很高的底物浓度，便可容易地达到最大反应速度。如果一种酶有几种底物，则对每一种底物都有一个特定的 Km 值，其中 Km 值最小的底物是该酶的最适底物或天然底物。

3. Km 值是酶的特征性常数　各种酶的米氏常数不同，Km 值只与酶的结构、酶所催化的底物有关，与酶的浓度无关。各种同工酶的 Km 值不同，可借 Km 值相互鉴别。如有来源不同的两种同工酶，其催化作用相同，若 Km 值相同，则为同一种酶；若 Km 值不同，则为同工酶。

三、温度的影响

酶是蛋白质生物催化剂，温度对酶促反应速度具有双重影响。升高温度一方面可加快酶促反应速度，同时也增加酶变性机会。温度升高到 60℃ 以上时，大多数酶蛋白开始变性；80℃ 时，多数酶的变性已不可逆。综合这两种因素，酶促反应速度最快时的环境温度称为酶促反应的最适温度。人体内大多数酶的最适温度在 37℃ 左右。当环境温度低于最适温度时，酶促反应速度随着温度升高而加快；温度高于最适温度时，反应速度会因酶变性而降低(图 4-7)。

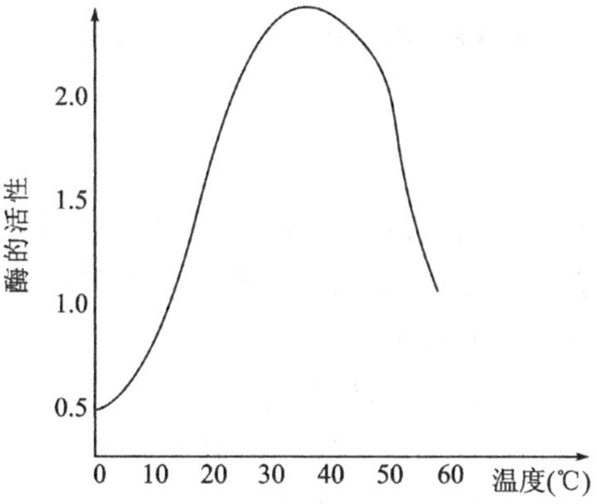

图 4-7　温度对淀粉酶活性的影响

酶的最适温度不是酶的特征性常数，它与反应进行的时间有关。酶可以在短时间内耐受较高的温度。相反，延长反应时间，最适温度便降低。

酶的活性虽然随温度的下降而降低，但低温一般不使酶破坏。温度回升后，酶又可以恢复活性。临床上低温麻醉便是利用酶的这一性质以减慢组织细胞代谢速度，提高机体对氧和营养物质缺乏的耐受性。低温保存菌种也是基于这一原理。生化实验中测定酶活性时，应严格控制反应液的温度。酶制剂应保存在冰箱中，从冰箱中取出后应立即应用，以免发生酶的变性。

四、pH 值的影响

酶分子中的许多极性基团，在不同的 pH 值条件下解离状态不同，其所带电荷的种类和数量也各不相同，酶活性中心的某些必需基团往往仅在某一解离状态时，容易同底物结合或具有最大的催化作用。许多具有可解离基团的底物与辅酶(如 ATP、NAD^+、辅酶 A、氨基酸等)电荷状态也受 pH 值改变的影响,从而影响它们与酶的亲和力。此外,pH 值还可影响酶活性中心的空间构象,从而影响酶的活性。因此,pH 值的改变对酶的催化作用影响很大(图 4-8)。酶催化活性最大时的环境 pH 值称为酶促反应的最适 pH 值。虽然不同酶的 pH 值各不相同,但除少数(如胃蛋白酶最适 pH 值约为 1.8,肝精氨酸酶最适 pH 值为 9.8 等)外,人体内多数酶 pH 值近中性。

溶液的 pH 值高于或低于最适 pH 值时,酶的活性降低,远离最适 pH 值的强酸或强碱环境会使酶变性失活。因此,在测定酶活性时,要选择适宜的缓冲溶液,以保持酶活性的相对恒定。

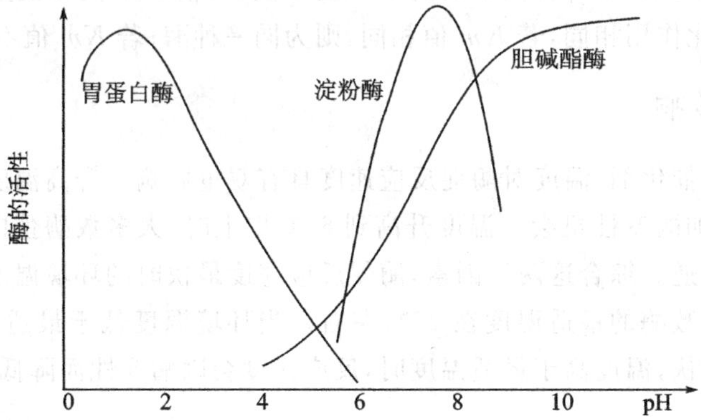

图 4-8　pH 值对某些酶活性的影响

五、激活剂的影响

凡能提高酶活性的物质称为酶的激活剂。其中大部分是金属离子,如 K^+、Mg^{2+}、Mn^{2+};少数为阴离子,如 Cl^- 等;也有有机化合物,如胆汁酸盐等。按其对酶促反应速度影响的程度,可将激活剂分为必需激活剂和非必需激活剂。

必需激活剂对酶促反应是不可缺少的,使酶由无活性变为有活性。必需激活剂大多为金属离子,如 Mg^{2+} 是激酶的必需激活剂。而非必需激活剂不存在时,酶仍有一定的催化活性,但催化效率较低,加入激活剂后,酶的催化活性显著提高,如胆汁酸盐对胰脂肪酶的激活,Cl^- 对唾液淀粉酶的作用。

六、抑制剂的影响

凡能使酶活性下降而不引起酶蛋白变性的物质称为酶的抑制剂。抑制剂多与酶的活性中心内、外必需基团相结合,从而抑制酶的催化活性。去除抑制剂后,酶仍可表现其原有活性。加热、强酸等因素使酶发生不可逆的破坏而变性失活,不属于抑制剂作用的范畴。酶的抑制作用在医学中具有十分重要的意义,许多药物就是通过对体内某些酶的抑制来发挥治疗作用的。有些毒物的中毒,也是对酶抑制的结果。抑制作用按抑制剂与酶结合的紧密程度分为可逆性抑制与不可逆性抑制两类。

(一)不可逆性抑制

此类抑制剂通常以共价键与酶活性中心上的必需基团结合,使酶失活。这种抑制不能用透析、超滤等方法除去抑制剂而恢复酶的活性。如1059、敌百虫等有机磷农药能特异地与胆碱酯酶活性中心丝氨酸残基的羟基结合，使酶失活。有机磷农药中毒后，乙酰胆碱不能被胆碱酯酶水解，致积蓄使迷走神经兴奋而呈现中毒状态。这些具有专一作用的抑制剂常称为专一性抑制剂。

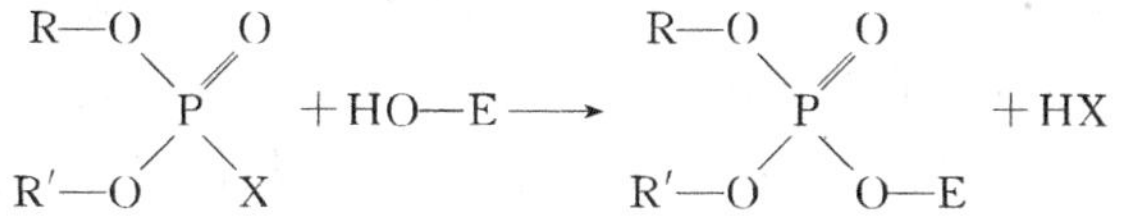

有机磷农药　　羟基酶　　失活的酶　　酸

某些重金属离子(如 Hg^{2+}、Ag^{+})和 As^{3+} 等可与酶分子的巯基结合，使酶失活。由于这些抑制剂所结合的巯基不局限于必需基团，所以此类抑制剂称为非专一性抑制剂。化学毒气路易士气是一种含砷的化合物，它能抑制体内的巯基酶而使人、畜中毒。

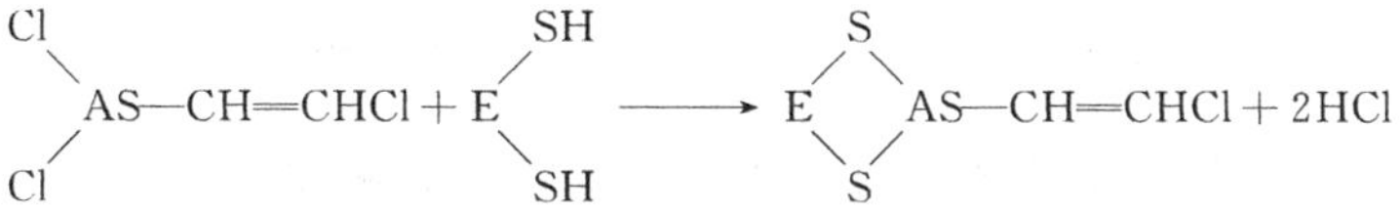

路易士气　　巯基酶　　失活的酶　　酸

这些中毒可用药物防护和解毒。解磷定、氯解磷定可解除有机磷农药对羟基酶的抑制作用。重金属盐引起的巯基酶中毒可用二巯基丙醇(BAL)解毒。BAL含有2个巯基，在体内达到一定浓度后，可与毒剂结合，使酶恢复活性。

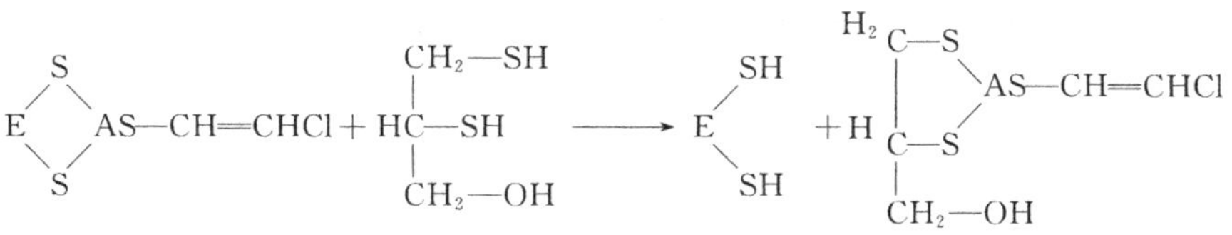

失活的酶　　BAL　　巯基酶　　BAL砷剂结合物

(二)可逆性抑制作用

可逆性抑制作用(reversible inhibition)的抑制剂通过非共价键与酶和(或)酶-底物复合物可逆性结合，使酶活性降低或消失。采用透析或超滤的方法可将抑制剂除去。下面介绍3种常见的可逆性抑制作用：

1. 竞争性抑制作用　有些抑制剂与酶的底物结构相似，可与底物竞争酶的活性中心，从而阻碍酶与底物结合成中间产物，这种抑制作用称为竞争性抑制作用(competitive inhibition)。反应式如下：

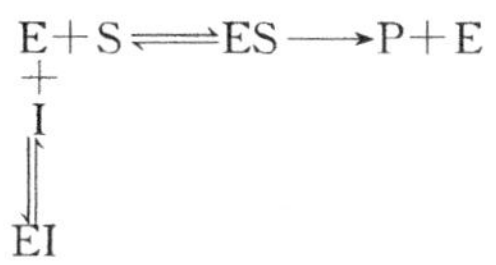

由于抑制剂与酶的结合是可逆的，抑制程度取决于抑制剂与酶的相对亲和力和与底物浓度的相对比例。在竞争性抑制中，v_{max}不变，Km 值增大。丙二酸对琥珀酸脱氢酶的抑制作用是竞

争性抑制作用的典型实例。酶对丙二酸的亲和力远大于酶对琥珀酸的亲和力，当丙二酸的浓度仅为琥珀酸浓度的 1/50 时，酶的活性便被抑制 50%。若增大琥珀酸的浓度，此抑制作用可被削弱；反之，则增强。

竞争性抑制作用的原理可用来阐明某些药物的作用机制和探索合成控制代谢的新药物。磺胺类药物是典型的代表。对磺胺类药物敏感的细菌在生长繁殖时，不能直接利用环境中的叶酸，而是在菌体内二氢叶酸合成酶的催化下，以对氨基苯甲酸等为底物合成二氢叶酸，并进一步还原成四氢叶酸。磺胺类药物的化学结构与对氨基苯甲酸相似，是二氢叶酸合成酶的竞争性抑制剂，抑制二氢叶酸的合成，造成细菌核酸合成受阻而影响其生长繁殖。人类能直接利用食物中的叶酸，核酸的合成不受磺胺类药物的干扰。根据竞争性抑制的特点，服用磺胺类药物时必须保持血液中药物的高浓度，以发挥其有效的竞争性抑菌作用。

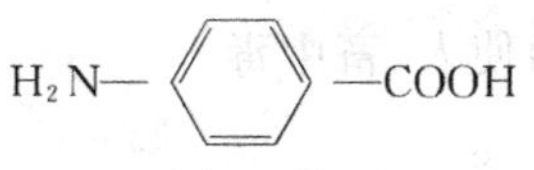
对氨基苯甲酸

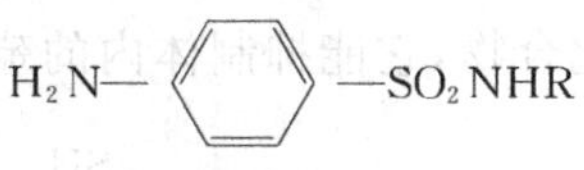
磺胺类药物

许多属于抗代谢物的抗癌药物，如甲氨蝶呤（MTX）、5-氟尿嘧啶（5-Fu）、6-巯基嘌呤（6-MP）等，几乎都是酶的竞争性抑制剂，它们分别抑制四氢叶酸、脱氧胸苷酸及嘌呤核苷酸的合成，达到抑制肿瘤生长的目的。

2. 非竞争性抑制作用　有些抑制剂与底物结构不相似，可与酶活性中心外的必需基团结合，不影响酶与底物的结合；酶和底物的结合，也不影响酶与抑制剂的结合，底物与抑制剂之间无竞争关系，表现为 v_{max}下降，Km 值不变。生成的酶-底物-抑制剂复合物（ESI）不能进一步释放出产物。这种抑制作用称为非竞争性抑制作用（non-competitive inhibition）。

反应式如下：

$$\begin{array}{ccccccc} E & + & S & \rightleftharpoons & ES & \longrightarrow & P + E \\ + & & & & + & & \\ I & & & & I & & \\ \Updownarrow & & & & \Updownarrow & & \\ EI & + & S & \rightleftharpoons & ESI & & \end{array}$$

3. 反竞争性抑制作用　此类抑制剂与上述两种抑制作用不同，仅与酶和底物形成的中间产物（ES）结合，使中间产物 ES 的量下降。这样，既减少从中间产物转化为产物的量，也同时减少从中间产物解离出游离酶和底物的量，表现为 Km 值减小，v_{max}下降。这种抑制作用称为反竞争性抑制作用（uncompetitive inhibition）。反应式如下：

$$\begin{array}{ccccccc} E & + & S & \rightleftharpoons & ES & \longrightarrow & P + E \\ & & & & + & & \\ & & & & I & & \\ & & & & \Updownarrow & & \\ & & & & ESI & & \end{array}$$

思 考 题

1. 名词解释

酶的活性中心 酶原激活 酶 结合酶 *Km* 值

2. 以胰蛋白酶原为例，说明酶原激活的生理意义。

3. 简述 *Km* 值的意义。

4. 酶与一般催化剂的异同点是什么？

5. 举例说明竞争性抑制作用在临床上的应用。

（左华泽）

第五章

糖　代　谢

学习目标

1. 掌握　糖酵解、糖有氧氧化概念、部位、基本过程、关键酶及生理意义；磷酸戊糖途径生理意义；糖原合成与分解概念、关键酶及生理意义；糖异生概念、部位、原料、关键酶及生理意义；血糖来源、去路及其调节。

2. 理解　糖生理功能；糖酵解、糖有氧氧化、糖原合成与分解及糖异生代谢调节。

3. 了解　糖代谢障碍及检验方法。

糖是由多羟基醛或多羟基酮类及其多聚体或衍生物组成的一类有机化合物，是自然界最丰富的物质之一，广泛存在于几乎所有生物体内，其中以植物中含量最为丰富，为85%～95%。人类食物中的糖类物质主要来源于植物中的淀粉，动物糖原、少量蔗糖、麦芽糖及乳糖也是其来源。淀粉的基本组成单位是葡萄糖(glucose)，作为一种机体必需的能源物质，能在体内氧化，产生能量供给生命活动所需。糖原(glycogen)是一种葡萄糖的多聚体，是体内储存葡萄糖的一种形式。在机体的糖代谢中，葡萄糖居主要地位，其他的单糖如果糖、半乳糖、甘露糖等所占比例很小，且主要是进入葡萄糖代谢途径而被代谢。因此，本章将重点讨论葡萄糖在机体内的代谢。

第一节　糖的生理功能、消化吸收及代谢概况

一、糖的生理功能

糖类物质是人类食物的主要成分，提供能量是糖最主要的生理功能。1 mol 葡萄糖完全氧化为 CO_2 和 H_2O 可释放 2 840kJ(679kcal)的能量，人体所需能量的50%～70% 来自于糖。此外，糖还是机体重要的碳源，糖代谢的中间产物可转变成其他的含碳化合物，如氨基酸、脂肪酸、核苷等。糖也是组成人体组织结构的重要成分。例如，蛋白聚糖和糖蛋白构成结缔组织、软骨和骨的基质；糖脂和糖蛋白是生物膜的构成成分，部分膜糖蛋白还参与细胞间的信息传递作用，与细胞的免疫、识别作用有关。体内还有一些具有特殊生理功能的糖蛋白，如激素、酶、免疫球蛋白、血型物质和血浆蛋白等。

二、糖的消化吸收

食物中的糖类以淀粉为主。在消化道酶的作用下，淀粉水解为单糖后才能吸收进入机体，这个过程称为糖的消化吸收。淀粉先由口腔唾液淀粉酶初步消化，然后在小肠胰淀粉酶催化下，水解为麦芽糖、麦芽三糖、异麦芽糖和 α-临界糊精，再在小肠黏膜刷状缘进一步水解成葡萄糖。食物中少量蔗糖和乳糖可分别由蔗糖酶和乳糖酶催化水解为果糖及半乳糖后被吸收。

糖被消化为单糖后才能在小肠吸收，再经门静脉进入肝脏。小肠黏膜细胞对葡萄糖的吸收是一个主动耗能的过程，需要依赖特定的载体转运，同时伴有 Na^+ 的转运。这类葡萄糖转运体称为 Na^+ 依赖型葡萄糖转运体（Na^+-dependent glucose transporter，SGLT），它们主要存在于小肠黏膜和肾小管上皮细胞。

三、糖的代谢概况

葡萄糖经消化吸收进入血液，再转运至组织细胞内进行代谢。在不同的生理条件下，葡萄糖在组织细胞内代谢的途径也不同。供氧充足时，葡萄糖能彻底氧化生成 CO_2、H_2O 并释放大量能量；缺氧时，葡萄糖分解生成乳酸；在一些代谢旺盛的组织，葡萄糖可通过磷酸戊糖途径代谢。体内血糖充足时，肝、肌组织等可以合成糖原，储存葡萄糖于细胞内；反之进行糖原分解，补充血糖。有些非糖物质还可以经糖异生途径转变成葡萄糖。葡萄糖也可转变成其他非糖物质。

第二节　糖的分解代谢

糖的分解代谢主要有糖无氧分解、糖有氧氧化及磷酸戊糖途径等三条途径。

一、糖无氧分解

糖无氧分解又称糖酵解（glycolysis），是指机体在缺氧的情况下，葡萄糖或糖原分解生成乳酸的过程。整个代谢过程分为两个阶段进行，第一阶段是葡萄糖（糖原）分解成丙酮酸的过程，称之为酵解途径（glycolytic pathway）；第二阶段是丙酮酸还原成乳酸的过程。糖酵解的全部反应在细胞液中进行，尤以红细胞及肌组织糖酵解代谢活跃。

（一）糖酵解反应过程

第一阶段：葡萄糖分解生成丙酮酸（活化、裂解、氧化还原）

1. 葡萄糖磷酸化成 6-磷酸葡萄糖　在细胞液中葡萄糖首先进行磷酸化反应，这一步反应既能活化葡萄糖，使之进一步代谢，又能阻止其逸出细胞。催化此反应的酶是己糖激酶，ATP 提供能量和磷酸基团，产物是 6-磷酸葡萄糖。

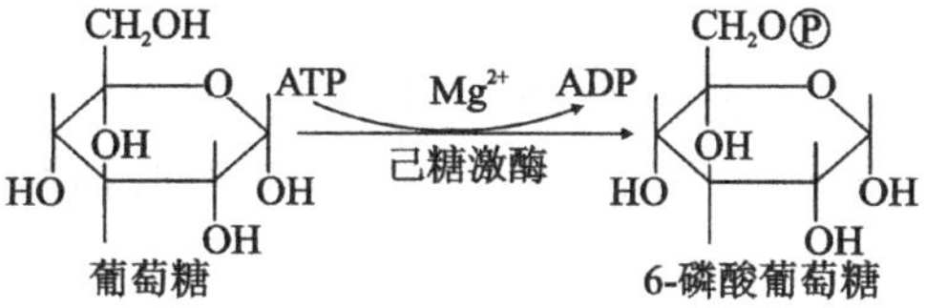

己糖激酶催化的反应是消耗能量的不可逆反应，需 Mg^{2+} 参与。己糖激酶是糖酵解的关键酶之一。哺乳类动物体内已发现有 4 种己糖激酶同工酶，分别称为Ⅰ至Ⅳ型。肝细胞中存在的是Ⅳ型，称为葡萄糖激酶，它对葡萄糖专一性较强，但亲和力很低。所谓关键酶是指在代谢途径中，催化不可逆反应步骤、起着控制代谢通路的阀门作用的酶，其活性受到变构剂和激素的调节。

糖原进行糖酵解时，非还原端的葡萄糖单位先磷酸化成 1-磷酸葡萄糖，再转变为 6-磷酸葡萄糖，无需消耗 ATP。

2. 6-磷酸葡萄糖异构为 6-磷酸果糖　由磷酸己糖异构酶催化，发生醛糖与酮糖之间的异构，反应能可逆进行。

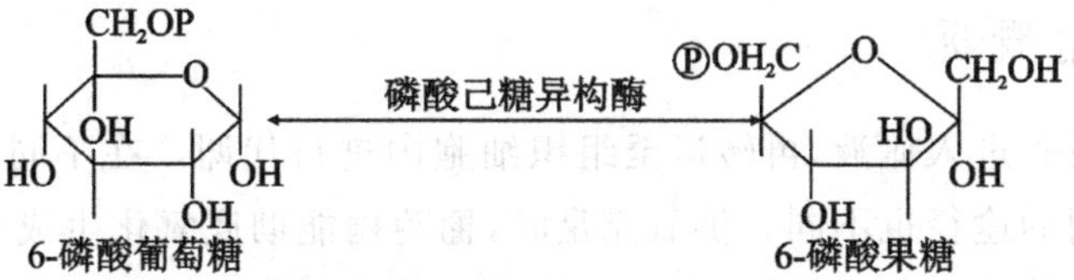

3. 6-磷酸果糖磷酸化成 1,6-二磷酸果糖　由磷酸果糖激酶催化，需 ATP 和 Mg^{2+} 参与，是不可逆反应过程。磷酸果糖激酶是糖酵解途径最主要的关键酶，其活性较低，能直接影响糖酵解的速度和方向。

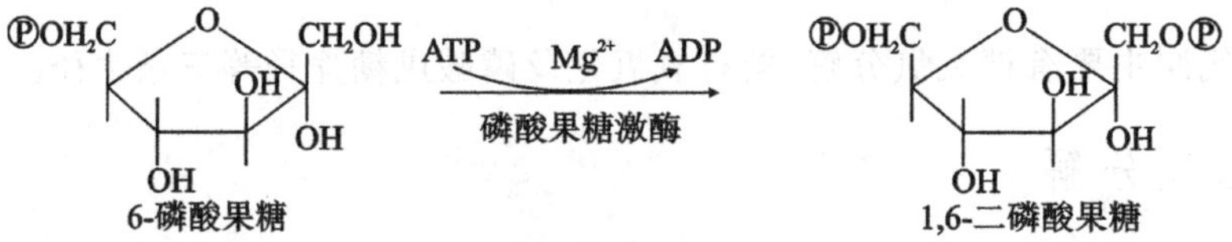

4. 磷酸丙糖的生成　1,6-二磷酸果糖在醛缩酶的催化下，裂解成 3-磷酸甘油醛和磷酸二羟丙酮，两者受磷酸丙糖异构酶作用可相互转变。由于 3-磷酸甘油醛能继续代谢，使得磷酸二羟丙酮迅速转变为 3-磷酸甘油醛，故可以看成一分子葡萄糖转变成 2 分子 3-磷酸甘油醛。

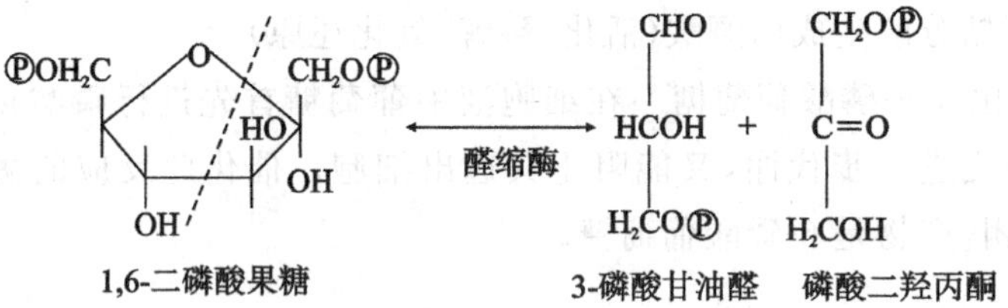

5. 3-磷酸甘油醛氧化成 1,3-二磷酸甘油酸　在 3-磷酸甘油醛脱氢酶催化下，3-磷酸甘油醛脱氢氧化，并生成含有一个高能磷酸键的化合物 1,3-二磷酸甘油酸（1,3-bisphosphoglycerate，1,3-BPG）。这是糖酵解唯一的氧化脱氢步骤。

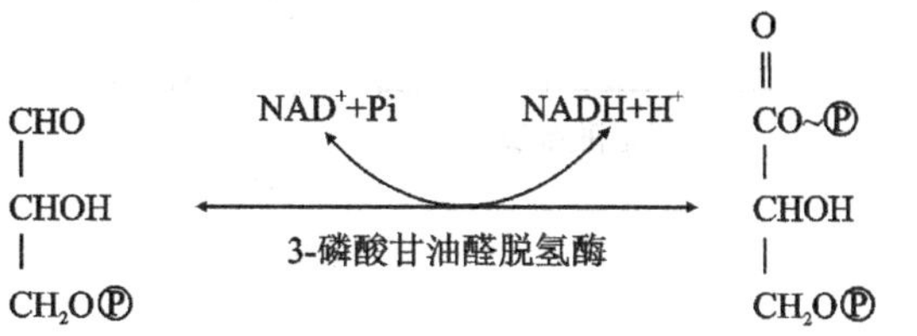

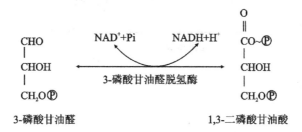

3-磷酸甘油醛　　　　1,3-二磷酸甘油酸

6. 1,3-二磷酸甘油酸转变为 3-磷酸甘油酸　高能磷酸化合物 1,3-二磷酸甘油酸在磷酸甘油酸激酶的催化下进行底物水平磷酸化，把高能磷酸键转移至 ADP，生成 ATP 及产物 3-磷酸甘油酸。

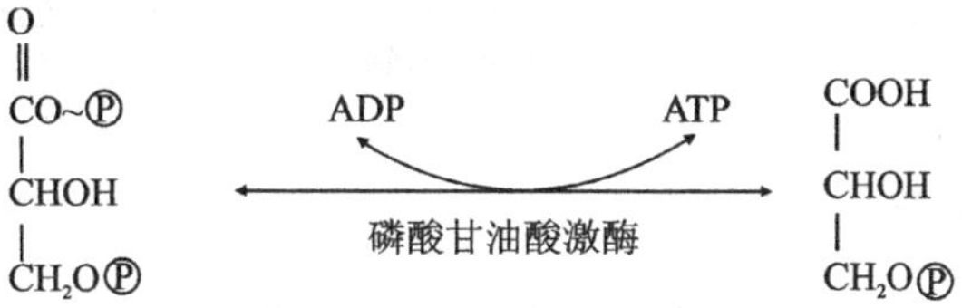

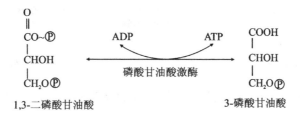

1,3-二磷酸甘油酸　　　　3-磷酸甘油酸

7. 3-磷酸甘油酸变位为 2-磷酸甘油酸　受磷酸甘油酸变位酶催化，3 位磷酸基转移到 2 位碳原子上，生成 2-磷酸甘油酸，反应能可逆进行。

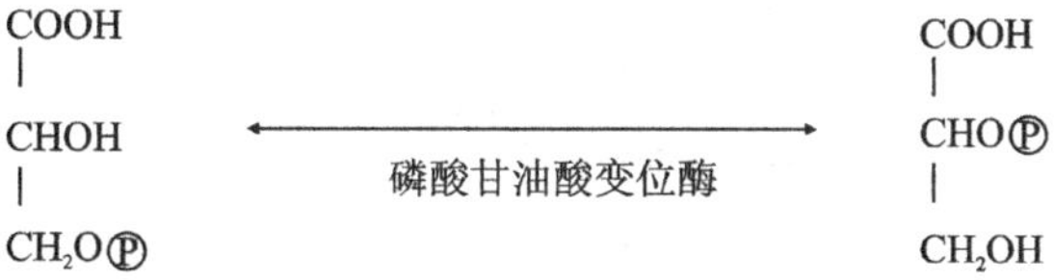

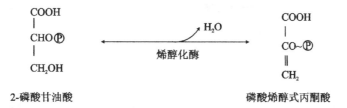

3-磷酸甘油酸　　　　2-磷酸甘油酸

8. 2-磷酸甘油酸转变成磷酸烯醇式丙酮酸　烯醇化酶作用使 2-磷酸甘油酸脱水生成磷酸烯醇式丙酮酸。此反应可引起分子内部电子重排及能量重新分布，形成一个高能磷酸化合物。

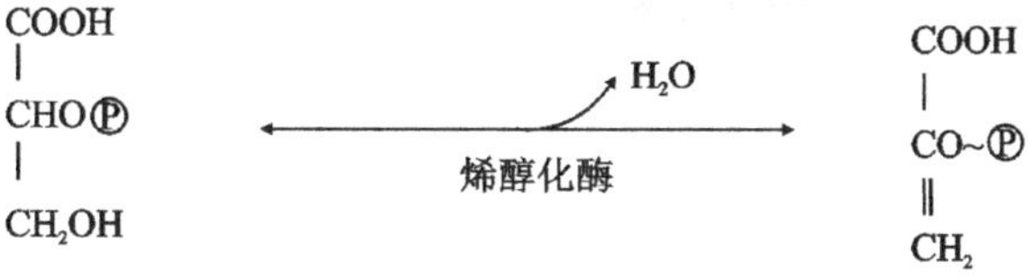

2-磷酸甘油酸　　　　磷酸烯醇式丙酮酸

9. 丙酮酸的生成　磷酸烯醇式丙酮酸在关键酶丙酮酸激酶的催化下，需要 K^+ 和 Mg^{2+} 参与，把高能磷酸键转移至 ADP，生成 ATP，同时转变成不稳定的烯醇式丙酮酸，进而生成稳定的酮式丙酮酸。整个反应不可逆，是糖酵解第二次底物水平磷酸化产生 ATP 的步骤。

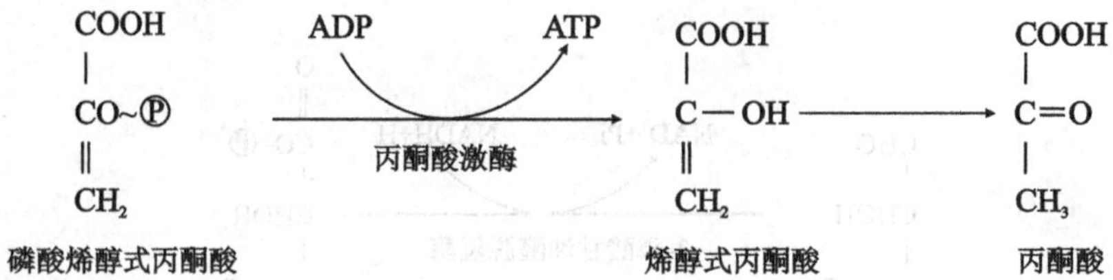

第二阶段:丙酮酸还原生成乳酸

机体缺氧时,丙酮酸受到乳酸脱氢酶催化,由辅酶 $NADH+H^+$ 作为供氢体,还原生成乳酸,$NADH+H^+$ 来自于糖酵解中的3-磷酸甘油醛氧化脱氢反应。

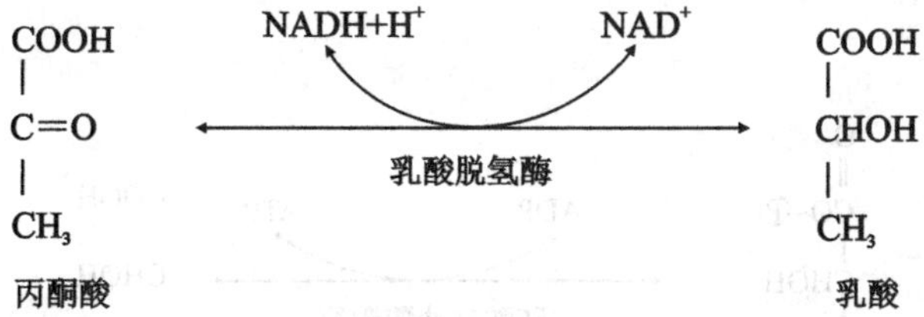

糖酵解从葡萄糖开始,历经多步酶促反应,其中己糖激酶、磷酸果糖激酶和丙酮酸激酶所催化的反应不可逆,是酵解途径中的关键酶。糖酵解的终产物是2分子乳酸和净生成2分子ATP。如从糖原开始酵解,能净生成3分子ATP。糖酵解整个反应归纳如图5-1。

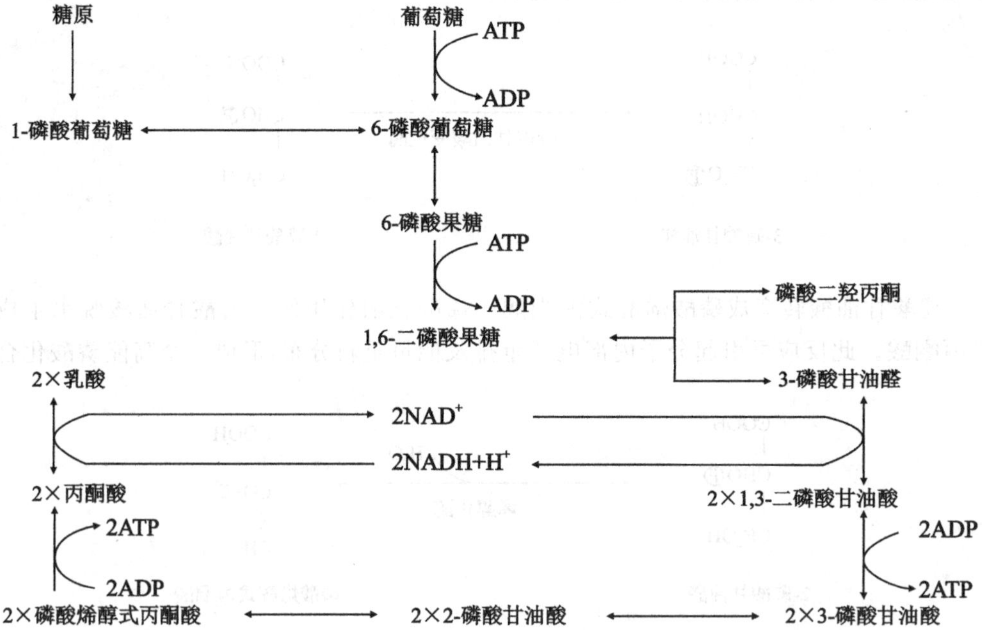

图5-1 糖酵解代谢途径

(二)糖酵解的生理意义

1. 迅速为机体提供急需能量　糖酵解最主要的生理意义在于迅速提供能量,这对肌收缩更为重要。肌内ATP含量很低,仅5~7 μmol/g新鲜组织,只要肌收缩几秒钟即可耗尽。这时即使氧不缺乏,但因葡萄糖进行有氧氧化的反应过程比糖酵解长,来不及满足需要,而通过糖酵解则可迅速得到 ATP。当机体缺氧或剧烈运动肌局部血流不足时，能量主要通过糖酵解获得。

糖酵解时，每分子磷酸丙糖有两次底物水平磷酸化，可生成 2 分子 ATP。因此 1 mol 葡萄糖可生成 4 mol ATP，减去葡萄糖及 6-磷酸果糖磷酸化时消耗的 2 mol ATP，葡萄糖酵解可净得 2 mol ATP。

2. 某些组织生理情况下的供能途径　成熟红细胞没有线粒体，不能进行糖的有氧氧化，完全依赖糖酵解供应能量。视网膜、睾丸、肾髓质及皮肤也主要靠糖酵解供能。代谢活跃的神经细胞、白细胞、骨髓等部分靠糖酵解供能。

二、糖有氧氧化

葡萄糖或糖原在有氧的条件下彻底氧化成 H_2O 和 CO_2 的反应过程称为有氧氧化(aerobic oxidation)。绝大多数组织细胞能进行糖的有氧氧化，这是机体获取能量的主要方式。

(一)有氧氧化反应过程

糖有氧氧化的过程分为三个阶段。第一阶段：葡萄糖或糖原在细胞液循酵解途径分解成丙酮酸。第二阶段：丙酮酸进入线粒体，氧化脱羧生成乙酰辅酶 A。第三阶段：乙酰辅酶 A 经三羧酸循环彻底氧化成 CO_2、H_2O 并产生 ATP。第一阶段反应见糖酵解所述，在此主要介绍第二和第三阶段。

第二阶段：丙酮酸氧化脱羧

在丙酮酸脱氢酶复合体催化下，进入线粒体的丙酮酸氧化脱羧，生成乙酰辅酶 A。该复合体是由丙酮酸脱氢酶、二氢硫辛酸转乙酰基酶和二氢硫辛酸脱氢酶按一定比例组合而成的多酶体系，需要 5 种维生素组成的 5 种辅酶参与。总反应式为：

在这个酶促反应中，硫胺素焦膦酸酯(TPP)是丙酮酸脱氢酶的辅酶，含维生素 B_1；硫辛酸及辅酶 A(HS-CoA)是二氢硫辛酸转乙酰基酶的辅酶，辅酶 A 含有泛酸；FAD 及 NAD^+ 是二氢硫辛酸脱氢酶的辅酶，含维生素 B_2 和维生素 PP。详细反应步骤如图 5-2。

小贴士

Hans Adolf Krebs(1900—1981)，德国出生的英籍生物化学家。1932 年，他与同事共同发现了鸟氨酸循环，阐明了人体内尿素的生成途径。1937 年，他通过总结前人经验及一系列实验提出了三羧酸循环，后来发现这一循环途径在动植物、微生物细胞中普遍存在，不仅是糖分解代谢的主要途径，也是蛋白质、脂肪分解代谢的最终途径。三羧酸循环的发现被公认为代谢研究的里程碑。因此，1953 年 Krebs 与美国生化学家 F. A. 李普曼一起荣获诺贝尔生理学或医学奖，并被称为能量循环之父。

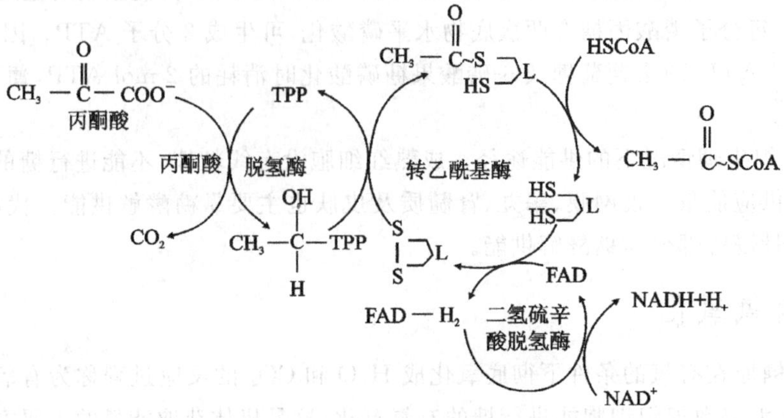

图 5-2 丙酮酸氧化脱羧作用

第三阶段:三羧酸循环

三羧酸循环(tricarboxylic acid cycle,TAC)亦称柠檬酸循环或 Krebs 循环,是在细胞线粒体内由乙酰 CoA 与草酰乙酸缩合成柠檬酸开始,经过一系列的氧化脱羧反应,最终再生成草酰乙酸而构成的循环过程。

1. 柠檬酸的形成 乙酰 CoA 与草酰乙酸缩合成含三个羧基的柠檬酸。反应由柠檬酸合酶催化,缩合反应所需能量来自乙酰 CoA 的高能硫酯键的水解。由于高能硫酯键水解时可释放较多的自由能,使反应成为单向、不可逆反应。而且柠檬酸合酶对草酰乙酸的 Km 很低,所以即使线粒体内草酰乙酸的浓度很低(约 10 mmol/L),反应也得以迅速进行。此反应是三羧酸循环的第一个不可逆反应,柠檬酸合酶是三羧酸循环的关键酶之一。

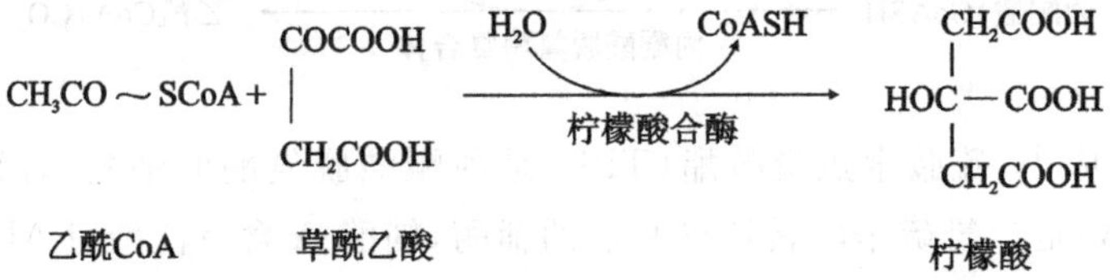

2. 异柠檬酸的生成 由顺乌头酸酶催化柠檬酸与异柠檬酸异构互变,先脱水生成顺乌头酸,再加水生成异柠檬酸。

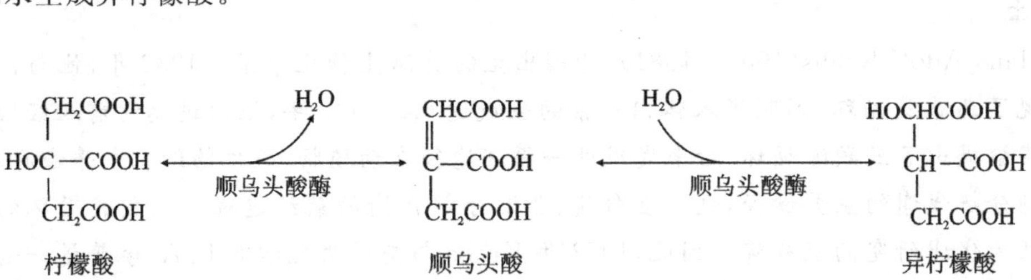

3. 第一次氧化脱羧 在异柠檬酸脱氢酶作用下,异柠檬酸脱氢脱羧转变成 α-酮戊二酸,辅酶 NAD^+ 接受氢成为 $NADH+H^+$。异柠檬酸脱氢酶是三羧酸循环最主要的关键酶,催化的反应不可逆。

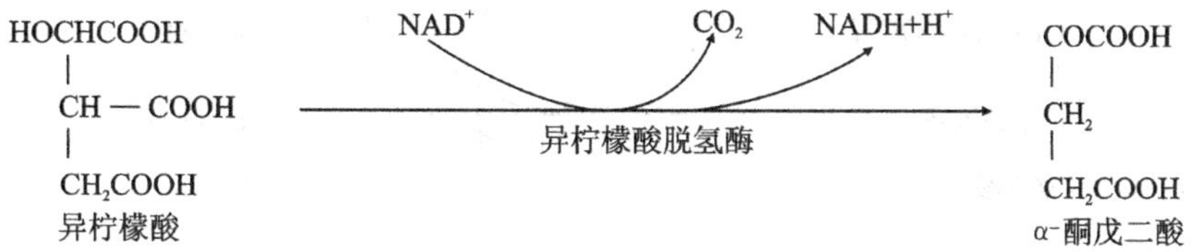

4. 第二次氧化脱羧　α-酮戊二酸氧化脱羧生成琥珀酰 CoA。α-酮戊二酸氧化脱羧时释放的自由能很多，足以形成一高能硫酯键。此反应不可逆，也是一个关键步骤，由 α-酮戊二酸脱氢酶复合体催化，其组成和反应步骤类似丙酮酸脱氢酶复合体。

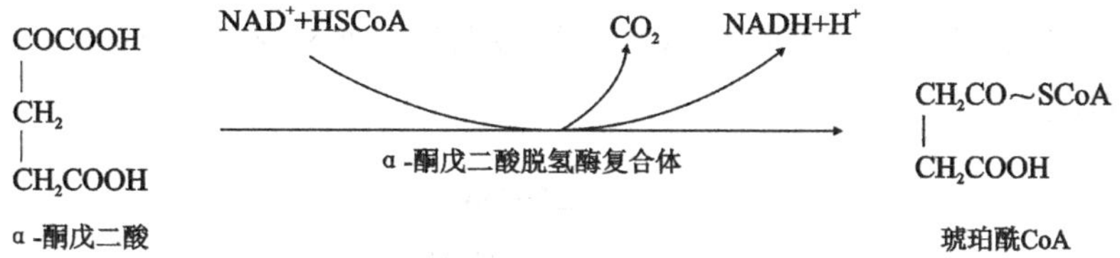

5. 琥珀酸的生成　琥珀酰 CoA 受琥珀酸硫激酶（琥珀酰 CoA 合成酶）催化，将高能硫酯键的能量转移给 GDP 生成 GTP，自身转变成琥珀酸，这是三羧酸循环中唯一的底物水平磷酸化步骤。GTP 能把高能键转移，生成 ATP，反应可逆进行。

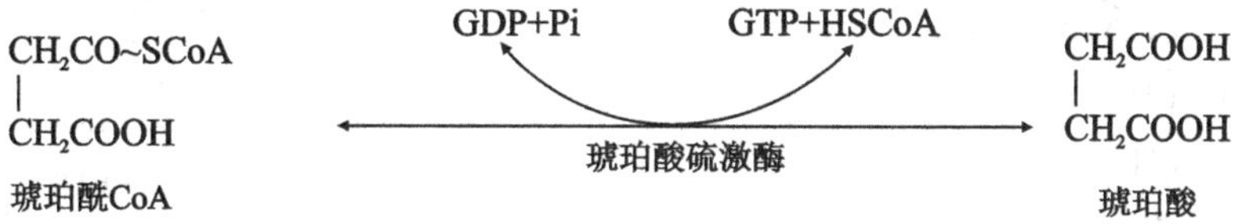

6. 琥珀酸氧化生成延胡索酸　在琥珀酸脱氢酶作用下，琥珀酸脱氢交给 FAD 生成 $FADH_2$，而自身转变成延胡索酸，反应可逆进行。

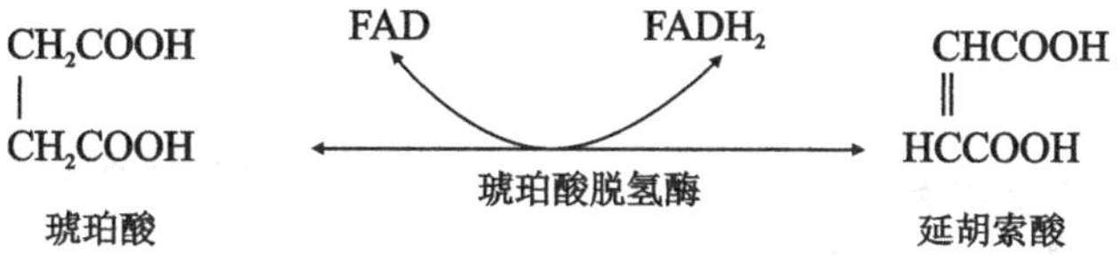

7. 延胡索酸加水成为苹果酸　延胡索酸酶催化此可逆反应。

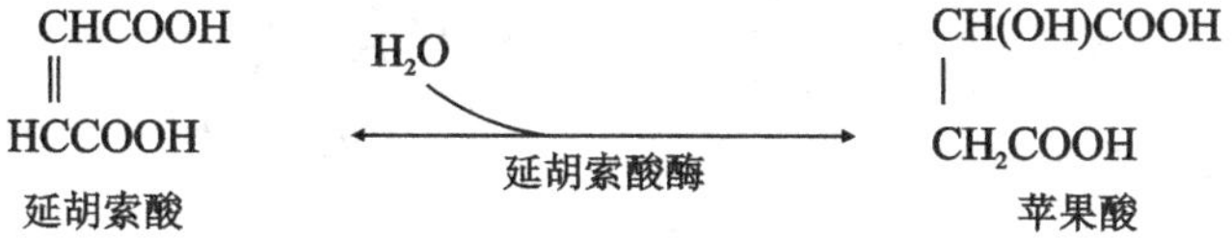

8. 苹果酸氧化为草酰乙酸　苹果酸脱氢酶的辅酶是 NAD^+，接受苹果酸的氢还原成 $NADH+H^+$，苹果酸则转变为草酰乙酸完成一次三羧酸循环。

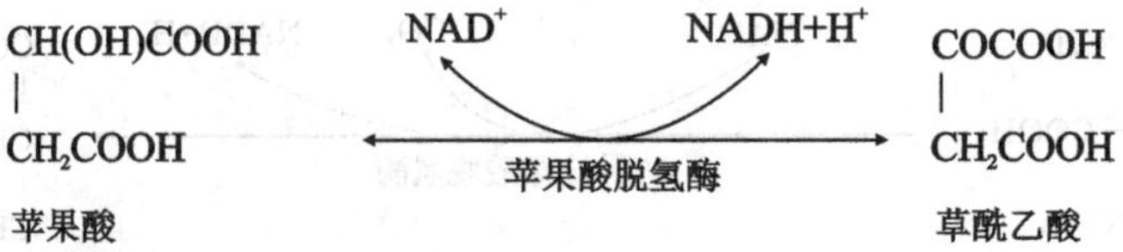

三羧酸循环运转一周，是从 2 碳乙酰辅酶 A 与 4 碳草酰乙酸缩合为 6 碳柠檬酸开始，历经多步反应，以草酰乙酸再生结束循环。整个循环实质上是氧化了 1 分子的乙酰基。循环有 2 次脱羧生成 2 分子 CO_2，4 次脱氢生成 3 分子 NADH＋H^+ 和 1 分子 $FADH_2$。NADH＋H^+ 和 $FADH_2$ 经电子传递链传递，氢与氧结合成水并释放能量。每 2H 经 NADH 氧化呼吸链传递产生 3 分子 ATP，而经琥珀酸氧化呼吸链传递产生 2 分子 ATP。循环中还有一次底物水平磷酸化生成 1 分子 ATP，故 1 分子乙酰辅酶 A 经三羧酸循环彻底氧化产生 12 分子 ATP。三羧酸循环反应归纳如图 5-3。

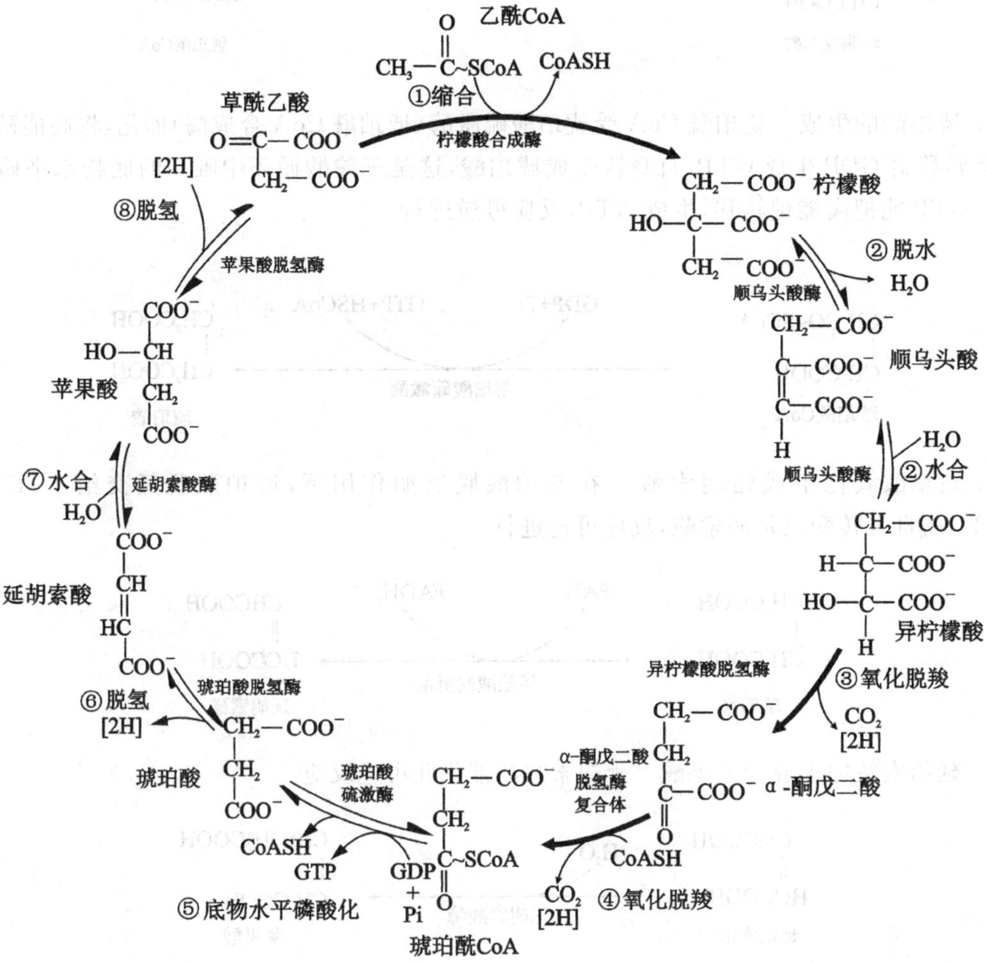

图 5-3 三羧酸循环

三羧酸循环的中间产物包括草酰乙酸在内起着催化剂的作用，本身并无量的变化。不可能通过三羧酸循环从乙酰辅酶 A 合成草酰乙酸或三羧酸循环中的其他中间产物。同样，这些中间产物也不可能直接在三羧酸循环中被氧化为 CO_2 和 H_2O。三羧酸循环中的草酰乙酸主要来自丙酮酸的直接羧化，也可通过苹果酸脱氢获得。

(二)有氧氧化生理意义

1. 糖有氧氧化是机体供能的主要途径 1分子葡萄糖经有氧氧化生成 CO_2 和 H_2O，能净生成38(或36)分子的ATP(表5-1)。体内很多组织依靠糖的有氧氧化获取能量。如脑组织是一个耗能和耗氧较多的器官，主要靠糖有氧氧化为其供能，以维持脑的重要功能。

表 5-1 葡萄糖有氧氧化生成的 ATP

	反应	辅酶	ATP
第一阶段	葡萄糖→6-磷酸葡萄糖		−1
	6-磷酸果糖→1,6-二磷酸果糖		−1
	2×3-磷酸甘油醛→2×1,3-二磷酸甘油酸	NAD^+	2×3 或 2×2①
	2×1,3-二磷酸甘油酸→2×3-磷酸甘油酸		2×1
	2×磷酸烯醇式丙酮酸→2×丙酮酸		2×1
第二阶段	2×丙酮酸→2×乙酰辅酶A	NAD^+	2×3
第三阶段	2×异柠檬酸→2×α-酮戊二酸	NAD^+	2×3
	2×α-酮戊二酸→2×琥珀酰CoA	NAD^+	2×3
	2×琥珀酰CoA→2×琥珀酸		2×1
	2×琥珀酸→2×延胡索酸	FAD	2×2
	2×苹果酸→2×草酰乙酸	NAD^+	2×3
净生成			38(或36)

①$NADH+H^+$ 经苹果酸穿梭进入线粒体产生3个ATP；如经磷酸甘油穿梭进入线粒体，则产生2个ATP。

2. 三羧酸循环是糖、脂肪及蛋白质彻底氧化的共同途径 糖、脂肪与氨基酸的分解代谢均可生成乙酰CoA，进入三羧酸循环彻底氧化成 H_2O、CO_2 及产生ATP。

3. 三羧酸循环是糖、脂肪及氨基酸代谢联系的枢纽 如糖代谢的中间产物α-酮戊二酸、丙酮酸和草酰乙酸通过还原氨基化作用能生成谷氨酸、丙氨酸和天冬氨酸；糖代谢中间产物乙酰CoA是合成脂肪酸的原料；脂肪代谢的中间产物甘油可异生为糖，乙酰CoA则可进入三羧酸循环氧化；氨基酸代谢的产物α-酮酸也可异生为糖。故糖、脂肪与氨基酸能通过三羧酸循环互相转变及代谢。

4. 三羧酸循环的中间成分可用于其他物质的合成 如琥珀酰CoA是合成血红素的原料。

三、磷酸戊糖途径

糖分解代谢途径除了糖有氧氧化、糖酵解之外，在一些代谢较旺盛的组织如肝、脂肪组织、红细胞、泌乳期乳腺、肾上腺皮质和性腺等，还存在磷酸戊糖途径(pentose phosphate pathway)。在细胞液内，葡萄糖可经此途径代谢产生磷酸核糖和NADPH。

(一)磷酸戊糖途径反应过程

磷酸戊糖途径分为两个阶段进行。第一个阶段是氧化反应，生成磷酸戊糖；第二阶段是基团转移反应。

1. 6-磷酸葡萄糖氧化成磷酸戊糖　在第一阶段，6-磷酸葡萄糖经 2 次脱氢，生成 2 分子的 NADPH＋H^+，1 次脱羧反应产生 1 分子的 CO_2，自身则转变成 5-磷酸核糖。6-磷酸葡萄糖脱氢酶是此途径的关键酶。

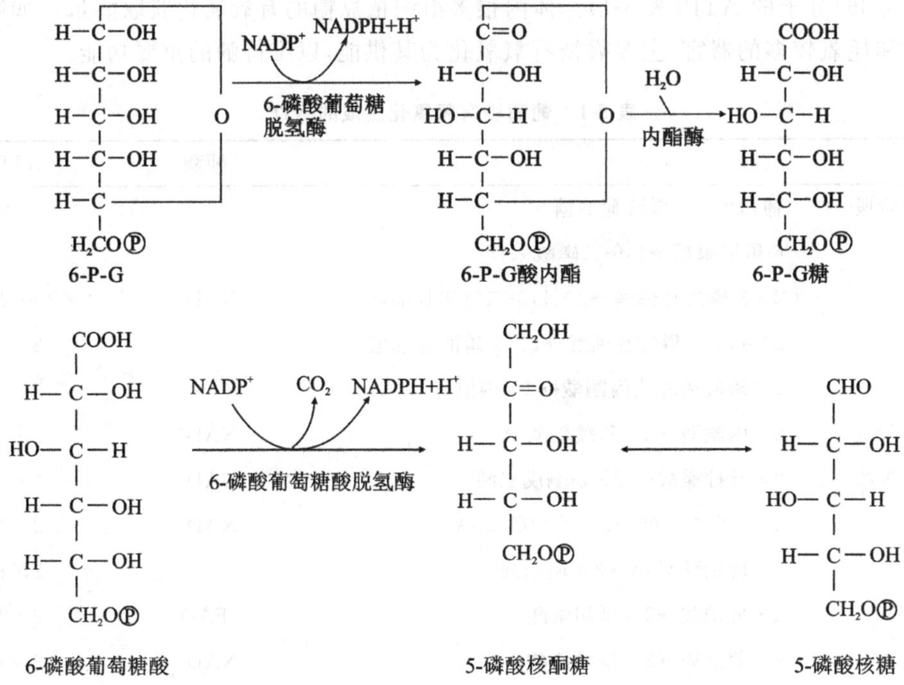

2. 基团转移反应　第一阶段生成的 5-磷酸核糖是合成核苷酸的原料，产生的 NADPH 作为供氢体参与体内许多物质的代谢。部分磷酸核糖可以通过一系列基团转移反应，转变为 6-磷酸果糖和 3-磷酸甘油醛，最后进入糖酵解代谢，故磷酸戊糖途径又称磷酸戊糖旁路。总反应途径归纳如图 5-4。

(二)磷酸戊糖途径的生理意义

1. 为核酸的生物合成提供核糖　磷酸戊糖途径是葡萄糖转变为 5-磷酸核糖的唯一途径，在体内，5-磷酸核糖主要用于合成核苷酸，后者是核酸的基本组成单位。

2. 提供 NADPH 作为供氢体参与多种代谢反应　还原型的 NADPH 可参与胆固醇、脂肪酸及类固醇激素等物质合成的加氢反应。NADPH 还能作为供氢体参与体内羟化反应，与药物、毒物及激素的生物转化作用有关。NADPH 又是谷胱甘肽(GSH)还原酶的辅酶，维持还原型 GSH 的正常含量。GSH 是体内重要的抗氧化剂，可保护一些含巯基(-SH)的蛋白质和酶类免受氧化剂的破坏，尤其是 GSH 对维持红细胞膜的完整性有着重要作用。当还原型 GSH 转变为氧化型 GSSG，则失去抗氧化剂作用。如 6-磷酸葡萄糖脱氢酶缺乏，生成的 NADPH 含量不足，不能使 GSSG 还原成 GSH 型，则红细胞易于损伤发生破裂，导致溶血性贫血。蚕豆病病人体内缺乏 6-磷酸葡萄糖脱氢酶，食用蚕豆易诱发溶血，故称为蚕豆病。

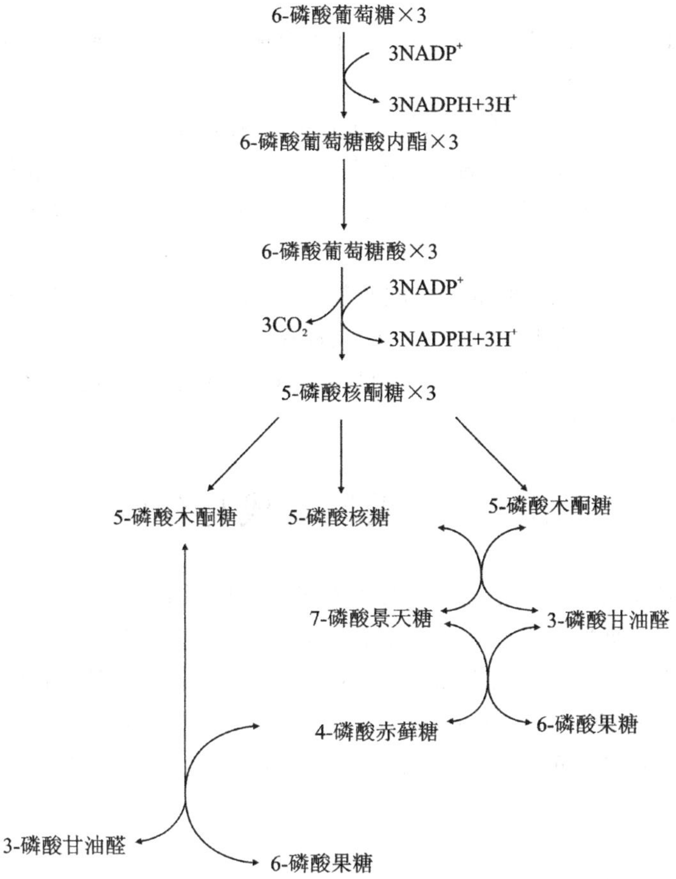

图 5-4　磷酸戊糖途径

四、糖分解代谢调节

(一)糖酵解调节

糖酵解中大多数反应是可逆的,但由已糖激酶、磷酸果糖激酶和丙酮酸激酶催化的反应是不可逆的,是三个代谢调节点,在细胞内控制着代谢通路的速度和方向。

1. 磷酸果糖激酶　目前认为调节糖酵解途径流量最重要的是磷酸果糖激酶的活性。磷酸果糖激酶是一四聚体,受多种变构效应剂的影响。ATP 和柠檬酸是该酶的变构抑制剂。AMP、ADP、1,6-二磷酸果糖和 2,6-二磷酸果糖是该酶的变构激活剂,其中 2,6-二磷酸果糖是活性最强的变构激活剂。胰高血糖素可通过 cAMP-蛋白激酶 A 系统使磷酸果糖激酶磷酸化,从而使该酶活性下降。

2. 丙酮酸激酶　这是糖酵解第二个重要调节点。1,6-二磷酸果糖是丙酮酸激酶的变构激活剂,ATP、丙氨酸、乙酰 CoA 和长链脂肪酸为其变构抑制剂。胰高血糖素通过 cAMP-蛋白激酶 A 系统抑制丙酮酸激酶活性。

3. 已糖激酶　产物 6-磷酸葡萄糖反馈抑制已糖激酶活性,肝内已糖激酶的同工酶葡萄糖激酶不受产物的反馈抑制。胰岛素能诱导已糖激酶的合成。

(二)糖有氧氧化调节

糖有氧氧化是机体获取能量的主要途径，对代谢途径中的关键酶进行调节，能改变糖氧化的速率。

1. 丙酮酸脱氢酶复合体　糖有氧氧化的关键酶丙酮酸脱氢酶复合体可经过变构调节和共价修饰调节改变酶活性。变构抑制剂有产物乙酰 CoA、NADH、ATP 及长链脂肪酸；变构激活剂有 HSCoA、NAD^+ 及 AMP 等。胰岛素和 Ca^{2+} 可促使丙酮酸脱氢酶去磷酸化，使之变成活性形式，加速丙酮酸氧化。

2. 三羧酸循环　柠檬酸合酶、异柠檬酸脱氢酶、α-酮戊二酸脱氢酶复合体均可受到变构调节，以异柠檬酸脱氢酶尤为重要。ATP、NADH、柠檬酸及长链脂肪酸均可抑制这些酶的活性，降低三羧酸循环速率，而 ADP、NAD^+、Ca^{2+} 可激活这些酶的活性，加速糖的氧化。另外氧化磷酸化的速率对三羧酸循环也有影响。

第三节　糖原合成与分解

糖原是由葡萄糖聚合而成的多分支高分子有机物。糖原的直链以 α-1,4 糖苷键相连，支链以 α-1,6 糖苷键相连。糖原是糖在体内的储存形式。人体内约有 400 g 糖原，能供 8～12 h 的消耗。合成糖原活跃的组织是肝脏及肌组织，其他组织合成能力较弱。肝糖原含量可达肝重的 5%(总量约 100 g)，是血糖的重要来源，这对于依赖葡萄糖供能的脑组织及红细胞有着重要意义。肌糖原含量为肌肉质量的 1%～2%(总量约 300 g)，主要提供肌组织收缩时的能量需要。

一、糖原合成

由单糖葡萄糖合成糖原的过程，称为糖原合成(glycogenesis)。整个反应过程在细胞液中进行。

(一)糖原合成反应过程

1. 葡萄糖磷酸化

$$\text{葡萄糖}+\text{ATP}\xrightarrow{\text{己糖激酶}}\text{6-磷酸葡萄糖}+\text{ADP}$$

2. 生成 1-磷酸葡萄糖

$$\text{6-磷酸葡萄糖}\xleftrightarrow{\text{磷酸葡萄糖变位酶}}\text{1-磷酸葡萄糖}$$

3. 尿苷二磷酸葡萄糖的生成

$$\text{1-磷酸葡萄糖}+\text{UTP}\xleftrightarrow{\text{UDPG 焦磷酸化酶}}\text{UDPG}+\text{PPi}$$

反应能可逆进行，由于焦磷酸(PPi)在细胞内迅速被焦磷酸酶水解成 2 分子磷酸(2Pi)，使反应向右进行。UDPG 可被看作为“活性葡萄糖”，是葡萄糖的供体。

4. 糖原的合成

$$\text{糖原引物}(\text{Gn})+\text{UDPG}\xrightarrow{\text{糖原合酶}}\text{糖原}(G_{n+1})+\text{UDP}$$

在糖原引物存在下，UDPG 将葡萄糖基转移至引物上，以 α-1,4 糖苷键相连，反复进行使糖链不断延长。当糖链超过 11 个葡萄糖基时，再由分支酶将约 7 个葡萄糖基转移至邻近的糖链，以 α-1,6 糖苷键相接成糖原的分支。分支酶作用如图 5-5。

从葡萄糖合成糖原是一个耗能过程，糖链每增加一个葡萄糖基，需消耗 2 个 ATP。糖原合酶是糖原合成途径的关键酶。

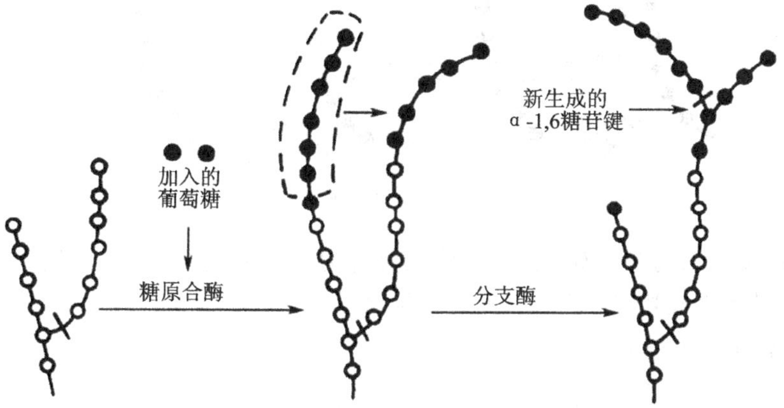

图 5-5　分支酶作用

(二)糖原合成生理意义

糖原合成是机体储存葡萄糖的形式，即储存能量的一种方式。同时对维持血糖浓度的恒定有重要作用，如进食后机体将摄入的糖合成为糖原储存起来，以免血糖浓度过度升高。

二、糖原分解

由肝糖原分解为葡萄糖的过程，称为糖原分解(glycogenolysis)。肌糖原不能直接分解为葡萄糖，只能分解生成乳酸，再经糖异生途径转变为葡萄糖。糖原分解过程如下。

(一)糖原分解反应过程

1. 1-磷酸葡萄糖的生成

$$\text{糖原}(G_n)+Pi \xrightarrow{\text{磷酸化酶}} \text{糖原}(G_{n-1})+1\text{-磷酸葡萄糖}$$

磷酸化酶是糖原分解的关键酶，作用于糖链的非还原端，水解 1 个葡萄糖基并磷酸化成 1-磷酸葡萄糖。当糖链分支仅剩 4 个葡萄糖基时，由脱支酶将 3 个葡萄糖基转移至邻近糖链，剩余的 1 个葡萄糖基再由脱支酶水解 α-1,6 糖苷键，成为游离的葡萄糖。这样在磷酸化酶和脱支酶的交替作用下，糖原分支逐渐减少，糖原分子逐渐变小。脱支酶作用如图 5-6。

2. 6-磷酸葡萄糖的生成

$$1\text{-磷酸葡萄糖} \xleftrightarrow{\text{磷酸葡萄糖变位酶}} 6\text{-磷酸葡萄糖}$$

3. 水解成葡萄糖

肝及肾中存在着葡萄糖-6-磷酸酶，能水解 6-磷酸葡萄糖生成葡萄糖，肝糖原分解后能迅速补充血糖。

$$6\text{-磷酸葡萄糖}+H_2O \xrightarrow{\text{葡萄糖-6-磷酸酶}} \text{葡萄糖}+Pi$$

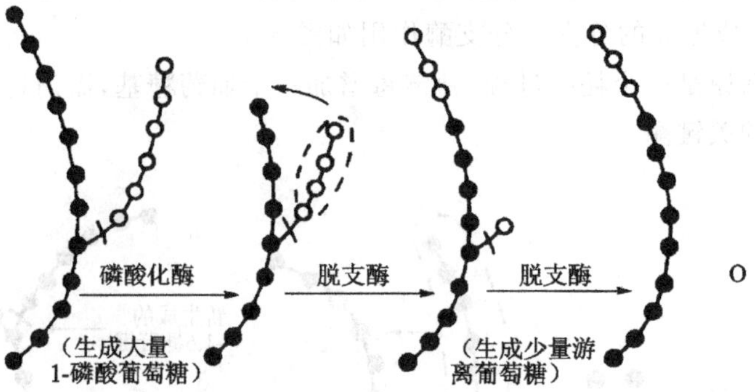

图 5-6　脱支酶作用

由于肌组织缺乏葡萄糖-6-磷酸酶，肌糖原分解为 6-磷酸葡萄糖后，不能直接转变成葡萄糖，只能进入糖酵解生成乳酸或进行糖的有氧氧化。

(二)糖原分解生理意义

糖原分解能提供葡萄糖，既可在不进食期间维持血糖浓度的相对恒定，又对持续满足脑组织等的能量需要有着重要意义。

三、糖原合成与分解代谢调节

糖原合酶与磷酸化酶分别是糖原合成代谢和糖原分解代谢中的关键酶，其活性决定着不同代谢途径的速率，并影响着糖原代谢的方向。二者均受到变构调节和共价修饰调节。

(一)变构调节

葡萄糖及 ATP 是磷酸化酶的变构抑制剂，AMP 是变构激活剂。6-磷酸葡萄糖是糖原合酶的变构激活剂。

(二)共价修饰

糖原合酶和磷酸化酶的共价修饰均受激素的调节，这些激素通过 cAMP-蛋白激酶 A 系统改变酶的活性。例如，饥饿时血糖含量下降，促进胰高血糖素或肾上腺素分泌增加，激活 cAMP-蛋白激酶 A，使糖原合酶磷酸化，由有活性的糖原合酶 a 转变为无活性的糖原合酶 b，糖原合成停止。同时磷酸化酶在磷酸化酶 b 激酶催化下磷酸化，由无活性的磷酸化酶 b 转变为有活性的磷酸化酶 a，则糖原分解加速。这样就可使血糖升高，维持血糖相对恒定。共价修饰调节归纳如图 5-7。

第四节　糖　异　生

非糖物质转变为葡萄糖或糖原的过程称为糖异生(gluconeogensis)。能异生为糖的物质包括乳酸、甘油、生糖氨基酸等。肝是进行糖异生的主要部位，其次为肾，长期饥饿时，肾糖异生作用加强。

一、糖异生途径

糖异生途径基本上是糖酵解的逆过程。由于已糖激酶、磷酸果糖激酶和丙酮酸激酶催化的

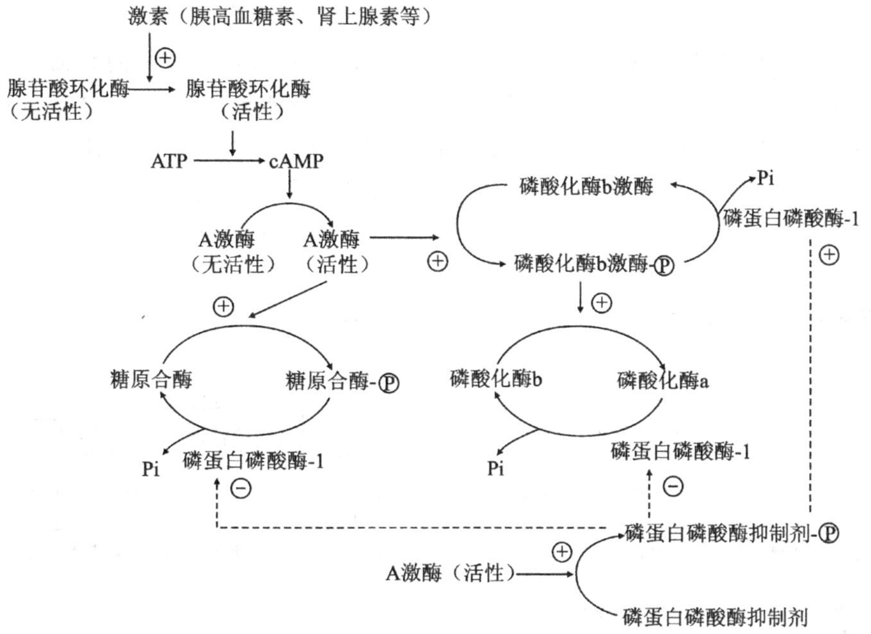

图 5-7 糖原代谢的共价修饰调节

反应是不可逆的，称之为“能障”。因此，在糖异生时需通过其他酶的作用，绕过“能障”，使非糖物质异生为糖。

(一)丙酮酸转变成磷酸烯醇式丙酮酸

先由线粒体内丙酮酸羧化酶催化，以生物素为辅酶，ATP 供能，CO_2 固定至丙酮酸上生成草酰乙酸。草酰乙酸不能透过线粒体膜，还需还原成苹果酸进入细胞液再氧化为草酰乙酸，或经转氨基作用生成天冬氨酸进入细胞液再恢复为草酰乙酸。然后草酰乙酸由磷酸烯醇式丙酮酸羧激酶催化，GTP 供能，进行脱羧反应，转变为磷酸烯醇式丙酮酸，这个过程又称丙酮酸羧化支路。克服此“能障”需消耗 2 分子 ATP，整个反应不可逆。

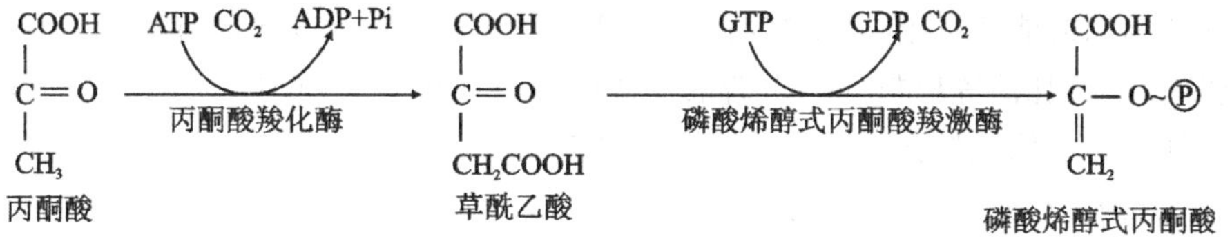

(二)1,6-二磷酸果糖转变为 6-磷酸果糖

反应由果糖二磷酸酶催化，将 1,6-二磷酸果糖水解成 6-磷酸果糖。

$$1,6\text{-二磷酸果糖} + H_2O \xrightarrow{\text{果糖二磷酸酶}} 6\text{-磷酸果糖} + Pi$$

(三)6-磷酸葡萄糖水解为葡萄糖

反应由葡萄糖-6-磷酸酶催化，相同于肝糖原分解的最后一步反应，此酶仅存在于肝与肾组织中。

$$6\text{-磷酸葡萄糖}+H_2O \xrightarrow{\text{葡萄糖-6-磷酸酶}} \text{葡萄糖}+Pi$$

上述过程中，丙酮酸羧化酶、磷酸烯醇式丙酮酸羧激酶、果糖二磷酸酶和葡萄糖-6-磷酸酶是糖异生途径的关键酶。某些非糖物质通过这些酶催化就能越过“能障”，转变成葡萄糖或糖原。如乳酸可脱氢生成丙酮酸，循糖异生途径生糖；甘油先磷酸化为α-磷酸甘油，再脱氢生成磷酸二羟丙酮，循糖异生途径生糖；生糖氨基酸能转变成糖有氧氧化途径的中间产物，再循糖异生途径转变为糖。糖异生途径归纳如图5-8。

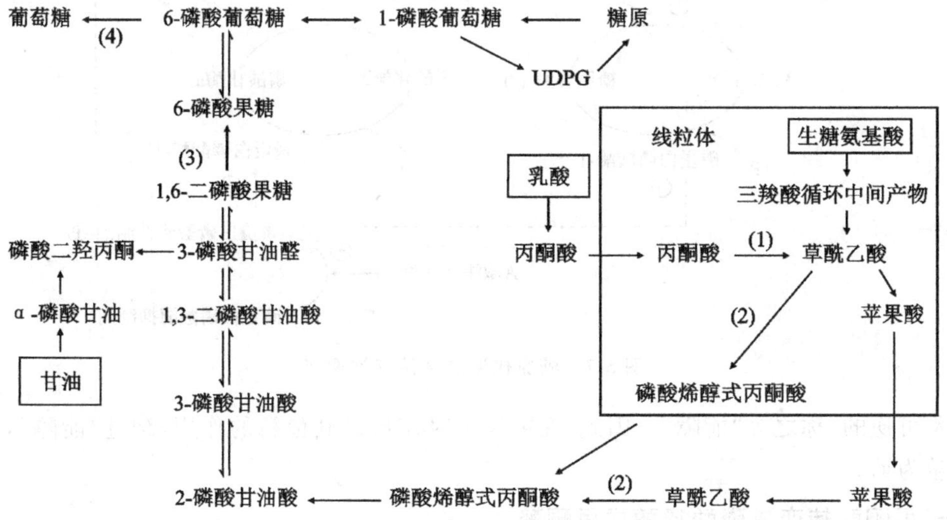

图5-8 糖异生途径

(1)丙酮酸羧化酶 (2)磷酸烯醇式丙酮酸羧激酶 (3)果糖二磷酸酶 (4)葡萄糖-6-磷酸酶

二、糖异生的生理意义

(一)饥饿情况下维持血糖浓度恒定

人体储备糖原的能力有限，在饥饿时，靠肝糖原分解葡萄糖仅能维持血糖浓度8～12 h，以后主要依赖氨基酸、甘油等原料异生为糖来维持血糖浓度恒定，以保证脑组织及红细胞等的能量供应。另外肝脏也依赖糖异生作用补充糖原储备。

(二)调节酸碱平衡

在长期饥饿情况下，肾糖异生作用增强，可促进肾小管细胞分泌NH_3，NH_3与H^+结合为NH_4^+，降低原尿中H^+的浓度，加速排H^+保Na^+作用，有利于维持酸碱平衡，对防止酸中毒有重要意义。

(三)有利于乳酸利用(见乳酸循环)

三、乳酸循环

当肌肉在缺氧或剧烈运动时，肌糖原经酵解产生大量乳酸，由于肌肉组织不能进行糖异生作用，所以乳酸经细胞膜弥散入血液，再入肝，在肝内异生为葡萄糖。葡萄糖释放入血液后又可被肌肉摄取，这样构成了一个循环，称为乳酸循环，也称 Cori 循环(图 5-9)。乳酸循环的生理意义是防止和改善因乳酸堆积引起的代谢性酸中毒。

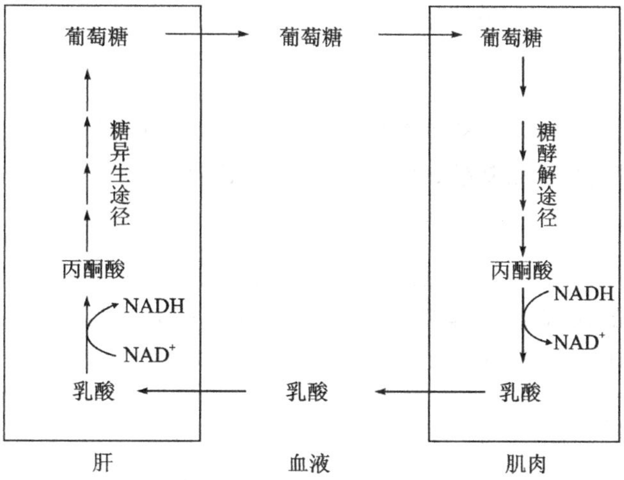

图 5-9 乳酸循环

四、糖异生的调节

糖异生途径与糖酵解是方向相反的两条代谢途径，加速糖异生途径，则糖酵解抑制，二者互相制约。糖异生的关键酶丙酮酸羧化酶、磷酸烯醇式丙酮酸羧激酶、果糖二磷酸酶及葡萄糖-6-磷酸酶受多种代谢物及激素的调节。

(一)代谢物的调节

1. ATP 和柠檬酸促进糖异生作用 ATP 和柠檬酸是果糖二磷酸酶的变构激活剂，能促进糖异生作用。ADP、AMP 和 2,6-二磷酸果糖是该酶的变构抑制剂，抑制糖异生作用；这些代谢物又是磷酸果糖激酶的变构激活剂，促进糖酵解。目前认为 2,6-二磷酸果糖的水平是肝内调节糖分解与糖异生方向的主要信号。

2. 乙酰 CoA 促进糖异生作用 乙酰 CoA 是丙酮酸羧化酶的变构激活剂，促进糖异生作用，抑制糖分解。

(二)激素的调节

1. 胰高血糖素和胰岛素 胰高血糖素通过 cAMP-蛋白激酶 A 系统提高磷酸烯醇式丙酮酸羧激酶活性，加速糖异生作用。此外，胰高血糖素还可诱导磷酸烯醇式丙酮酸羧激酶合成，促进糖异生；胰岛素抑制磷酸烯醇式丙酮酸羧激酶的合成，从而抑制糖异生作用，加速糖的分解。

2. 糖皮质激素 糖皮质激素既能诱导糖异生关键酶的合成，又能促进蛋白质分解成氨基酸，为糖异生提供原料，是调节糖异生的最重要激素。

第五节 血糖及临床常见糖代谢障碍

血糖(blood glucose,BG)是指血液中的葡萄糖。用葡萄糖氧化酶法测得正常人空腹血糖浓度为 3.89～6.11 mmol/L(70～110 mg/dL)。血糖维持在恒定范围，有利于组织细胞摄取葡萄糖氧化供能，特别是对于储存糖原能力低下的脑组织和红细胞生理功能的维持是很重要的。

在人体精确的调节作用下，血糖的来源与去路处于动态平衡，维持着血糖浓度的相对恒定。

一、血糖的来源与去路

（一）血糖的来源

血糖来源主要包括：①食物淀粉等在肠道分解并吸收入血的葡萄糖；②肝糖原分解释放的葡萄糖；③饥饿时非糖物质如氨基酸、甘油等异生的葡萄糖。

（二）血糖的去路

血糖去路主要包括：①被组织细胞摄取氧化供能；②被肝、肌等组织摄取合成糖原；③被组织摄取后转变为脂肪、氨基酸等非糖物质或其他糖类（如核糖）；④血糖浓度大于 8.89～10 mmol/L（肾糖阈）时，超过肾小管对糖的重吸收能力，糖可随尿排出。

二、血糖浓度调节

血糖浓度维持在恒定范围不仅是糖、脂肪、氨基酸代谢协调的结果，而且是肝、肌、肾、脂肪组织等器官代谢协调的结果。在正常情况下，通过神经、激素和组织器官的调节，保持着血糖来源与去路的动态平衡。现将激素的调节作用简介如下：调节血糖的激素有两大类，一类是降低血糖的激素，即胰岛素；一类是升高血糖的激素，包括胰高血糖素、肾上腺素、糖皮质激素等。

（一）胰岛素

胰岛素（insulin）是机体唯一能降低血糖的激素，也是可以促进糖原、脂肪、蛋白质合成代谢的激素。其降低血糖的机制是：①促进细胞膜葡萄糖载体把血糖转运至细胞内；②促进糖原的合成，抑制糖原分解；③促进糖的有氧氧化；④抑制糖异生作用；⑤抑制脂肪的动员。

（二）胰高血糖素

胰高血糖素（glucagon）是机体升高血糖的主要激素。其升高血糖的机制有：①促进肝糖原分解，抑制糖原合成；②抑制糖酵解，促进糖异生作用；③促进脂肪的动员。

（三）肾上腺素

肾上腺素是机体应激时升高血糖的激素。主要通过加速糖原分解及提供糖异生原料等方面提高血糖浓度。

（四）糖皮质激素

糖皮质激素升高血糖的作用是通过促进蛋白质分解，为糖异生提供原料而实现的。同时还抑制肝外组织摄取和利用葡萄糖，使血糖升高。

三、临床常见糖代谢障碍

（一）低血糖

空腹血糖浓度低于 3.33～3.89 mmol/L 时称为低血糖（hypoglycemia）。脑组织对低血糖敏感，因为脑细胞主要靠摄取血糖氧化供能，一旦血糖水平过低，就会影响脑的正常生理功能，表现为头晕、心悸、出冷汗等症状，严重时出现低血糖昏迷。如及时静脉补充葡萄糖，症状能够缓解。引起低血糖的原因有：①饥饿时间过长或持续剧烈活动；②胰腺 β-细胞器质性病变；③肝严重疾患；④内分泌异常，如肾上腺皮质功能低下等。

(二)高血糖

临床上将空腹血糖浓度高于 7.22～7.78 mmol/L 称为高血糖(hyperglycemia)。若血糖浓度高于 8.89～10 mmol/L，超过肾糖阈，可出现糖尿。高血糖和糖尿有生理性和病理性两种。正常人进食大量糖或情绪激动可引起肾上腺素分泌增加，出现一过性的高血糖及糖尿。病理性的则表现为持续性的高血糖和糖尿，也称糖尿病。目前认为糖尿病是胰岛素相对或绝对缺乏，或胰岛素受体缺陷等原因所致。国际糖尿病学会推荐，依据糖尿病病因将糖尿病分成四类，即 1 型糖尿病、2 型糖尿病、特殊类型糖尿病和妊娠期糖尿病(GDM)，我国的糖尿病病人以 2 型糖尿病居多。

(三)糖耐量试验

人体具备处理一定量葡萄糖的能力称为糖耐量(glucose tolerance)。也就是在一次性食入大量葡萄糖之后，血糖水平不会出现大的波动和持续性升高，这是正常的耐糖现象。

糖耐量试验(glucose tolerance test，GTT)是指临床上检测人体糖耐量的一种方法，它能够辅助诊断糖代谢紊乱的相关性疾病。试验前三天应停用影响试验的药物，如肾上腺素、咖啡因、儿茶酚胺、磺胺、乙醇等，受试前应空腹 10～16 h。坐位取血后 5 min 内饮入 250 mL 含 75 g 葡萄糖的糖水，妊娠妇女用量为 100 g；儿童按 1.75 g/kg 体重给予，最大量不超过 75 g。服糖后，再在 0.5、1、2、3 及 4 h 分别取血一次。于采血同时，留取尿液做尿糖试验。取时间为横坐标(空腹时为 0 时)，血糖浓度为纵坐标，绘制糖耐量曲线(图 5-10)。

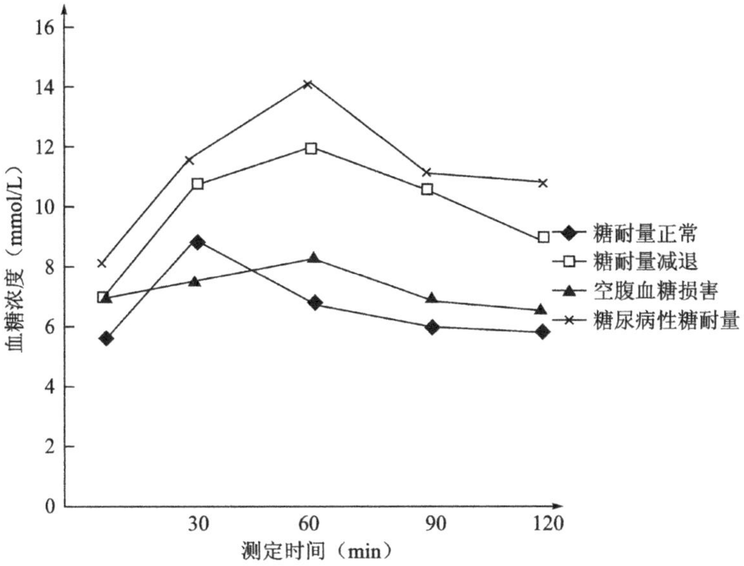

图 5-10 糖耐量曲线

正常人的糖耐量曲线是：空腹血糖正常(<6.11 mmol/L)，食糖后升高，1 h 至高峰，一般不超过 8.8 mmol/L(160 mg/dL)，2 h 内降至正常水平。

糖尿病病人的曲线是：空腹血糖高于正常值，食糖后升高可超过肾糖阈，2 h 内不能恢复至空腹血糖正常水平。

(四)糖化血红蛋白

红细胞内的 Hb 可缓慢地与糖类结合形成糖化血红蛋白(glycosylated hemoglobin,GHb)。成年人红细胞中的血红蛋白 Hb 主要是 HbA,占 90%以上,另外还有少量 HbA_1、HbA_2 和 HbF。能与糖结合的是 HbA_1。Hb 的糖基化作用是一种非酶促反应过程。血糖浓度高,与 Hb 作用时间长,生成糖化血红蛋白量就多。临床上常用离子交换层析微柱法测定 GHb,求 GHb 占总 Hb 的百分比。正常参考值 5.6%~7.6%。由于这种非酶促结合反应需较长的时间,所以临床上测得的糖化血红蛋白数值只能反映测定日之前 2~3 个月内血糖的平均水平,而与测定时血糖的浓度和短期内血糖的波动无关。因此 GHb 水平主要用于判断糖尿病患者疗效及预后,对糖尿病诊断意义不大。

思 考 题

1. 名词解释

糖酵解　糖有氧氧化　三羧酸循环　糖原分解　糖原合成　高血糖

2. 简述糖酵解的主要特点及生理意义。

3. 简述三羧酸循环的生理意义,指出其关键酶。

4. 简述血糖的来源、去路及其调节。

5. 说出糖异生概念、部位、原料、关键酶及生理意义。

(沈红元)

第六章

生物氧化与能量代谢

学习目标

1. **掌握** 生物氧化、呼吸链、底物水平磷酸化、氧化磷酸化的概念及呼吸链组成；基础代谢率、体温的概念及其正常值；机体的产热部位、散热方式及调控。

2. **理解** 氧化磷酸化的偶联部位；胞液中NADH的穿梭机制、能量的储存和利用；能量代谢的概念及其影响因素和体温的正常生理变动；调定点的概念及体温调节中枢。

3. **了解** 影响氧化磷酸化的因素。

物质在生物体内进行氧化，依细胞定位和功能不同分为两种体系：发生在线粒体内以提供能量为主要功能的线粒体氧化体系和发生在细胞线粒体外行使特殊作用的非线粒体氧化体系。线粒体的生物氧化主要是糖、脂肪、蛋白质等在体内分解时逐步释放能量，最终生成CO_2和H_2O的过程。因其利用O_2和释放CO_2，故又称细胞呼吸。其意义在于氧化分解过程中释放的一部分能量可生成ATP，以满足各种生命活动如肌肉收缩、信息传递、生长发育等的需要，故线粒体有生物“发电站”之称。其余能量以热能形式释放，用于维持体温。非线粒体氧化体系参与呼吸链以外的氧化过程，其主要意义在于处理化学致癌物、药物和毒物以及体内代谢的有害物质，本章不再叙述。

第一节 生物氧化概述

一、生物氧化的方式和特点

生物氧化有加氧、脱氢和失电子3种氧化方式，遵循氧化还原的一般规律。同一物质在体内、外氧化时所消耗的氧量、最终产物（CO_2、H_2O）和释放的能量相同。体外氧化，一般须在高温、强酸或强碱环境中进行，由物质中的碳、氢直接与氧结合生成CO_2和H_2O，能量是骤然释放的。而体内的氧化是在机体稳定环境条件下，按照生命活动和各种生理运动的需要进行。因此生物氧化的特点是：①物质氧化是在体温及pH近似中性的体液中，经过一系列酶催化逐步进行的；②物质氧化分解逐步进行，能量逐步释放，便于机体以高能磷酸化合物的形式贮存和利用；③生物氧化的方式以脱氢（失电子）为主；④生物氧化中H_2O的生成是由物质脱下的氢经过一系列酶和辅酶传递给氧生成的，CO_2则由有机酸脱羧产生；⑤氧化的速率受到体内多种因素的调节。

二、生物氧化中CO_2的生成

生物氧化的重要产物之一是CO_2，人体内CO_2的生成并不是物质代谢的碳原子与氧的直

接化合，而是来源于有机酸的脱羧反应。糖类、脂类、蛋白质在体内代谢过程中可产生许多不同的有机酸，有机酸在酶的催化下，经过脱羧作用产生 CO_2。根据脱去的羧基在有机酸分子中的位置不同，分为 α-脱羧和 β-脱羧两种；根据脱羧是否伴有氧化，又分为单纯脱羧和氧化脱羧两种类型。

（一）α-单纯脱羧

$$\underset{\alpha\text{ 氨基酸}}{R - \overset{\alpha}{\underset{\underset{NH_2}{|}}{CH}} - COOH} \xrightarrow{\text{氨基酸脱羧酶}} \underset{\text{胺}}{R - CH_2NH_2 + CO_2}$$

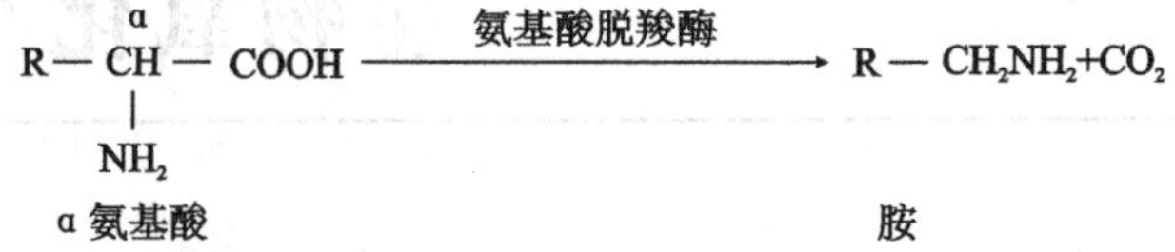

（二）α-氧化脱羧

$$\underset{\text{丙酮酸}}{\overset{\alpha}{CH_3}COCOOH + HSCoA} \underset{NAD^+ \qquad NADH+H^+}{\xrightarrow{\text{丙酮酸脱氢酶系}}} \underset{\text{乙酰辅酶A}}{CH_3COSCoA + CO_2}$$

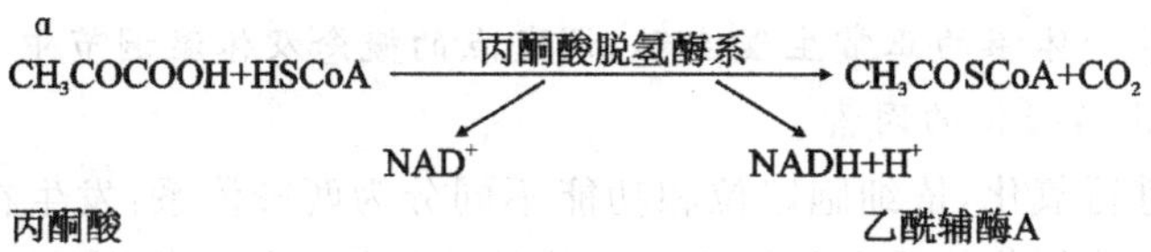

（三）β-单纯脱羧

$$\underset{\text{草酸乙酰}}{\overset{\beta}{CH_2} - COOH \atop \overset{\alpha}{COCOOH}} \underset{\text{丙酮酸羧化酶}}{\overset{\longrightarrow}{\longleftarrow}} \underset{\text{丙酮酸}}{CH_3COCOOH + CO_2}$$

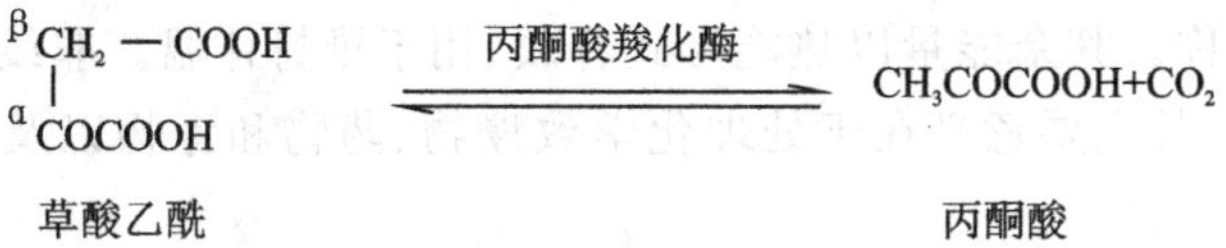

（四）β-氧化脱羧

$$\underset{\text{异柠檬酸}}{\overset{\alpha}{CHDH} - COOH \atop \overset{\beta}{CH} - COOH \atop CH_2 - COOH} \underset{NAD^+ \qquad NADH+H^+}{\xrightarrow{\text{异柠檬酸脱氢酶}}} \underset{\alpha\text{-酮戊二酸}}{CO - COOH \atop CH_2 \atop CH_2 - COOH} + CO_2$$

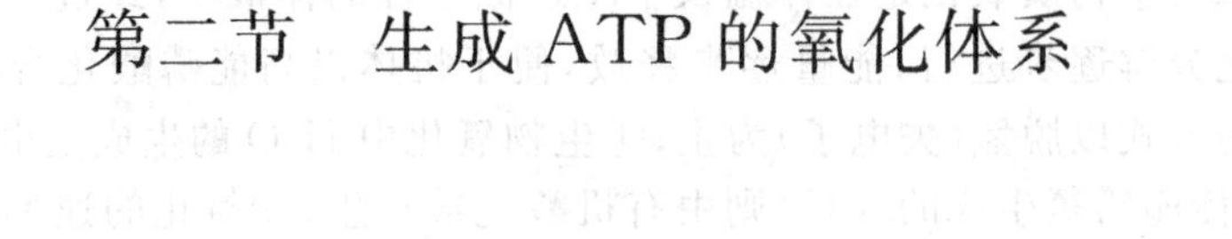

第二节　生成 ATP 的氧化体系

一、ATP

营养物质在分解代谢过程中释放的能量有相当一部分用于合成高能化合物——ATP。ATP 是人体内各种生命活动能量的直接供给者，所以 ATP 是食物中蕴藏的能量和机体利用能量之间的纽带。

(一)高能化合物

生物氧化过程中释放的能量大约有60%以热能的形式散发,其余40%以化学能的形式贮存在高能化合物中,作为机体各种生命活动的能源。在体内能量的贮存和利用都以ATP为中心。ATP上有3个磷酸基团,当末端两个磷酸酐键(β或γ)水解时,有大量的自由能释放出来。

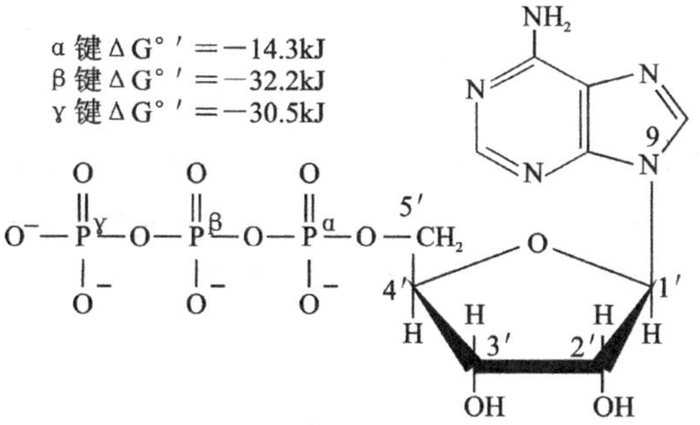

生物化学中把化合物水解时,每mol释放的自由能大于21kJ者称高能化合物。水解的化学键,称为高能键,常用符号"～"表示。ATP分子中β、γ磷酸酐键称为高能磷酸键,含有高能磷酸键的化合物称为高能磷酸化合物。代谢过程中除高能磷酸化合物外,也产生一些高能硫酯化合物,如乙酰辅酶A、琥珀酸单酰辅酶A、脂酰辅酶A等。一些常见高能化合物见表6-1。

表6-1　一些常见的高能化合物与低能化合物

	化合物	$\Delta G^{0\prime}$(pH7.0,25℃)(kJ/mol)
高能化合物	磷酸烯醇式丙酮酸	−61.9
	氨基甲酰磷酸	−51.4
	1,3-二磷酸甘油酸	−49.4
	磷酸肌酸	−43.9
	乙酰磷酸	−41.8
	琥珀酸单酰辅酶A	−33.4
	乙酰辅酶A	−31.4
	ATP(→ADP+Pi)	−30.5
	ADP(→AMP+Pi)	−30.5
低能化合物	AMP(→腺苷+Pi)	−14.2
	6-磷酸果糖	−13.8
	6-磷酸葡萄糖	−13.8
	3-磷酸甘油	−9.2
	乙酸乙酯	−7.5

(二)ATP的作用

1. 提供物质代谢需要的能量　糖、脂肪等营养物质分解代谢起始阶段,许多耗能的磷酸化反应需要ATP作为磷酸的供体。ATP可以多种形式实行能量的转移和释放,例如:

$$ATP+葡萄糖\xrightarrow{己糖激酶}6\text{-}磷酸葡萄糖+ADP$$

在有些反应中一次消耗 ATP 分子中 2 个高能磷酸键，而生成 AMP 和焦磷酸。

$$ATP+氨基酸\longrightarrow 氨基酰\sim AMP+PPi$$

$$ATP+脂酸+辅酶\ A\xrightarrow{脂酰辅酶\ A\ 合成酶}脂酰辅酶\ A+AMP+PPi$$

这类反应中，由于焦磷酸迅速被焦磷酸酶水解($PPi+H_2O\xrightarrow{焦磷酸酶}2Pi$)使反应不断向右方进行。

2. 生成核苷三磷酸(NTP)和磷酸肌酸　某些合成代谢中不仅需要 ATP 直接供给，还需要由其他三磷酸核苷作为直接能源。如糖原合成需要 UTP，蛋白质生物合成需要 GTP，磷脂合成需要 CTP，这些三磷酸核苷被利用后转变成二磷酸核苷，再生成三磷酸核苷时，需要 ATP 提供～P。

$$ATP+UDP\xrightleftharpoons{尿苷二磷酸激酶}ADP+UTP$$

$$ATP+GDP\xrightleftharpoons{鸟苷二磷酸激酶}ADP+GTP$$

$$ATP+CDP\xrightleftharpoons{胞苷二磷酸激酶}ADP+CTP$$

当 ATP 充足时，ATP 可在肌酸激酶(CK)催化下，将一个高能磷酸键(～P)转移给肌酸(C)生成磷酸肌酸(CP)。这是储存～P 的一种方式。

人体肌肉中含有大量磷酸肌酸，当体内 ATP 消耗时，磷酸肌酸迅速将～P 转移给 ADP 生成 ATP。

$$肌酸+ATP\xrightleftharpoons{CK}磷酸肌酸+ADP$$

3. 供给生命活动需要的能量　ATP 是生物界普遍存在的直接供能物质。在正常生理情况下，能量的转移和利用主要通过 ATP 与 ADP 的相互转变来实现。在机体活动需要时，ATP 水解为 ADP 和 Pi，释放的能量可以满足各种生理活动的需要，如腺体分泌、肌肉收缩、物质吸收、神经传导、离子平衡、生物合成等。ADP 又可以从氧化磷酸化和底物水平磷酸化中获得高能磷酸键再生成 ATP。ATP 和 ADP 两者的相互转换非常迅速，是体内能量转换的最基本方式(图 6-1)。

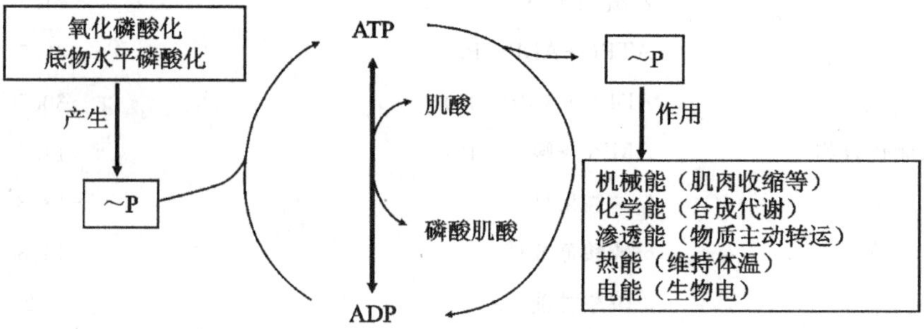

图 6-1　ATP 的生成、储存及利用

(三)ATP 的生成方式

体内 ATP 生成方式有两种：底物水平磷酸化和氧化磷酸化。线粒体氧化磷酸化是人体

ATP生成的主要方式。

1. 底物水平磷酸化 代谢物由于脱氢或脱水引起分子内部能量重新分布而形成高能化合物，然后将高能键转移给 ADP（或 GDP）而生成 ATP（或 GTP）的反应称底物水平磷酸化（substrate level phosphorylation）。如：

1，3-二磷酸甘油酸＋ADP $\xrightleftharpoons{\text{3-磷酸甘油酸激酶}}$ 3-磷酸甘油酸＋ATP

磷酸烯醇式丙酮酸＋ADP $\xrightleftharpoons{\text{丙酮酸激酶}}$ 烯醇式丙酮酸＋ATP

琥珀酸单酰辅酶 A＋H_3PO_4＋GDP $\xrightleftharpoons{\text{琥珀酸硫激酶}}$ 琥珀酸＋辅酶 A＋GTP

（GTP＋ADP $\rightleftharpoons$ GDP＋ATP）

2. 氧化磷酸化 线粒体氧化磷酸化（oxidative phosphorylation）是指代谢物脱下的氢或失去的电子经电子传递体传递，最后与氧结合生成水，在此氧化过程中，释放的能量使 ADP 磷酸化生成 ATP，这一过程又称为电子传递水平磷酸化。实质上这是代谢物氧化放能与 ADP 磷酸化吸能的偶联过程。氢的氧化过程与 ADP 的磷酸化过程不仅同时发生，而且紧密偶联（图 6-2）。

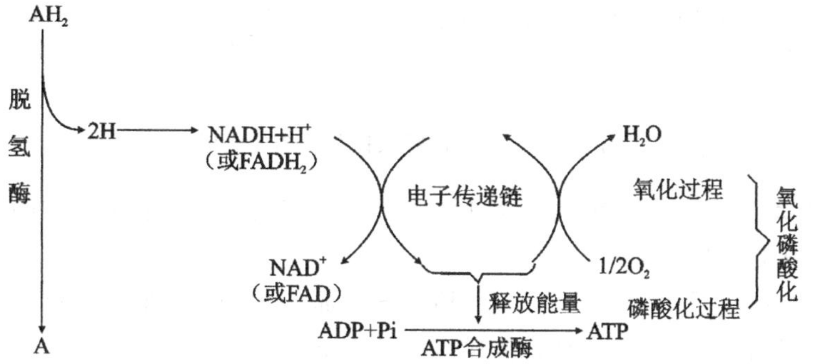

图 6-2 氧化磷酸化

二、氧化磷酸化

（一）呼吸链

代谢物脱下的成对氢原子（2H）通过线粒体内膜的酶和辅酶催化的连锁反应逐步传递，最终与氧结合生成水。由于此过程与细胞呼吸相似，故称呼吸链（respiratory chain）。在呼吸链中，酶和辅酶按一定顺序排列在线粒体内膜上，其中传递氢的称递氢体，传递电子的称电子传递体。不论递氢体还是电子传递体都起着传递电子的作用，所以呼吸链又称电子传递链（electron transfer chain，ETC）。

1. 呼吸链的组成 用胆酸、脱氧胆酸等反复处理线粒体内膜，可将呼吸链分离得到 4 种仍具有传递电子功能的酶的复合体。这 4 种复合体分别为：NAD^+-CoQ 还原酶（NADH 脱氢酶）、琥珀酸-CoQ 还原酶（琥珀酸脱氢酶）、CoQ-细胞色素 c 还原酶、细胞色素氧化酶（图 6-3）。

（1）复合体Ⅰ（NADH-CoQ 还原酶） 复合体Ⅰ呈“L”形，其中 L 的一个臂埋在线粒体内膜中，另一臂伸展到线粒体基质。NADH＋H^+ 将 $2e^-$ 和 $2H^+$ 传给 FMN，FMN 通过一系列的铁硫中心（Fe-S），将电子传给泛醌。在此过程中从线粒体基质向胞质泵出 $4H^+$。

NAD^+ 与 $NADP^+$ 是烟酰胺脱氢酶类的辅酶，FMN 是黄素酶的辅酶。Fe-S 含有等量的铁

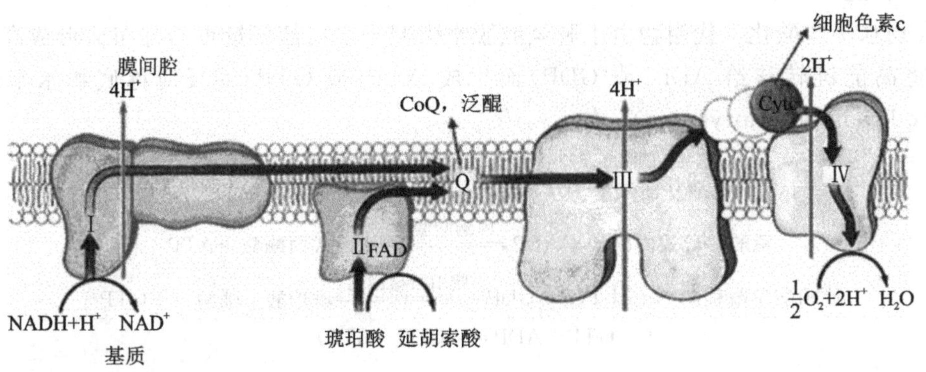

复合体Ⅰ：	复合体Ⅱ：	复合体Ⅲ：	复合体Ⅳ：
NADH：泛醌氧化还原酶	琥珀酸脱氢酶	泛醌：细胞色素C氧化还原酶	细胞色素氧化酶
辅助因子：PMN→Fe-S	辅助因子：FAD→Fe-S	辅助因子：Fe-S,血红素	辅助因子：血红素,Cu离子
每一个电子对传送至Q驱使$4H^+$泵出	2个电子对传送至Q	每一个电子对传送至细胞色素c驱使$4H^+$泵出	$4e^-+4H^+$结合到O_2形成$2H_2O$；4个H^+从基质泵出

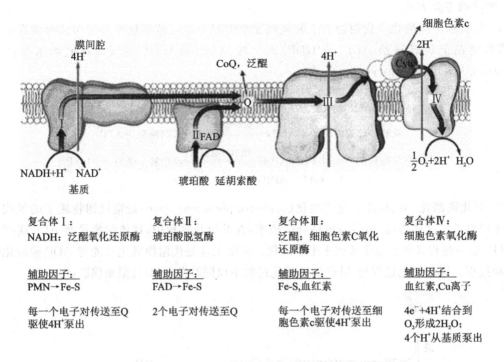

图 6-3 人线粒体呼吸链复合体的组成

原子和硫原子，其形式有 Fe_2S_2(S_1)、Fe_4S_4(S_2 和 S_3，S_3 作用不明)，通过其中的铁原子与铁硫蛋白中半胱氨酸残基的硫相连接。

铁硫蛋白中的铁原子可进行 $Fe^{3+} \rightleftharpoons Fe^{2+} + e$ 而传递电子，在复合体Ⅰ中，其功能是将FMN 的电子传递给辅酶 Q。它只具有传递电子的功能。

辅酶 Q(CoQ)即泛醌，是一种脂溶性醌类化合物。泛醌接受 1 个电子和 1 个质子还原成半醌，再接受 1 个电子和 1 个质子还原成二氢泛醌，后者又可脱去电子和质子而被氧化为泛醌。人体的 CoQ 侧链(-R)由 10 个异戊间二烯单位组成，用 CoQ_{10}表示。

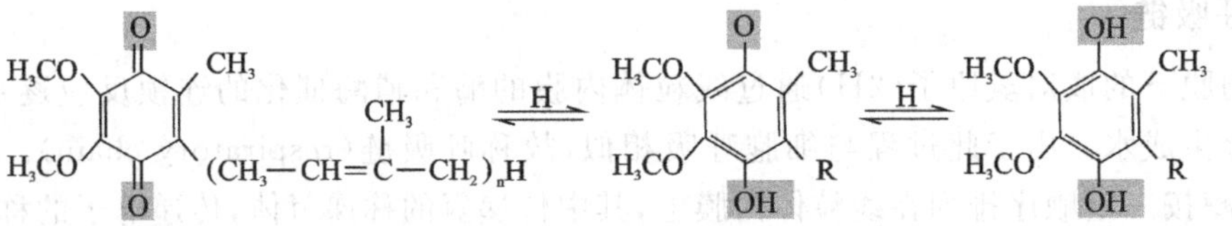

泛醌（醌型或氧化型）　泛醌H^+（半醌型）　二氢泛醌（氢醌型或还原型）

目前认为复合体Ⅰ中电子传递顺序为：NADH→FMN→Fe-S→CoQ。

(2)复合体Ⅱ(琥珀酸-辅酶 Q 还原酶)　将电子从琥珀酸传递给泛醌。细胞色素(Cytochrome，Cyt)是一类以血红素为辅基的电子传递蛋白，血红素中的铁原子可进行$Fe^{3+} \rightleftharpoons Fe^{2+} + e^-$反应传递电子，属于单电子传递体。还原型细胞色素($Fe^{2+}$)均有特殊的吸收光谱而呈现颜色。根据它们吸收光谱不同，参与呼吸链组成的细胞色素有细胞色素 a、b、c 三类，每一类中又因其最大吸收峰的微小差异再分为几种亚类。

复合体Ⅱ中电子传递顺序为：琥珀酸→(FAD、S_1)→S_2→Q。

(3)复合体Ⅲ(泛醌-细胞色素 c 还原酶) 将电子从还原型泛醌传递给细胞色素 c。复合体Ⅲ中含有 2 种细胞色素 b($Cytb_{562}$、$Cytb_{566}$)、细胞色素 c_1 和 Fe_2S_2。Cytc 是膜周围蛋白,呈球状,水溶性,与线粒体内膜外表面结合不紧密,极易与线粒体内膜分离,故不包含在上述复合体中。由于它与泛醌和 NAD^+ 一样,能自由扩散,故能交互地与复合体Ⅲ的细胞色素 c_1 和复合物Ⅳ接触起传递电子的作用。

(4)复合体Ⅳ(细胞色素氧化酶) 将电子从细胞色素 c 传递给氧。复合体Ⅳ中含有 Cyta 和 $Cyta_3$。由于两者结合紧密,很难分离,故称之为 $Cytaa_3$。$Cytaa_3$ 中含有 2 个血红素辅基和 2 个铜原子,2 个铜原子分别与 2 个血红素辅基相连。铜原子可进行 $Cu^+ \rightleftharpoons Cu^{2+} + e^-$ 反应传递电子。

2. 呼吸链的类型 呼吸链按其组成成分、排列顺序和功能上的差异分为两种类型:NADH 氧化呼吸链和琥珀酸氧化呼吸链。

两条呼吸链成分的排列顺序是由一系列实验确定的:测定呼吸链各组分的标准氧化还原电位,由低到高顺序排列(电位低容易失去电子)是其中之一(表 6-2)。

表 6-2 呼吸链中各种氧化还原电对的标准氧化还原电位

氧化还原电对	ΔE°′(V)	氧化还原电对	ΔE°′(V)
$NADH^+/NADH+H^+$	−0.32	Cyt c_1 Fe^{3+}/Fe^{2+}	0.22
$FMN/FMNH_2$	−0.30	Cyt c Fe^{3+}/Fe^{2+}	0.25
$FAD/FADH_2$	−0.06	Cyt a Fe^{3+}/Fe^{2+}	0.29
$CytbFe^{3+}/Fe^{2+}$	0.04(0.10)	Cyt a_3 Fe^{3+}/Fe^{2+}	0.55
$Q_{10}/Q_{10}H_2$	0.07	$1/2\ O_2/H_2O$	0.82

ΔE°′表示在 pH=7.0、25℃、1 mol/L 反应物浓度条件下测得的标准氧化还原电位。

电子只能从电子亲和力低(氧化能力弱)的电子传递体向电子亲和力高(氧化能力强)的传递体传递。测定各电子传递体的标准氧化还原电位(ΔE°′)值,即可测出其氧化能力强弱。ΔE°′值越小(负值越大或正值越小)的电子传递体供电子能力越大,处于电子传递链的前列。

线粒体内主要有两条氧化呼吸链:

(1)NADH 氧化呼吸链 生物氧化中大多数脱氢酶如乳酸脱氢酶、苹果酸脱氢酶都是以 NAD^+ 为辅酶的。NAD^+ 接受氢生成 $NADH+H^+$,然后通过 NADH 氧化呼吸链将其携带的 2 个电子逐步传递给氧。即 NADH→复合体Ⅰ→泛醌→复合体Ⅲ→Cytc→复合体Ⅳ→O_2(图 6-4)。

(2)琥珀酸氧化呼吸链 琥珀酸由琥珀酸脱氢酶催化脱下的 2H 经复合体Ⅱ(FAD,Fe-S,$Cytb_{560}$)使 CoQ 形成 $CoQH_2$,再往下的传递与 NADH 氧化呼吸链相同。α-磷酸甘油脱氢酶及脂酰 CoA 脱氢酶催化代谢物脱下的 P_{279} 也由 FAD 接受,通过此呼吸链被氧化。即琥珀酸→复合体Ⅱ→泛醌→复合体Ⅲ→Cytc→复合体Ⅳ→O_2(图 6-4)。

脱氢经过 NADH 氧化呼吸链的底物有乳酸、丙酮酸、β-羟基脂酰 CoA、异柠檬酸、α-酮戊二酸、苹果酸等;经过琥珀酸氧化呼吸链的底物有琥珀酸、α-磷酸甘油、脂酰 CoA 等。

(二)氧化与磷酸化偶联——ATP 生成

氧化磷酸化包括两个同时进行的过程:氧化过程中脱下的还原氢经电子传递链传给氧生成水;磷酸化过程将电子传递时释放的能量通过 ATP 合成酶使 ADP 磷酸化生成 ATP。氧化磷

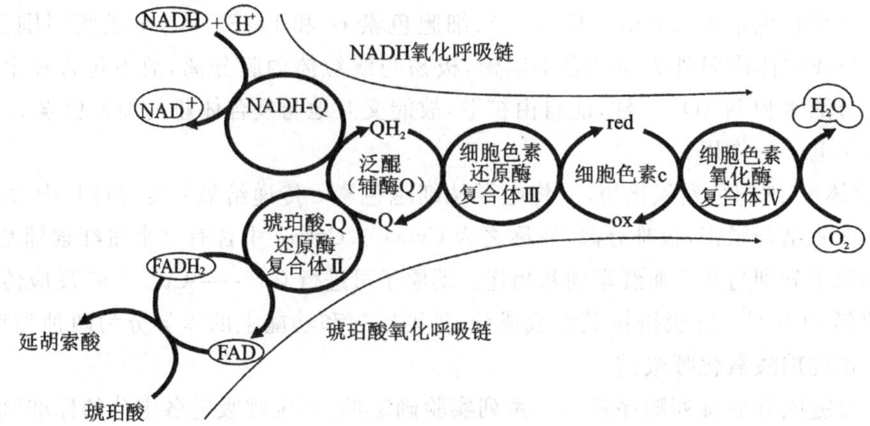

图 6-4　电子传递呼吸链

酸化作用使氧化过程释放的能量得到有效的利用，以此方式生成 ATP 量占其总量的 80%，氧化磷酸化是体内 ATP 生成最重要的来源。

氧化磷酸化的偶联部位，可通过计算各阶段所释放的自由能的实验方法大致确定，也可通过测定 P/O 比值，即每消耗 1 摩尔氧原子时 ADP 磷酸化摄取无机磷酸的摩尔数推导。

实验证明：电子传递链中氧化磷酸化的偶联部位是 NADH 和 CoQ 之间、细胞色素 b 到细胞色素 c 之间、细胞色素 aa_3 与 O_2 之间。因此，一对电子由 NADH 进入电子传递链传递到氧生成水产生 3 分子 ATP；$FADH_2$ 是把电子传递给 CoQ，所以一对电子从 $FADH_2$ 传递给氧生成水只能产生 2 分子 ATP（图 6-5、表 6-3）。

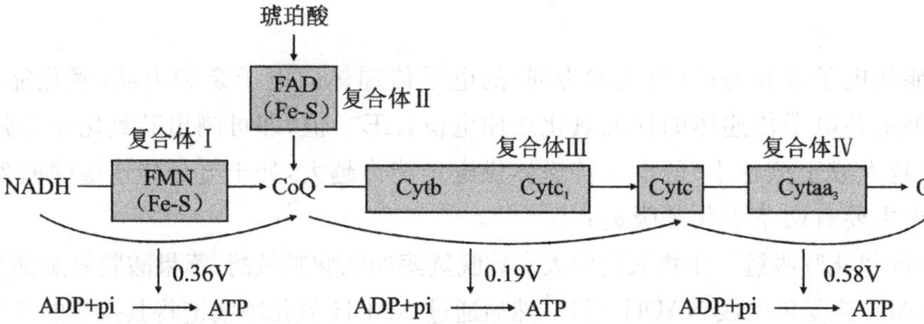

图 6-5　电子传递链与氧化磷酸化的偶联部位

表 6-3　离体线粒体的 P/O 比值

底物	电子传递链	P/O 比值	生成 ATP 数
1. β-羟丁酸	$NAD^+ \rightarrow FMN \rightarrow CoQ \rightarrow Cytb \rightarrow Cytc_1 \rightarrow Cytc \rightarrow Cytaa_3 \rightarrow O_2$	3.0	3
2. 琥珀酸	$FAD \rightarrow CoQ \rightarrow Cytb \rightarrow Cytc_1 \rightarrow Cytc \rightarrow Cytaa_3 \rightarrow O_2$	1.7	2
3. 维生素 C	$Cytc \rightarrow Cytaa_3 \rightarrow O_2$	0.88	1

* 近年来实验确定 NADH 呼吸链 P/O 比值大约为 2.5，琥珀酸呼吸链 P/O 比值约 1.5。

（三）影响氧化磷酸化的因素

1. ADP的调节作用　影响氧化磷酸化速度的主要因素有：O_2、底物、Pi和ADP，正常生理情况下O_2、底物、Pi不易缺乏，故氧化磷酸化的速率主要受ADP的调节。当机体利用ATP增多，ADP浓度增高，转运入线粒体后使氧化磷酸化速度加快；反之ADP不足，使氧化磷酸化速度减慢。这种调节作用可使ATP的生成速度适应生理需要。用离体线粒体进行实验，当有过量底物存在时，加入ADP后的耗氧速率与仅有底物时的耗氧速率之比称为呼吸控制率。它可以作为氧化磷酸化偶联程度较敏感的指标。

2. 甲状腺激素的作用　甲状腺激素诱导细胞膜上Na^+、K^+-ATP酶的生成，使ATP加速分解为ADP和Pi，ADP增多促进氧化磷酸化，甲状腺激素（T_3）还可使解偶联蛋白基因表达增加，因而引起耗氧和产热均增加。所以甲状腺功能亢进症患者基础代谢率增高。

3. 抑制剂的作用

（1）解偶联剂　使底物氧化过程与ADP磷酸化的偶联作用分离的物质称解偶联剂。可使氧化与磷酸化偶联过程脱离。典型的解偶联剂是脂溶性物质2,4-二硝基苯酚（2,4-DNP）。作用机制是破坏呼吸链传递电子过程中建立的内膜内外的质子梯度，使质子电化学梯度储存的能量以热能形式释放，ATP生成受到抑制。

（2）ATP合成酶抑制剂　这类抑制剂对电子传递及ADP磷酸化均有抑制作用。例如，寡霉素作用于ATP合成酶阻止质子从F_0质子半通道回流，ATP不能释放。此时由于线粒体内膜两侧电化学梯度增高影响呼吸链将质子向内膜外侧转移，继而抑制电子传递。

（3）呼吸链抑制剂　由于电子传递阻断使物质氧化过程中断，磷酸化也无法进行，故呼吸链传递抑制剂同样也可抑制氧化磷酸化。

现已知的呼吸链抑制剂有以下几种：鱼藤酮、粉蝶霉素A、异戊巴比妥等与复合体Ⅰ中的铁硫蛋白结合，从而阻断电子的传递。抗霉素A抑制复合体Ⅲ中的Cytb与$Cytc_1$间的电子传递。CO、CN^-、N_3^-等抑制细胞色素氧化酶，牢固地结合，阻断电子传递至氧。目前城市火灾中，由于装饰材料中的N和C经高温可形成HCN，因此可造成烧伤者CO、CN^-中毒，由于呼吸链受到抑制，使细胞不能利用O_2，呼吸停止，供能物质不能释放能量生成ATP，生命活动停止，机体迅速死亡。

呼吸链抑制剂的作用部位归纳于图6-6。

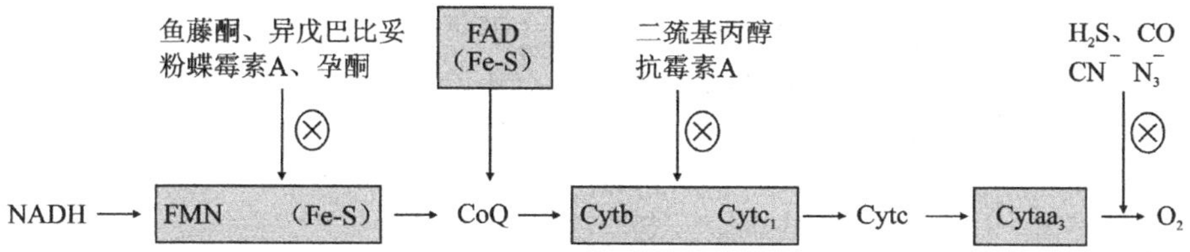

图6-6　电子传递链抑制作用点

（四）线粒体外NADH的氧化

在细胞液中生成的NADH不能自由透过线粒体内膜，必须通过某种转运机制才能进入线粒体，然后再经呼吸链进行氧化磷酸化。这种转运机制主要有α-磷酸甘油穿梭（glycerophosphate shuttle）和苹果酸穿梭（malate-asparate shuttle）两种。

(1)α-磷酸甘油穿梭　指通过α-磷酸甘油将细胞液中 $NADH+H^+$ 带入线粒体内的过程。这种穿梭主要存在于脑和骨骼肌中(图 6-7)。磷酸二羟丙酮在细胞液α-磷酸甘油脱氢酶的催化下,由 $NADH+H^+$ 供氢生成α-磷酸甘油,后者进入线粒体后在线粒体内α-磷酸甘油脱氢酶催化下重新生成磷酸二羟丙酮和 $FADH_2$。磷酸二羟丙酮穿出线粒体外可继续利用。而 $FADH_2$ 则进入 $FADH_2$ 氧化呼吸链被氧化,生成 2 分子的 ATP。

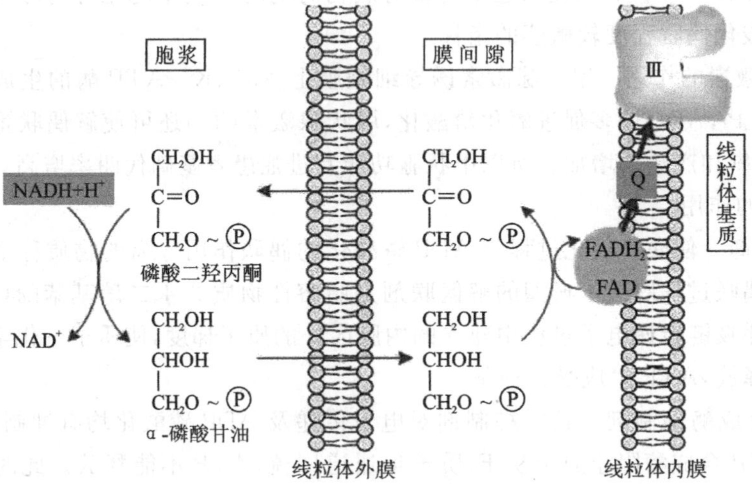

图 6-7　α-磷酸甘油穿梭机制

(2)苹果酸穿梭　指通过苹果酸将细胞液中 $NADH+H^+$ 带入线粒体内的过程。这种穿梭主要存在于心肌和肝中(图 6-8)。细胞液中生成的 $NADH+H^+$ 在苹果酸脱氢酶催化下,使草酰乙酸还原成苹果酸。苹果酸在线粒体内膜转位酶的催化下穿过线粒体内膜,进入线粒体的苹果酸在苹果酸脱氢酶作用下脱氢生成草酰乙酸,并生成 $NADH+H^+$。生成的 $NADH+H^+$ 通过 NADH 呼吸链进行氧化,生成 3 分子的 ATP。

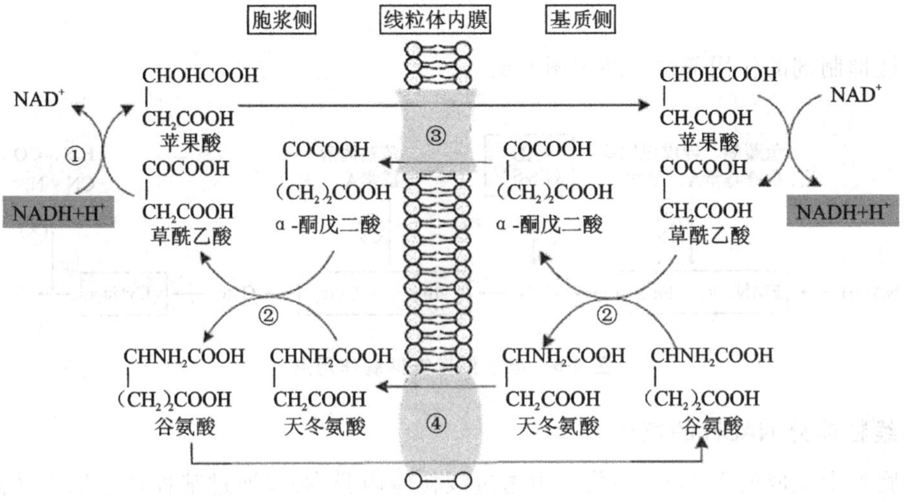

图 6-8　苹果酸穿梭机制

①为苹果酸脱氢酶　②为谷草转氨酶　③④为转位酶

草酰乙酸不能直接透过线粒体内膜返回细胞液，但它可在谷草转氨酶作用下从谷氨酸接受氨基生成天冬氨酸，谷氨酸脱掉氨基后生成 α-酮戊二酸，α-酮戊二酸、天冬氨酸都能在线粒体内膜转位酶的作用下穿过线粒体内膜而进入细胞液，在细胞液中天冬氨酸和 α-酮戊二酸在谷草转氨酶的作用下又重新生成草酰乙酸和谷氨酸，草酰乙酸又可重新参与苹果酸穿梭。

思 考 题

1. 名词解释

高能化合物　底物水平磷酸化　氧化磷酸化　食物特殊动力作用　调定点

2. 什么是生物氧化？生物氧化有哪些特点？

3. 什么是呼吸链？试述呼吸链组成成分及各组分的作用。线粒体内重要的呼吸链有哪两条，它们的传递顺序如何？

4. 影响氧化磷酸化的因素有哪些？说出氧化磷酸化的三个偶联部位。

（简清梅）

第七章

脂类代谢

学习目标

1. 掌握 血浆脂蛋白的概念、分类、组成特点和生理功能；脂肪酸氧化的过程，酮体的生成和利用；胆固醇合成部位、原料、关键酶及胆固醇的转变。

2. 理解 血脂概念和组成、脂肪动员概念、脂类生理功能、载脂蛋白、甘油三酯的合成、磷脂代谢与脂肪肝的关系。

3. 了解 脂类的含量与分布，磷脂代谢，胆固醇的合成过程，临床常见脂类代谢异常疾病。

脂类是脂肪和类脂的总称，脂类不溶于水而溶于有机溶剂。脂肪又称为三脂酰甘油或甘油三酯，类脂包括胆固醇及其酯、磷脂及糖脂等。

第一节 脂类的生理功能、消化吸收

一、脂类的生理功能

甘油三酯是由甘油的三个羟基和三个脂肪酸分子通过羧酸酯键生成的化合物。

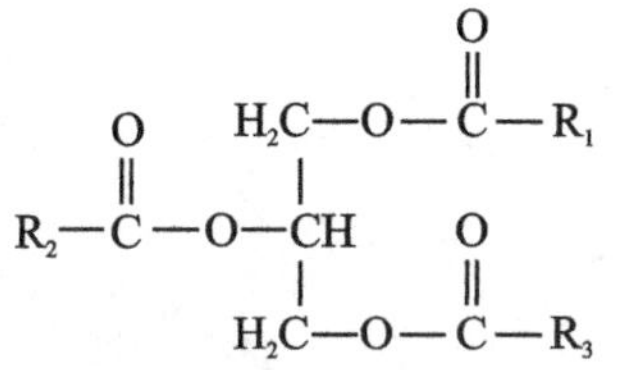

其中三个脂肪酰基可以相同，也可以不相同。植物种子中的甘油三酯主要含不饱和脂肪酸，因此呈液态，动物组织中的甘油三酯含饱和脂肪酸较多，呈固态。

多数脂肪酸在人体内能合成，只有不饱和脂肪酸的亚油酸、亚麻酸和花生四烯酸在体内不能合成，必须从植物油中摄取，称为人体必需脂肪酸，在体内后两种可由亚油酸转变生成。

在动物体内，甘油三酯主要分布于脂肪组织，它包括皮下、肾周围、肠系膜、大网膜、腹后壁等处，故称这些部位为脂库，其含量占体重的 10%～20%。甘油三酯的主要生理功能有：①储能和供能，甘油三酯是体内储存能量和供应能量的重要物质，供给人体所需总热量的 20%～30%，是人体饥饿或禁食时体内能量的主要来源。②甘油三酯分子中的必需脂肪酸，是维持生长发育和皮肤正常代谢所必需。若食物中缺乏必需脂肪酸，可出现生长缓慢、皮肤鳞屑多、变薄、毛发稀疏等症状。花生四烯酸是合成前列腺素、血栓素和白三烯等重要生理活性物质的原料。③甘油三酯不易导热，皮下的脂肪组织可以防止热量散失，有保温作用。④内脏周围的脂肪组织有机械缓冲作用，保护内脏。⑤促进脂溶性维生素的吸收。

类脂的主要生理功能是作为细胞膜结构的基本成分，占细胞膜质量的50%左右。细胞生物膜主要是由类脂（磷脂、胆固醇）与蛋白质结合而成的脂蛋白构成的。此外，胆固醇在体内可转化为胆盐、维生素 D_3、类固醇激素等。磷脂和胆固醇都是血浆蛋白的成分，参与脂肪的运输。

二、脂类的消化吸收

膳食中的脂类主要为脂肪，另还有少量的磷脂、胆固醇等。脂类不溶于水，必须在小肠经胆汁酸盐的作用，乳化并分散成细小的微团后，才能被消化酶消化。胰液及胆汁均分泌入十二指肠，小肠上段是脂类消化的主要场所。胆汁酸盐是较强的乳化剂，能降低油和水之间的表面张力，使脂肪及胆固醇等疏水的脂质乳化成细小的微团，增加消化酶对脂质的接触面积，有利于脂类的消化及吸收。胰液中消化脂类的酶有胰脂酶、磷脂酶 A_2、胆固醇脂酶及辅脂酶。胰脂酶特异催化甘油三酯的1及3位酯键水解，生成2-甘油酯及两分子的脂肪酸。胰磷脂酶 A_2 催化磷脂2位酯键水解，生成脂酸及溶血磷脂。胆固醇脂酶促进胆固醇脂水解生成胆固醇及脂酸。脂肪及类脂的消化产物包括甘油一酯、脂酸、胆固醇及溶血磷脂等可以与胆汁酸盐乳化成直径约为20nm的混合微团，这种小的微团极性大，易于穿过小肠黏膜细胞表面的水屏障，为肠黏膜细胞吸收。脂类消化产物主要在十二指肠下段及空肠上段吸收。中链脂酸及短链脂酸构成的甘油三酯经胆汁酸盐乳化后即可被吸收，在肠黏膜细胞内脂肪酶作用下，水解为脂肪酸及甘油，通过门静脉进入血循环。长链脂酸及甘油一酯吸收入肠黏膜细胞后，在光面内质网脂酰CoA转移酶催化下，再合成甘油三酯，其与粗面内质网合成的载脂蛋白、磷脂、胆固醇等合成乳糜微粒，经淋巴进入血循环。

第二节　血脂与血浆脂蛋白

一、血脂

血浆中的脂类统称血脂，包括甘油三酯、磷脂、胆固醇、胆固醇酯以及游离脂肪酸等。

血脂按其来源分为外源性和内源性两种，外源性的是由食物中的脂类经消化吸收进入血液的脂，内源性的是肝、脂肪等组织合成或由脂库中动员释放入血的脂。血液中的脂类随血液运至全身各组织被利用。血脂的去路除氧化供能外，其余的则进入脂库储存、构成生物膜以及转变为其他物质。

血脂含量仅占全身总脂的极少部分，并受膳食、年龄、职业及机体代谢影响，变动范围较大。空腹时血脂相对稳定，临床检测血脂含量应在进餐后12 h取血，才能反映可靠的血脂水平。由于血脂经血液循环转运于全身各组织之间，故其含量往往可以反映组织器官的代谢及机能情况，有助于临床高脂血症、动脉粥样硬化及冠心病等疾病的辅助诊断（表7-1）。

表 7-1　正常成人空腹血浆中脂类的主要组成和含量

组成	含量(mg/dL)	含量(mmol/L)	空腹时主要来源
脂类总量	400～700		
甘油三酯	10～150	0.11～1.69	肝
总胆固醇	100～250	2.59～6.47	肝
胆固醇酯	70～200	1.81～5.17	
游离胆固醇	40～70	1.03～1.81	
总磷脂	150～250	48.44～80.73	肝
磷脂酰胆碱	50～200	16.15～64.60	肝
磷脂酰乙醇胺	15～35	4.85～13.0	肝
神经磷脂	50～130	16.15～42.0	肝
游离脂酸	5～20		脂肪组织

二、血浆脂蛋白

由于甘油三酯、胆固醇及其酯的水溶性很差，不能在血浆中直接转运，必须与蛋白质、磷脂形成脂蛋白才能在血浆中转运。另外甘油三酯动员释放入血的游离脂肪酸也必须与清蛋白结合形成复合体进行转运。因此脂类在血中的转运形式主要是脂蛋白的形式。

(一)血浆脂蛋白的分类

在血浆中，有多种脂蛋白，由于每种脂蛋白的结构和密度的差异，可以用不同的方法将它们分离。超速离心和电泳是分离血浆脂蛋白最常用的方法。

1. 密度分类法　将血浆在一定的盐溶液中进行超速离心分层，按照密度由小到大将脂蛋白分为四类：乳糜微粒(CM)、极低密度脂蛋白(VLDL)、低密度脂蛋白(LDL)及高密度脂蛋白(HDL)。此外有一种中间密度脂蛋白(IDL)，它是 VLDL 在血浆中代谢的中间产物，其密度介于 VLDL 和 LDL 之间。

2. 电泳分类法　由于各种脂蛋白组成中的载脂蛋白不同，故所带电荷不同，在同一电场中具有不同的迁移率，按其电泳迁移率的快慢，可将脂蛋白分成四条区带，即 α-脂蛋白、前 β-脂蛋白、β-脂蛋白和乳糜微粒。这 4 种脂蛋白分别与密度分类法的 HDL、VLDL、LDL、CM 相对应。

(二)血浆脂蛋白的组成

各类血浆脂蛋白都含有蛋白质、甘油三酯、磷脂、胆固醇及胆固醇酯。不同脂蛋白其组成比例不同。脂蛋白中的蛋白质是肝及小肠黏膜细胞合成的特异球蛋白，因能与脂类结合参与脂类转运而称为载脂蛋白(Apo)。每种脂蛋白中都含有一种或多种载脂蛋白，至今已发现 18 种之多，主要有 ApoA、B、C、D、E 等 5 类，其中某些载脂蛋白由于氨基酸组成的差异，又可以分为若干亚类。

载脂蛋白的生理功能主要有以下几个方面：①维持脂蛋白的结构，如 ApoA-Ⅰ、ApoC-Ⅰ和 ApoE 能维持各种脂蛋白的结构；②调节脂蛋白转化的关键酶的活性，如 ApoA-Ⅰ和 ApoC-Ⅰ能激活 LCAT，促进胆固醇的酯化，ApoA-Ⅱ激活脂蛋白脂肪酶，促进 CM 和 VLDL 中的甘油三酯降解；③识别脂蛋白受体，如 ApoE 能识别肝细胞 CM 残余颗粒受体，促进 CM 进入肝细胞进行代谢；ApoB-100 识别 LDL 受体，促进 LDL 的代谢。各种脂蛋白所含的载脂蛋白的种类及含量不同，不同的载脂蛋白也具有各自特定的功能(表 7-2)。

表 7-2 血浆脂蛋白的分类、组成及功能

分类	密度法 电泳法	乳糜微粒	极低密度脂蛋白 前 β-脂蛋白	低密度脂蛋白 β-脂蛋白	高密度脂蛋白 α-脂蛋白
性质	电泳位置	原点	α_2-球蛋白	β-球蛋白	α_1-球蛋白
	密度	<0.95	0.95～1.006	1.006～1.063	1.063～1.210
	颗粒直径(nm)	80～500	25～80	20～25	7.5～10
组成(%)	蛋白质	0.5～2	5～10	20～25	50
	脂类	98～99	90～95	75～80	50
	磷脂	5～7	15	20	25
	甘油三酯	80～95	50～70	10	5
	总胆固醇	1～4	15	45～50	20
	游离型	1～2	5～7	8	5
	酯型	3	10～12	40～42	15～17
合成部位		小肠黏膜细胞	肝细胞	血浆	肝、肠、血浆
生理功能		转运外源性甘油三酯及胆固醇	转运内源性甘油三酯及胆固醇	转运内源性胆固醇	逆向转运胆固醇

(三)血浆脂蛋白的结构

血浆各种脂蛋白具有大致相似的基本结构。疏水性较强的甘油三酯及胆固醇酯均位于脂蛋白的内核，而具极性及非极性基团的载脂蛋白、磷脂及游离胆固醇则以单分子层覆盖于脂蛋白表面，其非极性的疏水基团朝向内核，极性的亲水基团暴露在表面与水相接触，使脂蛋白能在血液中转运。CM 及 VLDL 的内核是大量的甘油三酯及少量的胆固醇，LDL、HDL 则主要以胆固醇酯为内核。

(四)血浆脂蛋白的功能

血浆脂蛋白的主要功能是转运脂类。由于各种脂蛋白的合成部位、运载脂类的比例及其在血液中的代谢不同，各种脂蛋白所表现的生理功能不同。

1. 乳糜微粒　CM 是由小肠黏膜细胞利用食物中消化吸收的脂类合成的脂蛋白。经淋巴管进入血液，含甘油三酯 80%～95%，故为外源性甘油三酯及胆固醇的主要运输形式。正常人 CM 在血浆中代谢迅速，半衰期为 5～15 min，一般情况下，空腹 12～14 h 后血浆中不含 CM。由于乳糜微粒颗粒较大，能使光散射，故进食大量脂肪后因血中 CM 增多，使血浆呈乳浊样外观，但这是暂时的，数小时便会澄清，这种现象称为脂肪的廓清。

2. 极低密度脂蛋白　VLDL 主要由肝细胞合成，含甘油三酯 50%～70%，肝细胞主要利用葡萄糖为原料合成甘油三酯，也可利用食物及脂肪组织动员的脂酸和甘油合成甘油三酯，加上载脂蛋白以及磷脂、胆固醇等形成 VLDL。VLDL 是转运内源性甘油三酯及胆固醇的主要形式。正常成人空腹血浆中含量较低。

3. 低密度脂蛋白　LDL 是在血浆中由 VLDL 转变而来。是正常成人空腹血浆中的主要脂蛋白，约占血浆脂蛋白总量的 2/3。LDL 含有丰富的胆固醇及其酯，其主要功能是从肝运输胆固醇至全身各组织细胞。血浆 LDL 增高的人，易诱发动脉粥样硬化。

4. 高密度脂蛋白　HDL 主要由肝合成，小肠黏膜上皮细胞亦可合成。正常人空腹血浆中 HDL 含量约占脂蛋白总量的 1/3。HDL 的主要功能是将肝外组织的胆固醇转运到肝内进行代谢，这种过程称胆固醇的逆向转运。机体将肝外组织的胆固醇转运至肝内代谢并清除，从而防止胆固醇积聚在动脉管壁和其他组织中，故血浆中 HDL 浓度与动脉粥样硬化的发生率呈负相关。

(五)血脂代谢障碍

血脂高于正常参考值的上限，称为高脂血症。临床常见的有高甘油三酯血症和高胆固醇血症。由于血脂在血浆中以脂蛋白形式运输，实际上高脂血症可以认为就是高脂蛋白血症。一般以成人空腹 12～14 h 血浆甘油三酯超过 1.8 mmol/L、胆固醇超过 6.7 mmol/L 为标准。

高脂血症可分为原发性和继发性两大类。原发性高脂血症可能与脂蛋白代谢中的关键酶、Apo 和脂蛋白受体的遗传性缺陷有关。继发性高脂血症常继发于其他疾病（如糖尿病、肾病、甲状腺机能减退、肥胖、嗜酒、肝病和某些药物中毒等）。高脂血症是动脉粥样硬化的发病因素已基本肯定。LDL、VLDL 及 IDL 的增高具有促进动脉粥样硬化形成的作用，HDL 则有抗动脉粥样硬化形成的作用。

第三节　脂肪的中间代谢

一、甘油三酯的分解代谢

(一)脂肪的动员

储存在脂肪细胞中的脂肪，被脂肪酶逐步水解为游离脂酸及甘油，并释放入血供其他组织氧化利用的过程称为脂肪的动员。

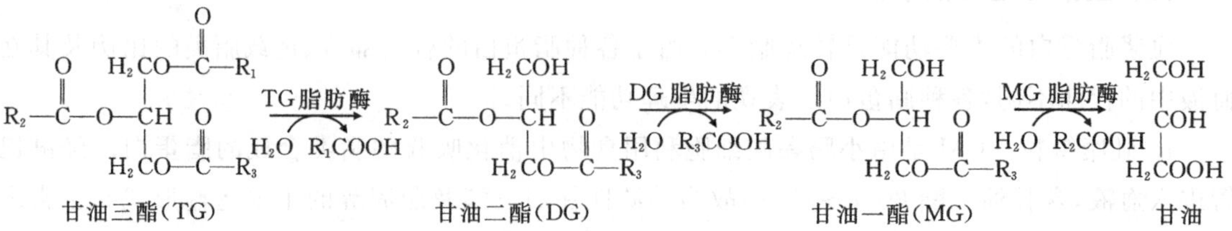

当禁食、饥饿或交感神经兴奋时，肾上腺素、去甲肾上腺素、胰高血糖素等分泌增加，作用于细胞膜表面脂肪受体，通过调控途径使甘油三酯脂肪酶激活，加速甘油三酯水解生成甘油二酯及脂酸，这步反应是脂肪分解的限速步骤。甘油三酯脂肪酶受多种激素调控，故称为激素敏感脂肪酶。能促进脂肪动员的激素称为脂解激素，如肾上腺素、胰高血糖素、ACTH 及 TSH 等。

胰岛素、前列腺素 E_2 及烟酸等抑制脂肪的动员，称为抗脂解激素。

脂肪动员时，甘油三酯分解成游离的脂肪酸和甘油，游离的脂肪酸与血浆清蛋白结合由血液运输至全身各组织，主要由心、肝及骨骼肌等摄取利用。

（二）甘油的代谢

甘油溶于水，直接由血液运输至肝、肾、小肠黏膜等组织细胞。在甘油激酶的催化下，转变成 3-磷酸甘油，然后脱氢生成磷酸二羟丙酮，循糖代谢途径进行分解或者转变为糖。脂肪细胞及骨骼肌等组织因甘油激酶活性很低，因此不能很好地利用甘油。

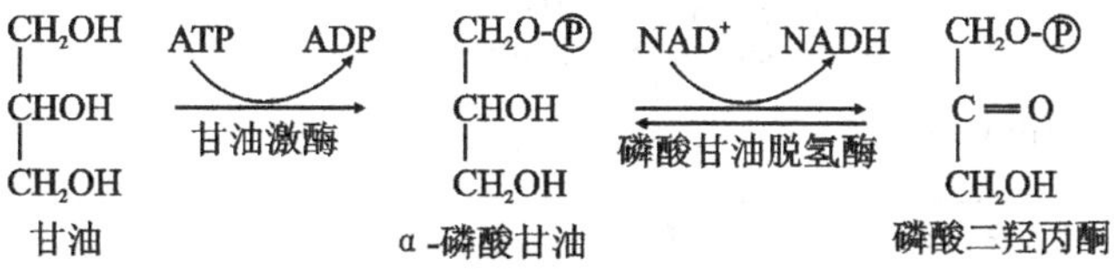

（三）脂肪酸的氧化分解

脂肪酸是人及哺乳动物的主要能源物质。在氧气供给充足的条件下，可以在体内分解成 CO_2 及 H_2O 并释放出大量的能量，以 ATP 形式利用。除脑组织外，大多数组织均能氧化脂肪酸，以肝和肌组织最活跃。

1. 脂肪酸的活化　脂肪酸的活化在胞液中进行，脂肪酸在脂酰 CoA 合成酶的催化下，活化生成脂酰 CoA。

$$\underset{\text{脂酸}}{RCOOH} + HSCoA + ATP \xrightarrow[Mg^{2+}]{\text{脂酰 CoA 合成酶}} \underset{\text{脂酰辅酶 A}}{RCO\sim SCoA} + AMP + PPi$$

2. 脂酰 CoA 进入线粒体　脂肪酸的活化在胞液中进行，而催化脂肪酸氧化的酶系存在于线粒体的基质内，因此活化的脂酰 CoA 必须进入线粒体才能分解。脂酰 CoA 不能直接透过线粒体内膜，其脂酰基需经肉碱转运才能进入基质（图 7-1）。

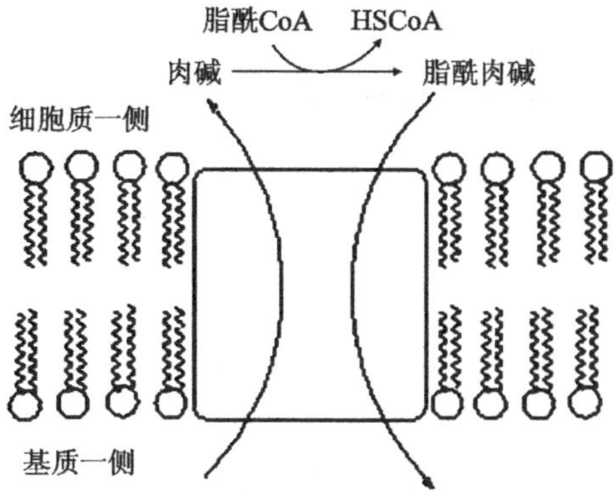

图 7-1　肉碱转运脂酰基入线粒体

肉毒碱脂酰转移酶Ⅰ是限速酶，脂酰 CoA 进入线粒体是脂肪酸 β-氧化的主要限速步骤。当饥饿、高脂低糖膳食或糖尿病时，体内糖利用发生障碍，需要脂肪酸的供能，这时肉毒碱脂酰转移酶Ⅰ活性增加，脂肪酸氧化增强。

3. 脂酰 CoA 的 β-氧化　脂酰 CoA 进入线粒体后，在线粒体脂肪酸 β-氧化多酶复合体的催化下从脂酰基的 β 碳原子开始，进行脱氢、加水、再脱氢和硫解等四步连续反应，脂酰基断裂生成比原来少 2 个碳原子的脂酰 CoA 及 1 分子乙酰 CoA（图 7-2）。

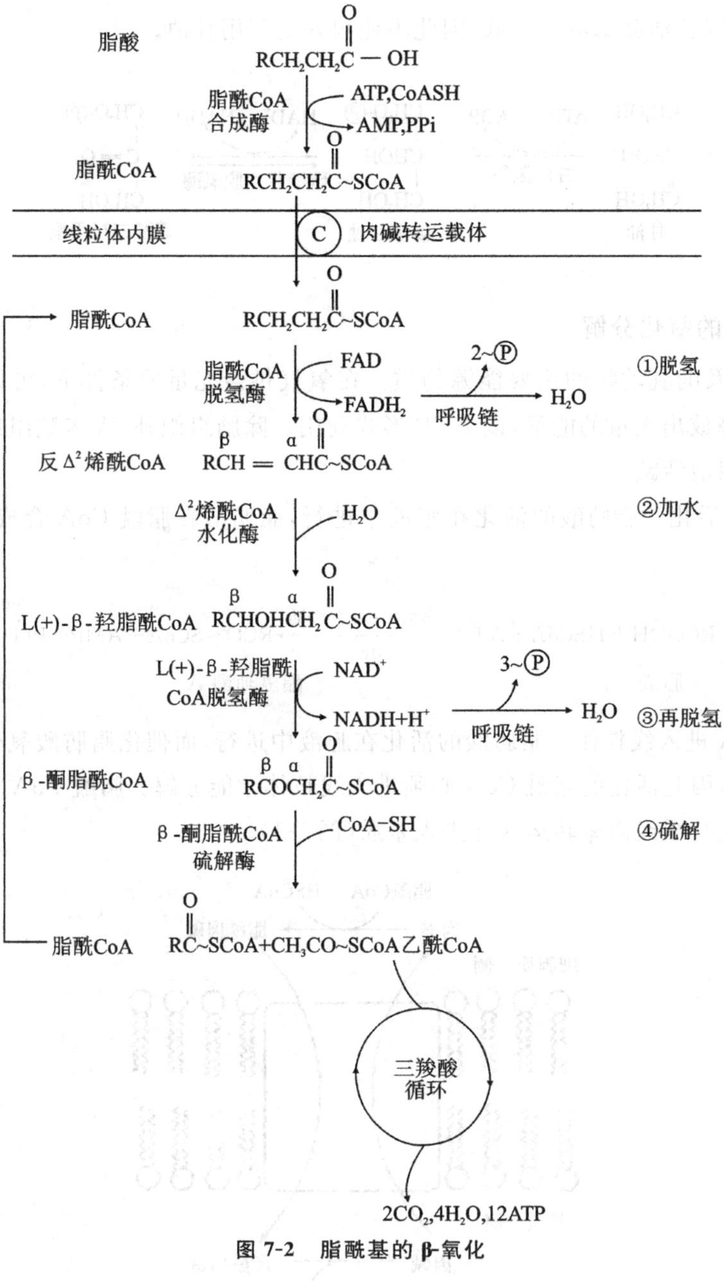

图 7-2　脂酰基的 β-氧化

脂酸 β-氧化的过程如下。

（1）脱氢：脂酰 CoA 由脂酰 CoA 脱氢酶催化，在 α 和 β 碳原子上脱氢，生成反 Δ^2 烯酰 CoA。脱下的 2H 由 FAD 接受生成 $FADH_2$。

(2)加水:反 Δ^2 烯酰 CoA 在 Δ^2 烯酰 CoA 水化酶催化下,加水生成 L(+)-β-羟脂酰 CoA。

(3)再脱氢:L(+)-β-羟脂酰 CoA 在β-羟脂酰 CoA 脱氢酶的催化下,再脱下 2H,生成β-酮脂酰 CoA。脱下的 2H 由 NAD^+ 接受,生成 $NADH+H^+$。

(4)硫解:β-酮脂酰 CoA 经 β-酮脂酰 CoA 硫解酶催化,裂解生成 1 分子乙酰 CoA 和比原来少 2 个碳原子的脂酰 CoA。

新生成的比原来少 2 个碳原子的脂酰 CoA,可再重复进行脱氢、加水、再脱氢和硫解反应,使脂酰 CoA 完全分解为乙酰 CoA,即完成脂酸的 β-氧化。

4. 乙酰 CoA 进入三羧酸循环　脂肪酸经 β-氧化生成的大量的乙酰 CoA。乙酰 CoA 在线粒体内通过三羧酸循环彻底氧化生成 H_2O 和 CO_2,并释放能量,以满足人体活动的需要。

脂酸氧化是体内能量的重要来源。以 16C 的饱和脂酸软脂酸为例,经 7 次 β-氧化,生成 7 分子 $FADH_2$、7 分子 $NADH+H^+$ 及 8 分子乙酰 CoA。每分子 $FADH_2$ 和 $NADH+H^+$ 经呼吸链氧化分别生成 2 分子和 3 分子 ATP,每分子乙酰 CoA 通过三羧酸循环氧化可产生 12 分子 ATP。因此,1 分子软脂酸彻底氧化共生成$(7\times2)+(7\times3)+(8\times12)=131$ 分子 ATP。减去活化时消耗的 2 个高能磷酸键,相当于 2 分子 ATP,净生成 129 分子 ATP。

(四)酮体的生成和利用

酮体是脂肪酸在肝中不完全代谢的正常中间产物,包括乙酰乙酸、β-羟丁酸及丙酮三种物质。其中 β-羟丁酸约占酮体总量的 70%,乙酰乙酸约占 30%,丙酮含量极微。

1. 酮体的生成　脂酸在线粒体中经 β-氧化生成大量的乙酰 CoA 是合成酮体的原料。合成在线粒体内酶的催化下进行(图 7-3)。

(1)2 分子的乙酰 CoA 在肝线粒体乙酰乙酰 CoA 硫解酶的作用下,缩合成乙酰乙酰 CoA,并释放出 1 分子 CoA-SH。

(2)乙酰乙酰 CoA 在 HMG-CoA 合成酶的催化下,再与 1 分子的乙酰 CoA 缩合生成羟甲基戊二酸单酰 CoA(HMG-CoA),并释放出 1 分子 CoA-SH。

(3)HMG-CoA 在 HMG-CoA 裂解酶催化下,裂解生成乙酰乙酸和乙酰 CoA。

乙酰乙酸在线粒体内膜 β-羟丁酸脱氢酶催化下,被还原成 β-羟丁酸。

肝线粒体含有各种合成酮体的酶类,尤其是 HMG-CoA 合成酶,因此生成酮体是肝脏特有的功能。肝氧化酮体的酶活性很低,因此肝不能利用酮体,所以肝内生成的酮体必须通过血液运输到肝外组织进一步氧化。

2. 酮体的利用　肝外许多组织具有很强的氧化酮体的酶,能利用酮体(图 7-4)。

(1)琥珀酰 CoA 转硫酶:在心、肾、脑、骨骼肌的线粒体此酶活性较高。它可催化琥珀酰 CoA 将 CoA-SH 转移给乙酰乙酸,生成乙酰乙酰 CoA。

(2)乙酰乙酸硫激酶:心、肾和脑组织线粒体中的乙酰乙酸硫激酶可催化乙酰乙酸活化生成乙酰乙酰 CoA。

(3)乙酰乙酰 CoA 硫解酶:乙酰乙酰 CoA 硫解酶使乙酰乙酰 CoA 硫解生成 2 分子乙酰 CoA,后者即可进入三羧酸循环彻底氧化。

β-羟丁酸在 β-羟丁酸脱氢酶催化下,生成乙酰乙酸,然后再转变成乙酰 CoA 而被氧化。

总之,肝脏酮体代谢的特点是:肝内生酮肝外用。

3. 酮体生成的生理意义　酮体是脂肪酸在肝内正常的中间代谢产物,是肝脏输出能量的一种形式。酮体溶于水,分子较小,能通过血脑屏障及静止的骨骼肌毛细血管壁,被人体各组织摄取利用。脑组织不能直接氧化脂肪酸,但是能利用酮体。长期饥饿、糖供不足时酮体可以代替葡萄糖成为脑及肌组织的主要能源。

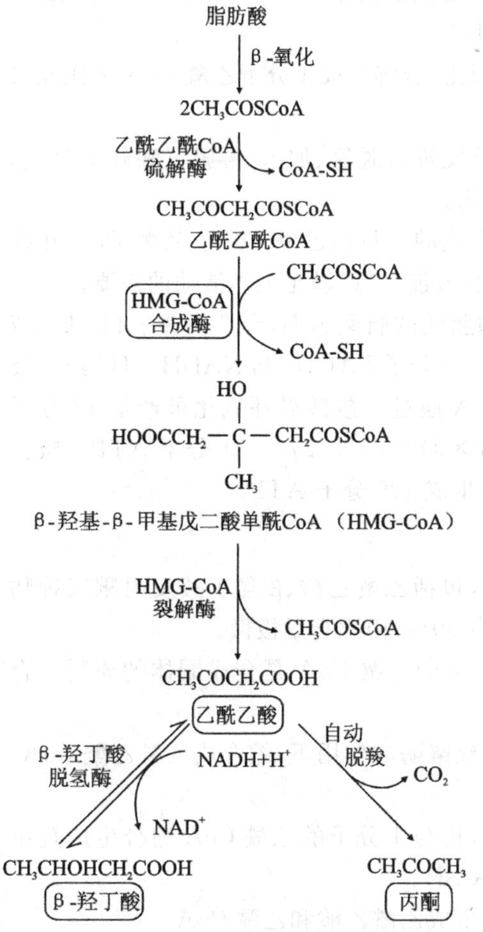

图 7-3 酮体的生成

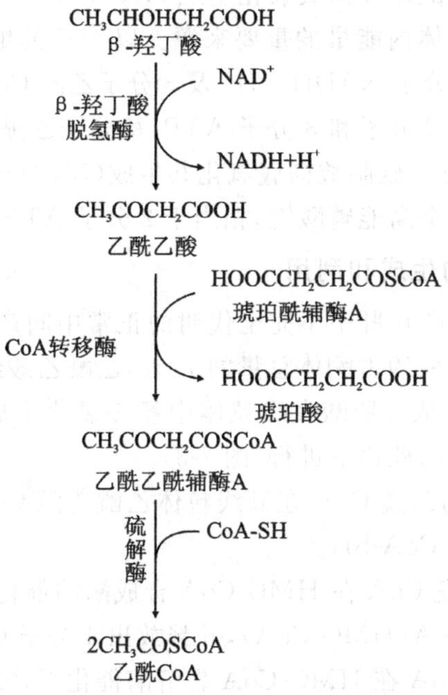

图 7-4 酮体的利用

正常情况下，血中的酮体含量十分低，但在饥饿、高脂低糖膳食及糖尿病时，脂肪酸动员加强，酮体生成增加。酮体生成超过肝外组织利用的能力，引起血中酮体升高，称为酮血症，并随尿排出引起酮尿。由于乙酰乙酸和β-羟丁酸是酸性物质，当其在血中浓度过高时，可导致酮症酸中毒。

二、甘油三酯的合成代谢

甘油三酯是机体储存能量的形式。摄入的糖、脂肪等食物均可合成脂肪在脂肪组织储存，以供禁食、饥饿时的能量需要。

（一）合成部位

肝、脂肪组织及小肠是合成甘油三酯的主要场所，其中肝的合成能力最强。肝、脂肪组织及小肠均含有合成甘油三酯的脂酰 CoA 转移酶。肝细胞能合成脂肪，但不能储存。甘油三酯在肝内质网合成后，与载脂蛋白 B_{100}、C 等以及磷脂、胆固醇结合生成极低密度脂蛋白，由肝细胞分泌入血而运输至肝外组织。如肝细胞合成的甘油三酯因营养不良、中毒、必需脂肪酸缺乏、胆碱缺乏或蛋白质缺乏而不能形成 VLDL 分泌入血，则聚集在肝细胞质中，形成脂肪肝。

脂肪组织是机体合成脂肪的另一重要组织。它可利用从食物脂肪来的乳糜微粒或极低密度脂蛋白中的脂酸合成脂肪，更主要以葡萄糖为原料合成脂肪。脂肪细胞可以大量储存脂肪，机体需要能量时，储脂分解释放游离脂酸及甘油入血，以满足心、骨骼肌、肝、肾等的需要。因此脂肪组织在脂肪代谢中有着重要地位。小肠黏膜细胞则主要利用脂肪消化产物再合成脂肪，以乳糜微粒形式经淋巴进入血循环。

(二)合成原料

合成甘油三酯所需的甘油及脂酸主要由葡萄糖代谢提供。人及动物即使完全不摄取脂肪，亦可由糖大量合成脂肪。食物脂肪消化吸收后以 CM 形式进入血循环，运送至脂肪组织或肝，其脂酸亦可用以合成脂肪。

(三)脂肪酸的合成

长链脂肪酸是以乙酰 CoA 为原料在体内合成的。脂肪酸的合成主要通过线粒体外胞液，有不同于 β-氧化的脂肪酸合成酶等多功能酶催化完成。

1. 合成部位　脂肪酸合成酶系存在于肝、肾、脑、肺、乳腺及脂肪等组织，位于线粒体外胞液中。肝是人体合成脂肪酸的主要场所，其合成能力较脂肪组织大 8～9 倍。脂肪组织是储存脂肪的仓库，它本身也可利用葡萄糖为原料合成脂肪酸及脂肪，但主要摄取并储存由小肠吸收的食物脂肪酸以及肝脏合成的脂肪酸。

2. 合成原料　乙酰 CoA 是合成脂肪酸的主要原料，多来自葡萄糖。细胞内的乙酰 CoA 全部在线粒体产生，而合成脂肪酸的酶系存在于胞液。线粒体内的乙酰 CoA 必须进入胞液才能成为脂肪酸合成的原料。线粒体中的乙酰 CoA 主要通过柠檬酸-丙酮酸循环完成(图 7-5)。

脂肪酸的合成除需乙酰 CoA 外，还需 ATP、NADPH、HCO_3^-(CO_2)及 Mn^{2+} 等。脂肪酸的合成是还原性合成，所需氢全部由 NADPH 提供。NADPH 主要来自磷酸戊糖途径。

3. 脂肪酸合成过程　首先乙酰 CoA 在乙酰 CoA 羧化酶的催化，下由 HCO_3^- 提供 CO_2，生成丙二酰 CoA。乙酰 CoA 羧化酶是脂肪酸合成的限速酶。然后由 1 分子乙酰 CoA、7 分子丙二酰 CoA 和 14 分子 NADPH＋H 在脂肪酸合成酶系作用下，生成 16 碳的软脂酸。

(1)丙二酰 CoA 的合成

$$\underset{\text{乙酰 CoA}}{CH_3CO\sim SCoA} + HCO_3^- + H^+ + ATP \xrightarrow[\text{生物素 } Mn^{2+}]{\text{乙酰 CoA 羧化酶}} \underset{\text{丙二酰 CoA}}{\underset{|\atop COOH}{CH_2CO}\sim SCoA} + ATP + Pi$$

(2)16 碳软脂酸的合成

$$\underset{\text{乙酰 CoA}}{CH_3CO\sim SCoA} + \underset{\text{丙二酰 CoA}}{7HOOCCH_2CO\sim SCoA} + 14NADPH + 14H^+ \xrightarrow{\text{脂肪酸合成酶系}}$$

$$\underset{\text{软脂酸}}{CH_3(CH_2)_{14}COOH} + 7CO_2 + 14NADP^+ + 8HSCoA + 6H_2O$$

4. 脂肪酸碳链的延长　脂肪酸合成酶催化合成的是软脂酸，更长碳链的脂肪酸则是对软脂酸的加工，在肝细胞内质网或线粒体中，由丙二酰 CoA 或乙酰 CoA 为二碳单位的供体，通过缩合、加氢、脱水、再加氢等过程，每次延长 2 个碳原子，一般可将脂酸碳链延长至 24 碳，以 18 碳的硬脂酸为多。

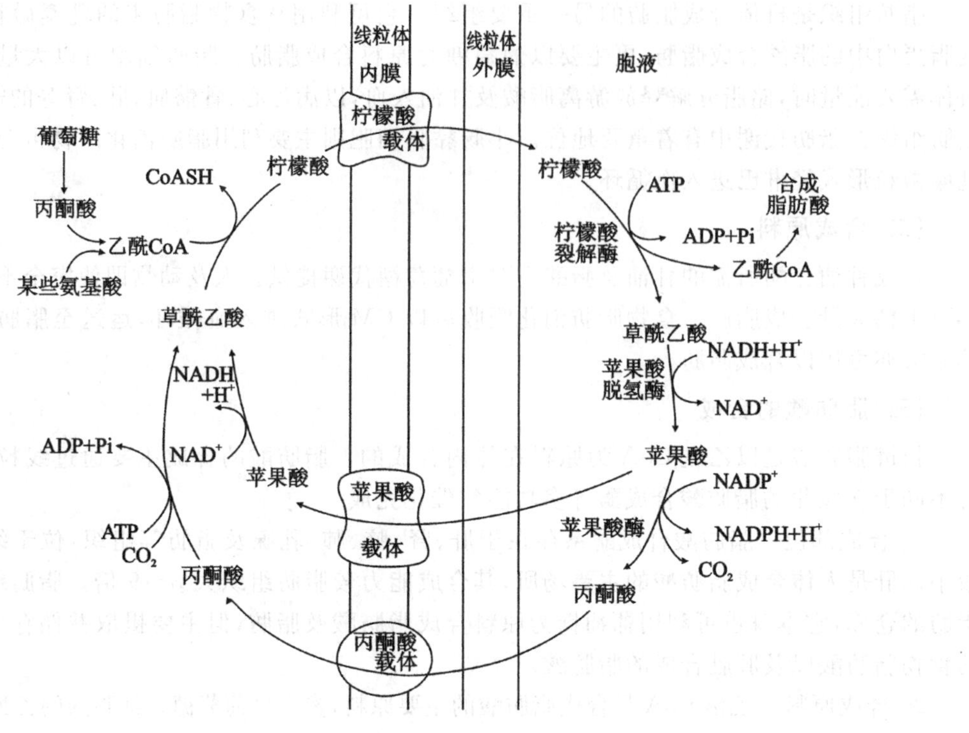

图 7-5　柠檬酸-丙酮酸循环

(四)3-磷酸甘油的生成

3-磷酸甘油主要由糖代谢的中间产物磷酸二羟丙酮还原生成，也可由甘油转变而来。在肝、肾等组织含有甘油激酶，能利用游离甘油，使其磷酸化生成3-磷酸甘油。脂肪细胞缺乏甘油激酶不能利用甘油合成脂肪。

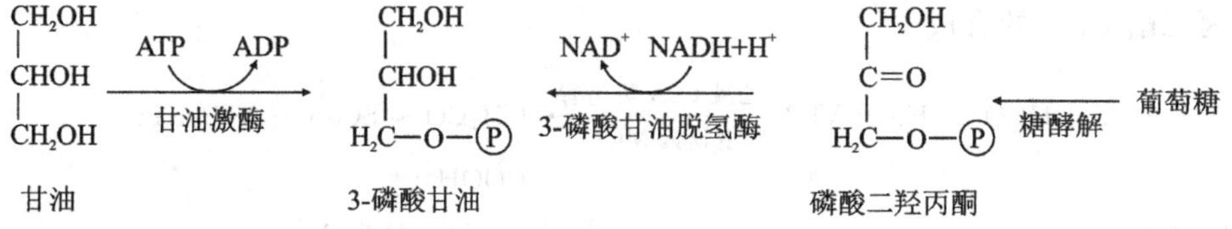

(五)甘油三酯的合成

1. 甘油一酯途径　小肠黏膜细胞主要利用消化吸收的甘油一酯及脂酸再合成甘油三酯。

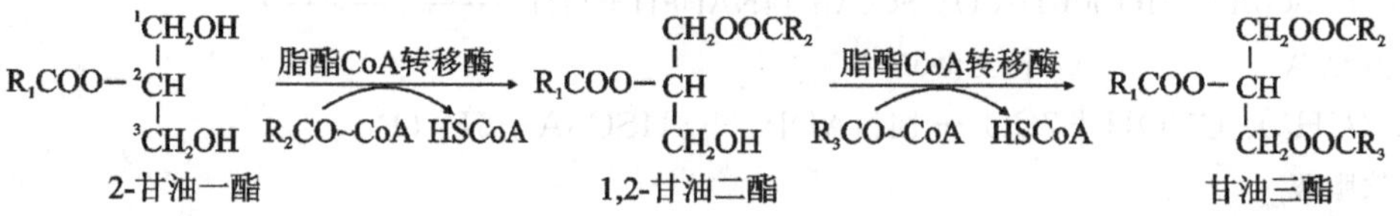

2. 甘油二酯途径　肝细胞及脂肪细胞主要按此途径合成甘油三酯。葡萄糖循酵解途径生成3-磷酸甘油，在脂酰CoA转移酶的作用下，依次加上2分子脂酰CoA生成磷脂酸。后者在磷脂酸磷酸酶的作用下，水解脱去磷酸生成1，2-甘油二酯，而后再在脂酰CoA转移酶的催化下，加上1分子脂酰基即生成甘油三酯。合成脂肪的三分子脂酸可为同一种脂酸，也可是三种

不同的脂酸，合成所需的3-磷酸甘油主要由糖代谢提供。

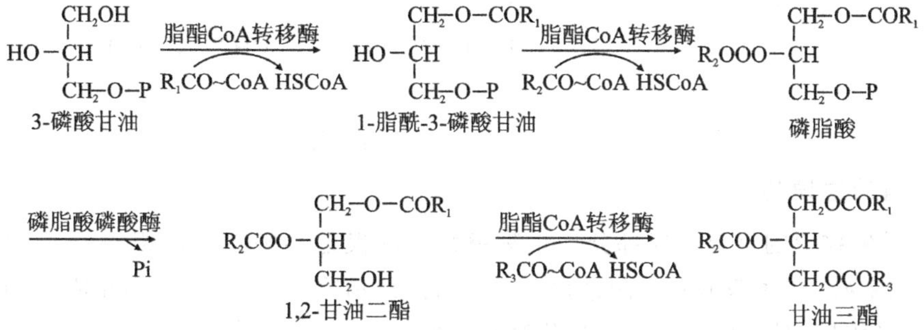

第四节　磷脂与胆固醇代谢

一、磷脂代谢

含磷酸的脂类称磷脂。由甘油构成的磷脂统称甘油磷脂，由鞘氨醇构成的磷脂称鞘磷脂。体内含量最多的磷脂是甘油磷脂。甘油磷脂分为磷脂酰胆碱（卵磷脂）、磷脂酰乙醇胺（脑磷脂）、磷脂酰丝氨酸、磷脂酰甘油、二磷脂酰甘油及磷脂酰肌醇等。

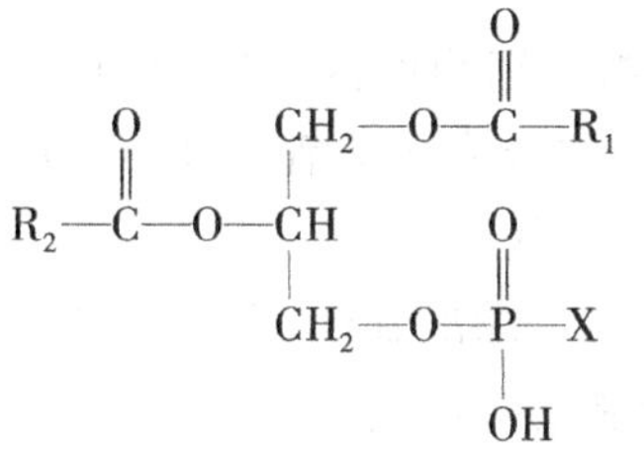

磷脂酰胆碱　$X = —OCH_2CH_2\overset{+}{N}(CH_3)_3$

磷脂酰乙醇胺　$X = —OCH_2CH_2\overset{+}{N}H_3$

磷脂酰丝氨酸　$X = —OCH_2CH(NH_3^+)COO^-$

磷脂酰肌醇　X =

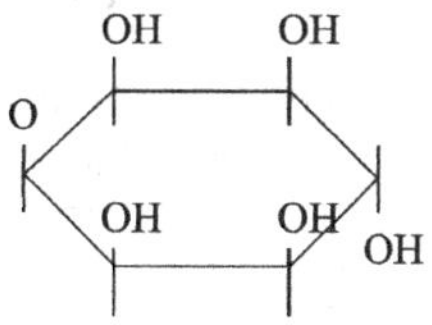

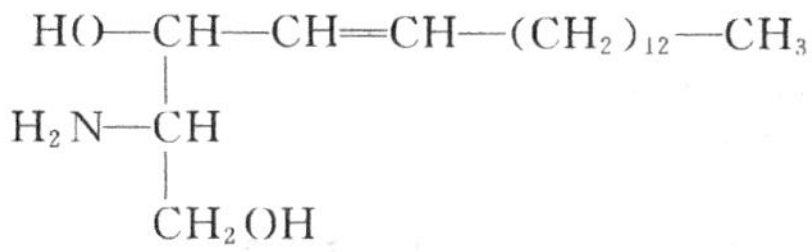

鞘氨醇

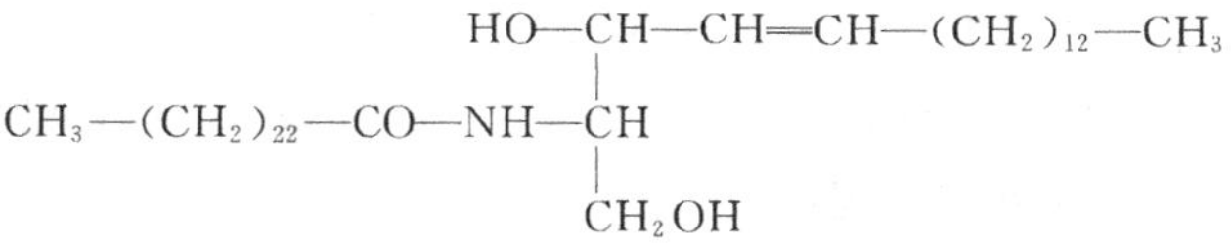

神经酰胺

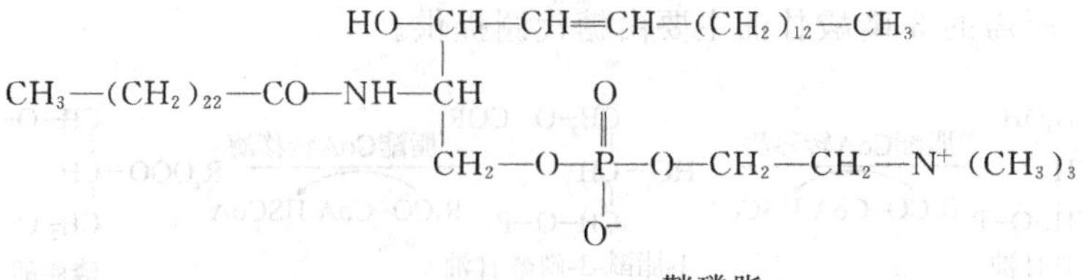

鞘磷脂

(一)磷脂的生理功能

1. 磷脂是生物膜的重要组成部分　生物膜结构不仅是细胞结构的组织形式，也是生命活动的主要结构基础，许多基本的生命过程，如能量转换、物质运输、信息识别和传递、细胞发育和分化，以及神经传导、激素作用等都与生物膜有密切关系。

2. 磷脂是脂蛋白的重要组成部分　磷脂和蛋白质一起位于脂蛋白的表面，以其亲水的部分朝向表面，疏水的部分朝向核心，便于脂类物质的运输。

3. 磷脂是必需脂肪酸的储库　存在于膜结构中甘油磷脂分子上 C_2 位的脂酰基多为不饱和脂肪酸，其中多不饱和脂肪酸如亚油酸、亚麻酸和花生四烯酸为必需脂肪酸。

4. 二软脂酰磷脂酰胆碱是肺表面活性物质　能降低肺泡的表面张力，有利于肺泡的伸张。如早产儿在分娩后合成不足而缺乏，可导致新生儿呼吸困难综合征。

(二)甘油磷脂的代谢

1. 甘油磷脂的合成　全身组织细胞的内质网中均含有合成磷脂的酶系，故各组织均可合成磷脂，肝、肾及肠等组织中磷脂的合成均较活跃，以肝最为活跃，肝合成的磷脂除自身利用外，还能用于组成脂蛋白参与脂类的运输。

(1)合成原料　合成磷脂需要二酯酰甘油、磷酸盐、胆碱、乙醇胺、丝氨酸、肌醇等原料。

(2)合成过程　几种甘油磷脂的合成过程相似，以下是磷脂酰胆碱和磷脂酰乙醇胺的合成基本过程(图 7-6、图 7-7)。

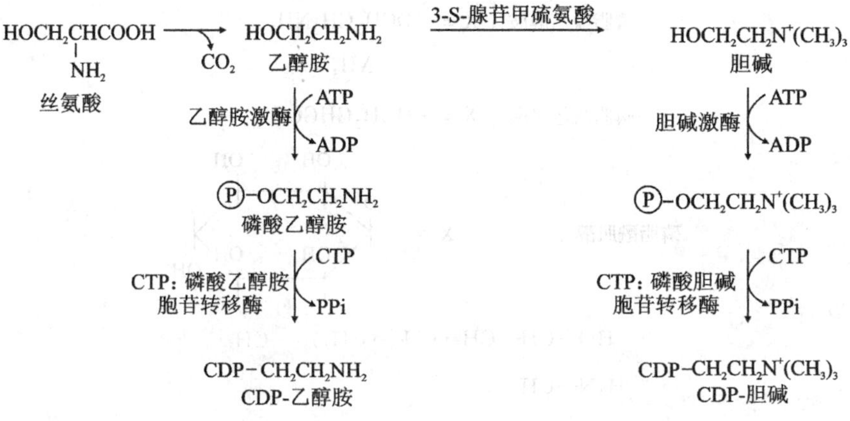

图 7-6　CDP-乙醇胺、CDP-胆碱的合成

2. 甘油磷脂的分解　生物体内有能使甘油磷脂水解的多种磷脂酶类，主要有磷脂酶 A_1、A_2、B_1、B_2、C 和 D 等。它们分别作用于磷脂分子内的不同酯键，产生不同的产物。以磷脂酰胆碱为例，下面是各种磷脂酶水解的酯键部位：

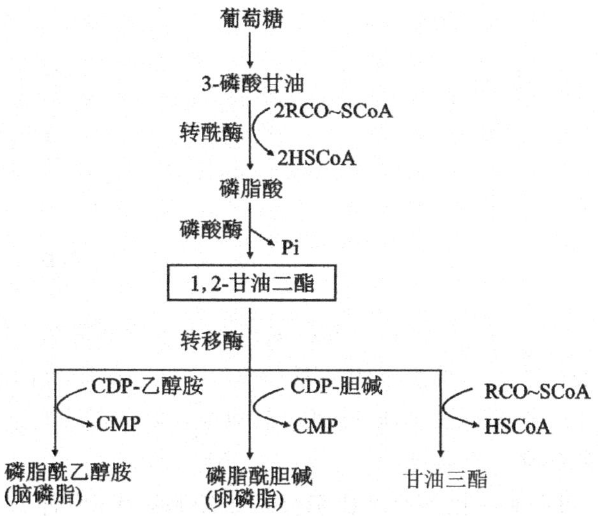

图 7-7　磷脂酰胆碱和磷脂酰乙醇胺的合成过程

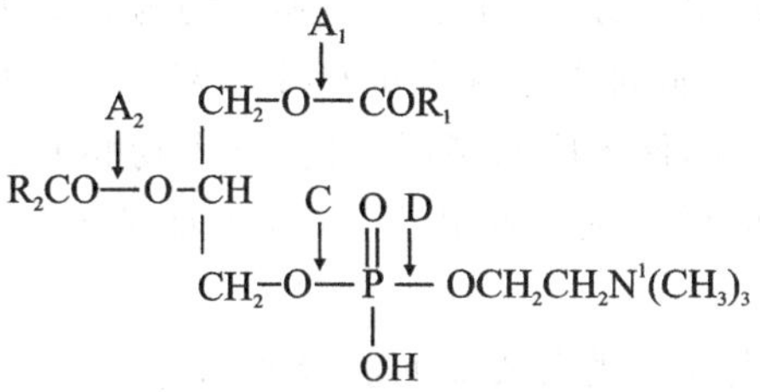

磷脂酶 A_2 以酶原形式存在于胰腺中，此酶作用于磷脂酰胆碱的 2 位酯键，生成溶血磷脂 1。溶血磷脂 1 是一类具有较强表面活性的物质，能使红细胞膜或其他细胞膜破坏引起溶血或细胞坏死。有人认为急性胰腺炎的发病机制与胰腺磷脂酶 A_2 对胰腺细胞膜的损伤密切相关。某些蛇毒液中含有磷脂酶 A_1，其水解产物为溶血磷脂 2，故被毒蛇咬伤后会表现出大量溶血。

甘油磷脂水解生成的甘油、脂酸、磷酸和胆碱及乙醇胺等产物可继续进行代谢。

3. 甘油磷脂与脂肪肝　正常人的肝内含脂类占细胞总量的 3%～5%，其中甘油三酯约占一半，如果甘油三酯在肝内过量存积超过 2.5%、脂类总量超过 10%，即称为脂肪肝。常见形成脂肪肝的原因有：①肝内脂肪来源过多，如高脂低糖或高糖高热量饮食。②肝功能障碍，表现氧化脂肪酸的能力减弱，以及合成脂蛋白的功能降低。③胆碱供给或合成不足，会使肝中磷脂酰胆碱合成减少，导致极低密度脂蛋白生成障碍，肝细胞内脂肪运出困难，引起甘油三酯在肝细胞内堆积，形成脂肪肝，影响肝脏的正常功能。

二、胆固醇代谢

（一）胆固醇的化学结构及生理功能

胆固醇是具有环戊烷多氢菲烃核及一个羟基的固体醇类化合物，因最早在动物胆石中分离出，所以称为胆固醇。胆固醇 27 个碳原子构成的烃核及侧链，都是非极性疏水的，有 3 位上的羟基是亲水的。所以具有两性分子的特点和性质。

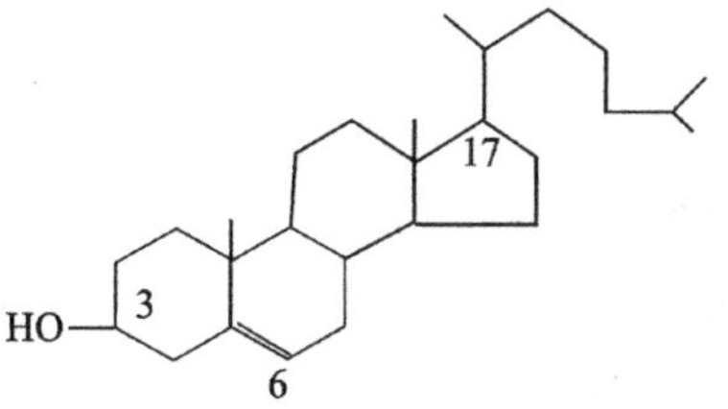

胆固醇

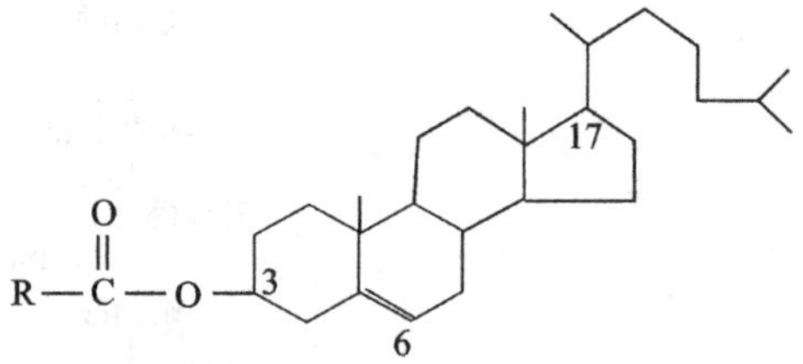

胆固醇酯

胆固醇在人体内分布于全身各组织中，健康成人体内含胆固醇为 140 g 左右，其中 25％分布在脑及神经组织中，胆固醇约占神经组织质量的 2％。肝、肾、肠等内脏及皮肤、脂肪组织亦含有较多的胆固醇，其中肝脏含量最多，肌肉组织胆固醇较低。在肾上腺、卵巢等合成类固醇激素的内分泌腺中，胆固醇的含量也较高，可达到 1％～5％。

胆固醇在组织中一般以非酯化的游离状态存在于细胞膜中，但肾上腺(90％)、血浆(70％)及肝(50％)中，大多与脂肪酸结合成胆固醇酯，以胆固醇油酸酯为最多，亦有少量亚油酸酯和花生四烯酸酯。

胆固醇是细胞生物膜的重要组分，存在于生物膜的均为游离胆固醇，在细胞质膜中含量较高，内质网和其他细胞器较少。胆固醇为两性分子，其 3 位羟基极性指向膜内的亲水界面，疏水的母链及侧链，具有一定的刚性，深入膜双脂层，对控制生物膜的流动性具有重要作用，它可以阻止膜磷脂在相变温度以下时转变成结晶状态，从而保证了膜在较低温度时的流动性及正常功能。

胆固醇又是合成胆汁酸类固醇激素及维生素 D 等重要生理活性物质的原料。胆固醇代谢障碍可引起血浆胆固醇升高，这是形成动脉粥样硬化的一种重要的危险因素，可引起脑血管、冠状动脉和周围血管病变。

(二)胆固醇的合成

人体胆固醇主要由机体自身合成，每天可合成 1～1.5 g，仅从食物摄取少量，正常人每天膳食中含胆固醇 0.3～0.5 g，主要来自动物肝脏、蛋黄、奶油及肉类，植物性食品不含胆固醇，而含植物固醇如谷固醇、麦角固醇等，植物固醇不易为人体吸收，摄入过多还可抑制胆固醇的吸收。

1. 胆固醇合成部位和原料　除成年动物脑组织及成熟红细胞外，几乎全身各组织细胞均可合成胆固醇。肝合成胆固醇的能力最强，占总量的 70％～80％，其次是小肠，合成量占总量的 10％。肝合成的胆固醇除在肝脏内被利用及代谢外，还参与组成脂蛋白，进入血液被输送到肝外各组织。胆固醇合成酶系存在于胞液及滑面内质网膜上，因此胆固醇的合成主要在细胞的这两个部位进行。

乙酰 CoA 是合成胆固醇的原料，因此还需要 ATP 提供能量和 NADPH 供氢，实验证明每合成 1 分子的胆固醇需 18 分子的乙酰 CoA，36 分子 ATP 及 16 分子的 NADPH。糖是产生合成胆固醇原料乙酰 CoA 的主要来源，NADPH 则来自胞液中磷酸戊糖途径。

2. 胆固醇的合成基本过程　胆固醇的合成过程有近 30 步的酶促反应，概括为 3 个阶段：

(1)甲基二羟戊酸的生成　首先 2 分子的乙酰 CoA 缩合为乙酰乙酰 CoA，然后再与 1 分子乙酰 CoA 合成为β-羟基-β-甲基戊二酸单酰 CoA(HMG-CoA)，后者经 HMG-CoA 还原酶催化，生成甲基二羟戊酸。HMG-CoA 还原酶是胆固醇合成的限速酶(图 7-8)。

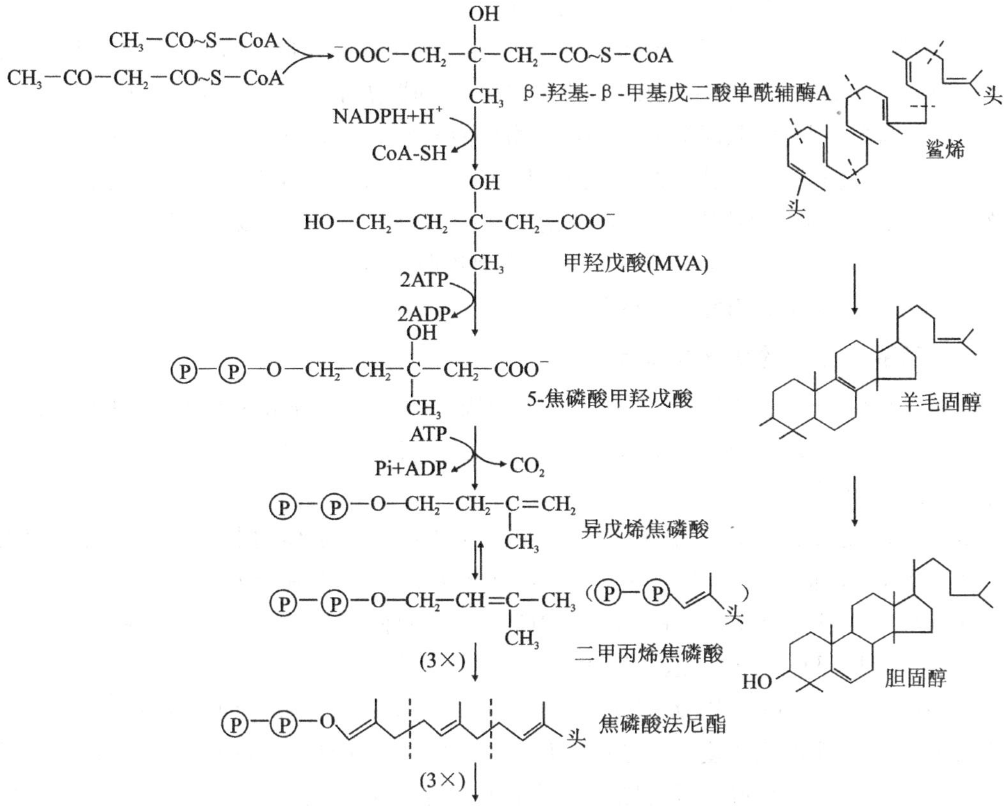

图 7-8 胆固醇合成过程

(2)鲨烯的生成 甲基二羟戊酸先经磷酸化,再脱羧、脱羟基而成为缩合反应活性极强的 5 碳焦磷酸化合物二甲丙烯焦磷酸,然后 3 分子 5 碳化合物合成 15 碳的焦磷酸法尼酯。2 分子 15 碳化合物再缩合,即生成含 30 碳的多烯烃化合物——鲨烯。

(3)胆固醇的合成 鲨烯以胆固醇载体蛋白为载体进入内质网,经加氧酶、环化酶等催化的多步反应,先环化生成羊毛胆固醇,再经过一系列氧化、脱羧和还原等步骤,脱去 3 分子的 CO_2 形成 27 碳的胆固醇。

3. 胆固醇的酯化 细胞内和血浆中的游离胆固醇都可以被酯化成胆固醇酯,但不同的部位催化反应的酶及其过程不同。

(1)细胞内胆固醇的酯化 在组织细胞内,游离胆固醇可在脂酰 CoA 胆固醇脂酰转移酶(ACAT)的催化下,接受脂酰 CoA 的脂酰基形成胆固醇酯。

(2)血浆内胆固醇的酯化 血浆中,在卵磷脂胆固醇脂酰转移酶(LCAT)的催化下,卵磷脂的第二位碳原子的脂酰基(一般是不饱和脂酰基),转移至胆固醇 3 位羟基上,生成胆固醇酯及溶血磷脂酰胆碱。LCAT 是由肝细胞合成,而后分泌入血,在血浆中发挥催化作用的。

4. 胆固醇合成的调节 胆固醇合成的限速酶是 HMG-CoA 还原酶,各种因素对胆固醇合成的调节,主要是通过对 HMG-CoA 还原酶活性的影响来实现的。

(1)饥饿与饱食 饥饿可使 HMG-CoA 还原酶合成减少,酶活性降低,饥饿也可引起乙酰

CoA、ATP、NADPH的不足，故可抑制胆固醇的合成。相反，摄入高糖、高饱和脂肪酸等饮食，HMG-CoA还原酶活性增加，胆固醇合成也增加。

(2)食物胆固醇　胆固醇可反馈阻遏HMG-CoA还原酶的合成，从而使肝胆固醇的合成下降；反之，则可以解除对该酶的阻遏作用，使胆固醇的合成增加。但食物胆固醇不能阻遏小肠黏膜细胞合成胆固醇。此外，胆固醇的一些衍生物还能直接抑制HMG-CoA还原酶的活性。

(3)激素　胰岛素可诱导肝细胞合成HMG-CoA还原酶，从而使胆固醇合成增加；胰高血糖素及皮质激素则能抑制HMG-CoA还原酶的活性，使胆固醇合成减少。甲状腺素一方面能诱导肝HMG-CoA还原酶的合成，另一方面又可促进胆固醇在肝中转变为胆汁酸，后者作用更明显，总的结果能使血浆胆固醇水平降低。

(三)胆固醇在体内的变化与排泄

机体能将乙酰CoA合成胆固醇，却不能将胆固醇彻底氧化分解为CO_2和H_2O，只能经氧化、还原转变成其他含环戊烷多氢菲母核的化合物，参与体内的代谢和调节，有一半的胆固醇不经变化，直接被排出体外。

1. 胆固醇转变成胆汁酸　在肝中，胆固醇转化为胆汁酸是体内胆固醇的主要代谢去路。正常人每天合成的胆固醇总量约有40%在肝内转化为胆汁酸，随胆汁排入肠道。

2. 胆固醇转变成类固醇激素和1,25-$(OH)_2$-D_3　胆固醇是体内合成肾上腺皮质激素、性激素和1,25-$(OH)_2$-D_3的原料，这些活性物质在体内代谢中起重要作用。

3. 胆固醇的排泄　在体内，大部分胆固醇在肝内转变为胆汁酸，以胆汁酸盐的形式随胆汁排出，这是胆固醇排泄的主要途径。还有一部分胆固醇可在胆汁酸盐的作用下形成混合微团而"溶"于胆汁内直接随胆汁排出，或可随肠黏膜细胞脱落而排入肠道。进入肠道的胆固醇可随同食物胆固醇被吸收，未被吸收的胆固醇可以原型或经肠菌还原为类固醇后随粪便排出。

思 考 题

1. 名词解释

   必需脂肪酸　血脂　血浆脂蛋白　脂肪动员　酮体

2. 脂类包括哪些物质？分别有何生理功能？
3. 血浆脂蛋白按密度法可分为哪几类？各有何生理功能？
4. 什么是脂肪酸的β-氧化？其过程包括哪几步反应？β-氧化的终产物是什么？
5. 酮体生成和利用的特点是什么？有何生理意义？
6. 胆固醇在体内可转变为哪些物质？

(杨友谊)

第八章

蛋白质分解代谢

学习目标

1. 掌握 蛋白质营养作用、氨基酸的脱氨基作用、氨的来源与去路。

2. 理解 个别氨基酸的代谢及氨基酸、糖与脂类代谢的联系。

3. 了解 蛋白质的消化吸收。

第一节 蛋白质营养作用及消化吸收

一、蛋白质营养的重要性

蛋白质是生命的物质基础，维持细胞、组织的生长、更新、修补，参与体内催化调控、运输、免疫等功能。同时，蛋白质也是能源物质。由此，提供足够的食物蛋白质对正常代谢和各种生命活动的进行是十分重要的，对于生长发育期的儿童和康复期的病人，给予足量、优质的蛋白质特别重要。

二、蛋白质的需要量和营养价值

（一）氮平衡

食物中的含氮物质绝大部分是蛋白质，蛋白质平均含氮量为16%，可通过测定摄入食物的含氮量和尿、粪中排出的含氮量来判断体内蛋白质的代谢概况，称为氮平衡。可分为如下几种。

1. 氮的总平衡　摄入氮＝排出氮，即氮的“收支”平衡。反映正常成人的蛋白质代谢情况。

2. 氮的正平衡　摄入氮＞排出氮，部分摄入的氮用于合成体内蛋白质，见于儿童、孕妇和恢复期病人。

3. 氮的负平衡　摄入氮＜排出氮，蛋白质供给量不足，体内蛋白质分解排出，见于消耗性疾病、营养不良等。

（二）生理需要量

正常成人在不进食蛋白质时，每日分解蛋白质约为20 g，由于食物蛋白与人体蛋白的组成上的差异性，不可能100%吸收，因此每日最低需蛋白质30～50 g，2000年中国营养学会推荐成年人每日蛋白质的安全摄入量为80 g。

(三)蛋白质的营养价值

1. 蛋白质的营养价值　取决于蛋白质含有的氨基酸种类和数量，特别是营养必需氨基酸的种类和数量。如有的蛋白质含有体内所需要的各种氨基酸，并且含量充足，此种蛋白质的营养价值高，如动物蛋白质。相反，有的蛋白质缺乏体内所需的某些氨基酸，或含量不足，则其营养价值较低，如植物蛋白质。

必需氨基酸指体内不能合成，必须由食物供给的氨基酸，包括赖氨酸、色氨酸、缬氨酸、亮氨酸、异亮氨酸、苏氨酸、甲硫氨酸、苯丙氨酸。另外酪氨酸和半胱氨酸是半必需氨基酸。其余的为非必需氨基酸。

2. 食物蛋白质的互补作用　营养价值较低的食物蛋白质混合食用，则必需氨基酸可以互相补充而提高蛋白质营养价值，称为食物蛋白的互补作用。如：谷类蛋白质赖氨酸少，色氨酸多，而豆类蛋白质赖氨酸多，色氨酸少。两者混合食用可提高蛋白质的营养价值。

三、蛋白质的消化、吸收

食物蛋白质的消化吸收是机体氨基酸的根本来源。蛋白质未经消化不易吸收。同时蛋白质被消化后还可消除其抗原性和特异性。有时某些抗原、毒素蛋白可通过黏膜细胞进入人体，会产生过敏及毒性反应。食物蛋白一般被水解为氨基酸和小分子肽才能被机体吸收利用。食物蛋白的消化从胃开始，主要在小肠中进行。

(一)胃中的消化

胃中消化蛋白质的酶是胃蛋白酶，由胃酸激活和胃蛋白酶自身激活。蛋白质在胃中主要分解为多肽及少量的氨基酸。胃蛋白酶对乳液中的酪蛋白有凝乳作用，有利于乳液凝块在胃中停留较长时间，便于充分消化。

(二)小肠中的消化

蛋白质在胃中停留的时间较短，消化很不完全。在小肠中，蛋白质的消化产物及未被消化的蛋白质再受胰液及肠黏膜细胞分泌的多种蛋白酶及肽酶的共同作用，进一步水解成为氨基酸。因此小肠是蛋白质消化的主要部位，依靠胰酶来完成。胰腺细胞最初分泌出来的各种蛋白酶和肽酶均以无活性的酶原形式存在，分泌到十二指肠后迅速被肠激酶激活。

蛋白质经胃液和胰液中各种酶的水解，所得到的产物中仅 1/3 为氨基酸，其余 2/3 为寡肽。小肠黏膜细胞的刷状缘及胞液中存在着一些寡肽酶，催化寡肽最终生成氨基酸。

由于各种蛋白水解酶对肽键作用的专一性不同，通过它们的协同作用，蛋白质消化的效率很高。一般正常成人，食物蛋白的 95%可被完全水解。但是，一些纤维状蛋白质只能部分被水解。

(三)氨基酸的吸收

氨基酸的吸收主要在小肠中进行。其吸收机制尚未完全阐明，一般认为它主要是一个耗能的主动吸收过程。

1. 转运氨基酸的载体蛋白　存在于肠黏膜细胞膜上，能与氨基酸及 Na^+ 形成三联体，将氨基酸及 Na^+ 转运入细胞，Na^+ 则通过钠泵排出体外，并消耗 ATP。

2. 肽的吸收　肠黏膜细胞上还存在着吸收二肽或三肽的转运体系，也是一个耗能的主动吸收过程。不同的二肽的吸收也具有相互竞争作用。

第二节　氨基酸的一般代谢

食物蛋白质经消化而被吸收的氨基酸(外源性氨基酸)与体内组织蛋白质降解产生的氨基酸(内源性氨基酸)混在一起,分布于体内各处,参与代谢,称为氨基酸代谢库。氨基酸不能自由通过细胞膜,所以在体内各组织的分布是不均匀的。肌肉中氨基酸占总代谢库的50%以上,肝约占10%,肾约占4%,血浆占1%~6%。消化吸收的大多数氨基酸,如丙氨酸、芳香族氨基酸等主要在肝中分解,支链氨基酸的分解代谢主要在骨骼肌中进行。血浆氨基酸是体内各组织之间转运的主要形式。虽然人血浆中的氨基酸浓度不高,但更新速度却很迅速,表明一些组织器官不断向血浆释放和摄取氨基酸。肌肉和肝脏在维持血浆氨基酸浓度的相对稳定中起着重要作用。

体内氨基酸的主要功能是合成蛋白质和多肽。此外,也可以转变成其他含氮物质。正常人尿中排出的氨基酸很少。各种氨基酸具有共同的结构特点,故它们有共同的代谢途径,但不同的氨基酸由于结构的差异,在代谢上也有差异。图8-1是氨基酸的代谢概况。

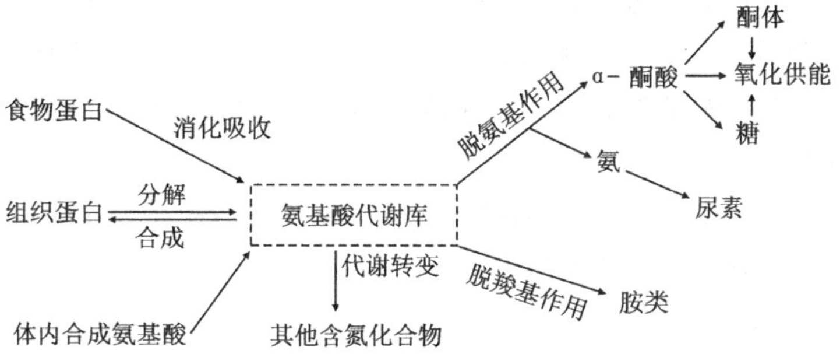

图8-1　氨基酸代谢概况

一、氨基酸的脱氨作用

氨基酸分解代谢的最主要方式是脱氨基作用,这种作用在体内大多数组织中都可以进行。氨基酸可以通过多种方式脱去氨基,如氧化脱氨基、转氨基、联合脱氨基及非氧化脱氨基等,以联合脱氨基最重要。

(一)转氨基作用

氨基酸在转氨酶催化下,可逆地把氨基酸的氨基转移给α-酮酸,而生成了对应的α-酮酸;原有α-酮酸接受氨基后转变成氨基酸,此反应称为转氨基作用(图8-2)。

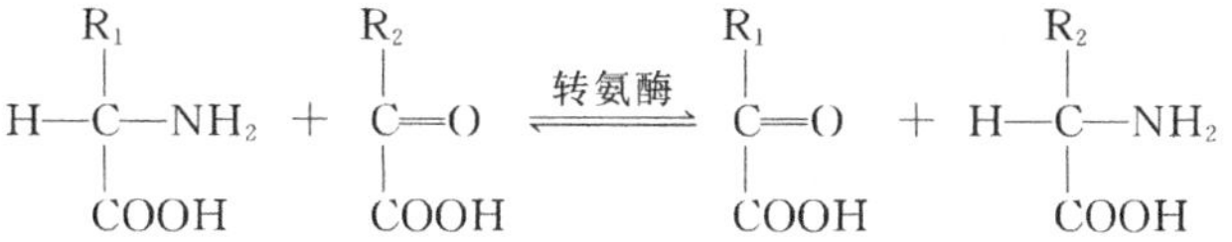

图8-2　转氨基作用

上述反应平衡常数近于1,因此,转氨基作用既是氨基酸的分解代谢途径,也是体内某些氨基酸合成的途径。反应的实际方向取决于四种反应物的相对浓度。

体内大多数氨基酸可以参与转氨基作用，但赖氨酸、脯氨酸及羟脯氨酸例外。除了 α-氨基外，氨基酸侧链末端的氨基，也可以通过这种方式脱氨基。

体内存在着多种转氨酶。不同氨基酸与 α-酮酸之间的转氨基作用只能由专一的转氨酶催化。在各种转氨酶中，以 L-谷氨酸与 α-酮酸的转氨酶最重要。如谷丙转氨酶(GPT、ALT)和谷草转氨酶(GOT、AST)。它们广泛存在各组织中，但含量和活性不等(表 8-1)。

表 8-1　正常人各组织中的 ALT 和 AST 活性

组织	GOT (U/g 湿组织)	GPT (U/g 湿组织)	组织	GOT (U/g 湿组织)	GPT (U/g 湿组织)
心	156 000	7 100	胰腺	28 000	2 000
肝	142 000	44 000	脾	14 000	1 200
骨骼肌	99 000	4 800	肺	10 000	700
肾	91 000	19 000	血清	20	16

血清中 ALT 和 AST 活性较低，各组织器官中以肝和心的活性最高。当某些原因使细胞膜通透性增高或破裂时，转氨酶可大量释放入血，造成血清中转氨酶活性明显升高。如急性肝炎患者血清 ALT 显著升高；心肌梗死患者血清中 AST 活性明显升高。临床上可以作为疾病诊断和预后的参考指标。

转氨酶的辅酶是维生素 B_6 的磷酸酯，即磷酸吡哆醛。在转氨基过程中，通过磷酸吡哆醛和磷酸吡哆胺的互相转变而完成氨基的转移。

(二)氧化脱氨基作用

肝、肾、脑等组织中广泛存在着 L-谷氨酸脱氢酶，此酶活性较强，是一种不需氧脱氢酶，催化 L-谷氨酸氧化脱氨生成 α-酮戊二酸，辅酶是 NAD^+ 或 $NADP^+$(图 8-3)。

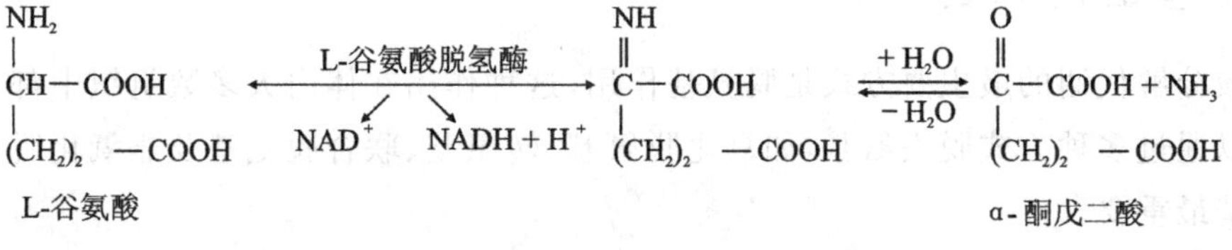

图 8-3　L-谷氨酸氧化脱氨基作用

以上反应可逆。一般情况下，反应偏向于谷氨酸的合成，但是当谷氨酸浓度高而 NH_3 浓度低时，则有利于 α-酮戊二酸的生成。

(三)联合脱氨基作用

氨基酸首先与 α-酮戊二酸在转氨酶作用下生成相应的 α-酮酸和谷氨酸，然后在经 L-谷氨酸脱氢酶作用，脱去氨基而生成 α-酮戊二酸，后者再继续参加转氨基作用。联合脱氨基作用的全过程是可逆的，因此这一过程也是体内合成非必需氨基酸的主要途径(图 8-4)。

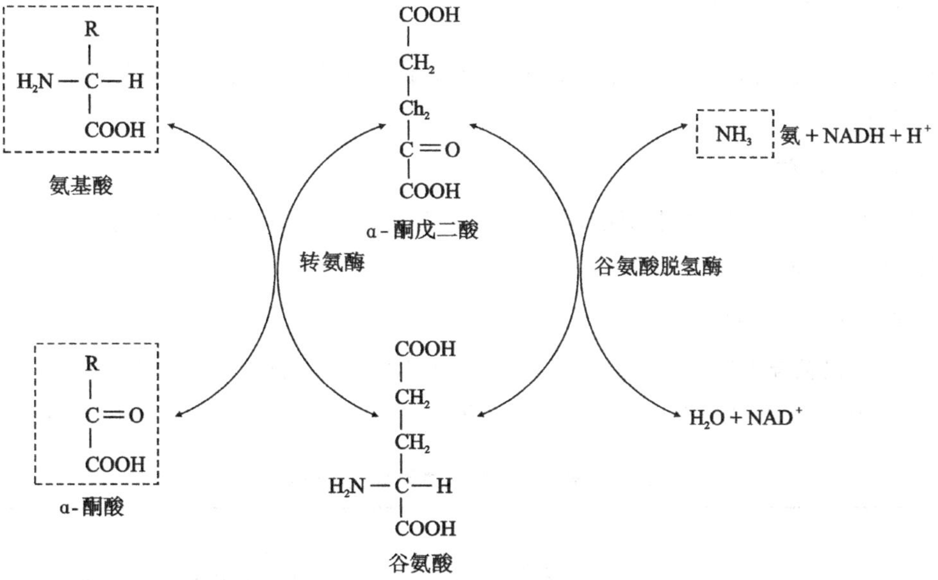

图 8-4　联合脱氨基作用

(四)嘌呤核苷酸循环

在肌肉组织中氨基酸的脱氨基作用虽不如肝、肾活跃,但肌肉总量多,所以其代谢量也较大,尤其是对缬氨酸、亮氨酸及异亮氨酸等支链氨基酸,因肌肉中支链氨基酸转氨酶的活性要比肝脏高得多,是支链氨基酸分解的重要场所。但是肌肉中的谷氨酸脱氢酶活性较低,进行联合脱氨基作用效率不高,在肌肉中主要是以嘌呤核苷酸循环的方式进行脱氨基。

氨基酸首先通过连续的转氨基作用,将氨基转移给草酰乙酸,生成天冬氨酸;天冬氨酸再与次黄嘌呤核苷酸(IMP)反应生成腺苷酸代琥珀酸,后者经过裂解,释放出延胡索酸并生成腺嘌呤核苷酸(AMP)。AMP 在活性较强的腺苷酸脱氨酶催化下脱去氨基生成 IMP,最终完成氨基酸的脱氨基作用,IMP 可以再参加循环(图 8-5)。

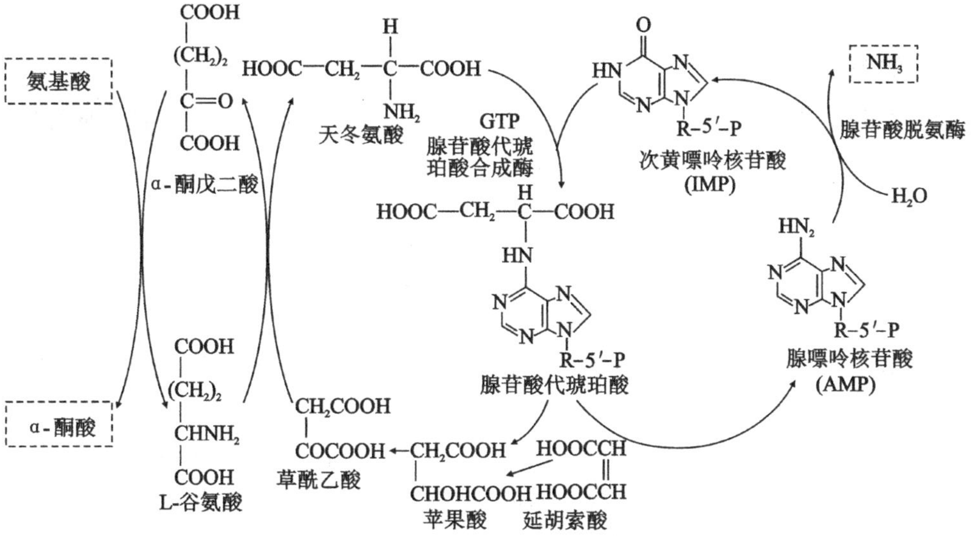

图 8-5　嘌呤核苷酸循环

二、α-酮酸的代谢

多种氨基酸经过脱氨基作用，除产生氨外，还生成相应的 α-酮酸，α-酮酸的代谢途径主要有下面几个方面。

(一)合成氨基酸

α-酮戊二酸可在 L-谷氨酸脱氢酶催化下，沿氧化脱氨基的逆途径生成谷氨酸，多种 α-酮酸通过转氨基作用生成不同的氨基酸。

(二)转变成糖或脂肪

α-酮酸可以沿糖异生途径生成葡萄糖，也可作为碳源生成脂肪。在体内可以转变成糖的氨基酸称为生糖氨基酸，能转变成酮体者称为生酮氨基酸。两者兼有称为生糖兼生酮氨基酸(表 8-2)。

表 8-2　氨基酸生糖及生酮性质的分类

类别	氨基酸
生糖氨基酸	甘氨酸、丝氨酸、缬氨酸、精氨酸、半胱氨酸、脯氨酸、羟脯氨酸、丙氨酸、谷氨酸、谷氨酰胺、天冬氨酸、天冬氨酰、甲硫氨酸
生酮氨基酸	亮氨酸、赖氨酸
生糖兼生酮氨基酸	异亮氨酸、苯丙氨酸、酪氨酸、苏氨酸、色氨酸

(三)氧化供能

不同的 α-酮酸在体内可以通过三羧酸循环与氧化磷酸化彻底氧化，产生 CO_2 和水，并释放出能量供生理活动需要。

三、氨的代谢

机体代谢产生的氨，以及消化道吸收来的氨进入血液，形成血氨，氨具有毒性，脑组织对氨的作用特别敏感。体内的氨主要在肝脏合成尿素进行解毒。因此，除门静脉血液外，体内血液中氨的浓度很低。

(一)氨的来源

1. 氨基酸脱氨基产生的氨　是体内氨的主要来源，还有胺的氧化、嘧啶核苷酸分解也可以产生氨(图 8-6)。

$$RCH_2NH_2 \xrightarrow{\text{胺氧化酶}} RCHO + NH_3$$

图 8-6　胺的分解

2. 肠道吸收的氨　肠道吸收氨有两个来源，即未消化的食物蛋白受肠道细菌作用(腐败作用)产生的氨和血尿素经肠道细菌尿素酶的水解产生氨。肠道产氨的量较大，每日约 4 g。碱性环境下，NH_4^+ 偏向于转变成 NH_3，NH_3 比 NH_4^+ 易于穿过细胞膜而被吸收，因此，肠道 pH 值偏碱时，氨的吸收加强，所以临床上对高血氨的病人是禁用碱性水灌肠的。

3. 肾产生的氨　肾小管上皮细胞分泌的氨主要来自谷氨酰胺。谷氨酰胺在谷氨酰胺酶催化下水解生成谷氨酸和 NH_3，这部分氨分泌到肾小管腔中主要与尿中的 H^+ 结合成 NH_4^+，以铵盐的形式由尿排出体外，这对调节机体的酸碱平衡有很重要的作用。

(二)氨的转运

氨是有毒物质，各组织中产生的氨以无毒的形式运输至肝合成尿素或肾以铵盐的形式随尿排出体外。主要通过如下 2 种方式。

1. 丙氨酸-葡萄糖循环　肌肉中氨基酸经转氨基作用将氨基转给丙酮酸生成丙氨酸，丙氨酸经血液运输至肝。在肝中，丙氨酸通过联合脱氨基作用，释放出氨，用于合成尿素。转氨基后生成的丙酮酸可经糖异生途径生成葡萄糖。葡萄糖随血液输送到肌肉组织，沿糖分解代谢途径转变成丙酮酸，后者再接受氨基而生成丙氨酸。丙氨酸和葡萄糖反复地在肌和肝之间进行氨的转运，故将这一途径称为丙氨酸-葡萄糖循环(图 8-7)。

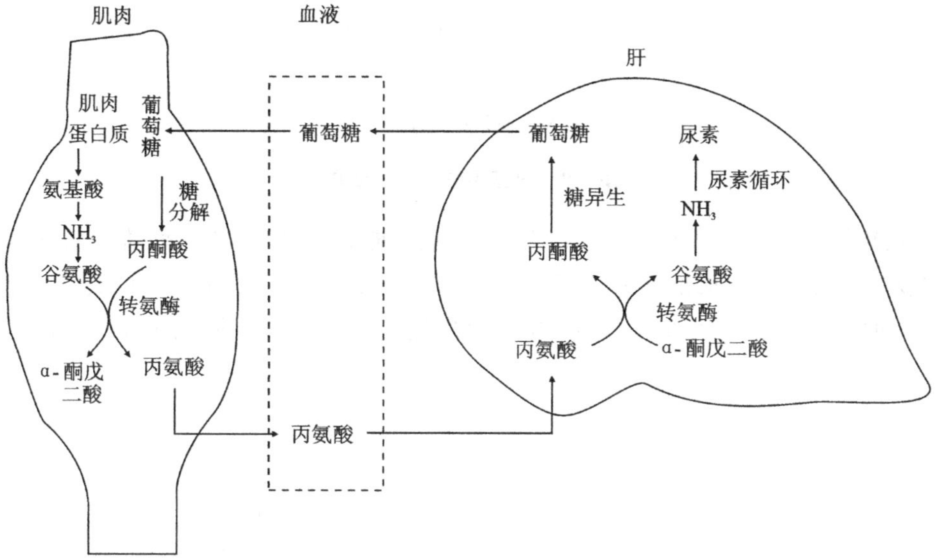

图 8-7　丙氨酸-葡萄糖循环

2. 谷氨酰胺的运氨作用　谷氨酰胺是另一种无毒运氨的形式，它主要从脑、肌肉等组织向肝或肾运氨。氨和谷氨酸在谷氨酰胺合成酶的催化下生成谷氨酰胺，并由血运输至肝或肾，再经谷氨酰胺酶催化水解成谷氨酸和氨(图 8-8)。

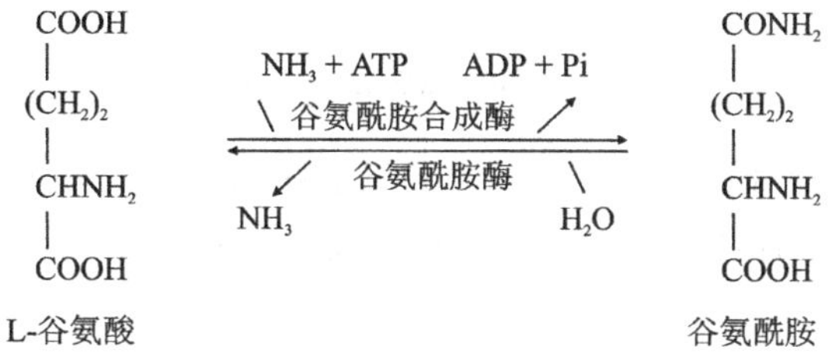

图 8-8　谷氨酰胺的运氨作用

(三)尿素的生成

氨在体内的最主要去路是在肝内生成无毒的尿素,然后由肾排出。肝几乎是唯一能合成尿素的器官。尿素是通过鸟氨酸循环合成的。鸟氨酸循环分为以下4步。

1. **氨基甲酰磷酸的合成** 氨与CO_2在肝细胞线粒体的氨基甲酰磷酸合成酶Ⅰ催化下,合成氨基甲酰磷酸(图8-9)。

$$CO_2 + NH_3 + H_2O + 2ATP \xrightarrow[\text{N-乙酰谷氨酸,} Mg^{2+}]{\text{氨基甲酰磷酸合成酶 Ⅰ}} H_2N-\overset{\overset{O}{\|}}{C}-O \sim PO_3^{2-} + 2ADP + Pi$$

氨基甲酰磷酸

$$\begin{array}{c} COOH \\ | \\ CH_3C-NH-CH \\ \overset{|}{O} \quad\quad (CH_2)_2 \\ | \\ COOH \end{array}$$

N-乙酰谷氨酸(AGA)

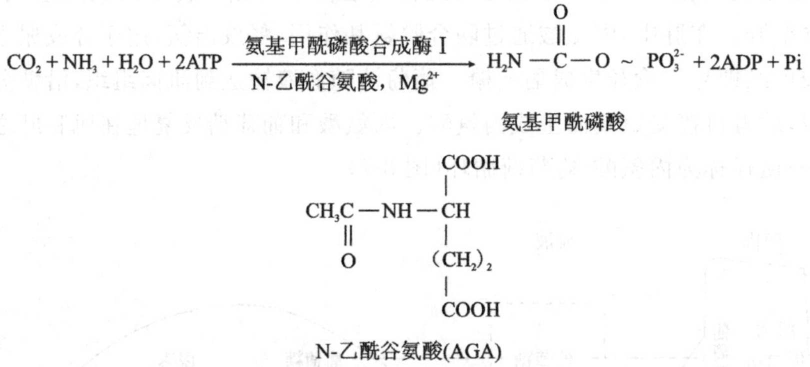

图 8-9　氨基甲酰磷酸的合成

2. **瓜氨酸的合成** 在鸟氨酸氨甲酰基转移酶的催化下,将氨基甲酰磷酸的氨基甲酰基转移至鸟氨酸的ε-N上生成瓜氨酸,此反应也在肝线粒体中进行。所需的鸟氨酸由胞液经线粒体内膜上的载体转运进入线粒体内,合成的瓜氨酸,又由线粒体内膜的载体转运至胞液(图8-10)。

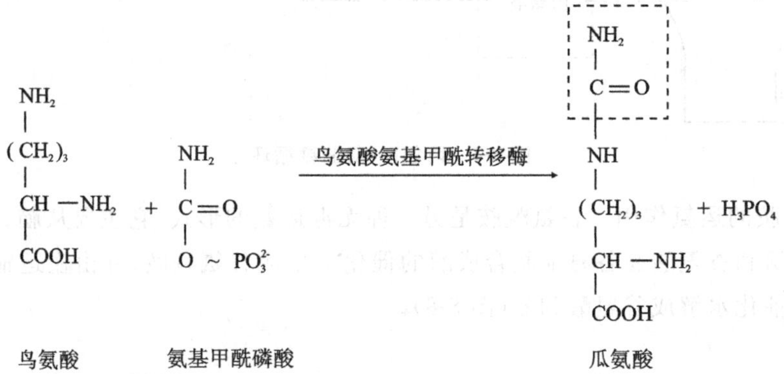

图 8-10　瓜氨酸的合成

3. **精氨酸的合成** 在胞液内,瓜氨酸与天冬氨酸在精氨酸代琥珀酸合成酶催化下,由ATP供能合成精氨酸代琥珀酸,后者在精氨酸代琥珀酸裂解酶催化下,分解成为精氨酸和延胡索酸(图8-11)。

4. **精氨酸水解生成尿素** 精氨酸在胞液中精氨酸酶的作用下,水解生成尿素和鸟氨酸,鸟氨酸再进入线粒体参与瓜氨酸的合成,如此反复循环,尿素不断合成(图8-12、图8-13)。

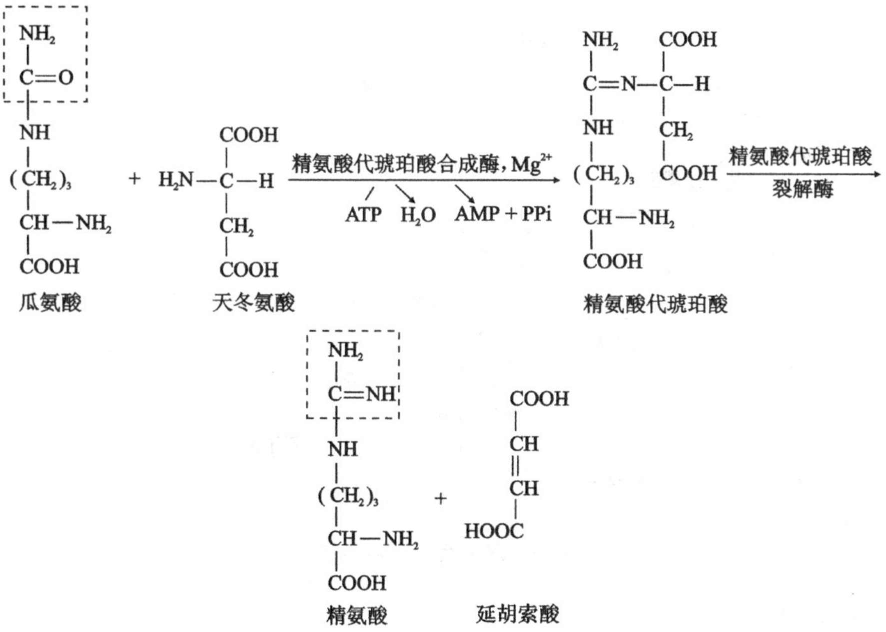

图 8-11　精氨酸的合成

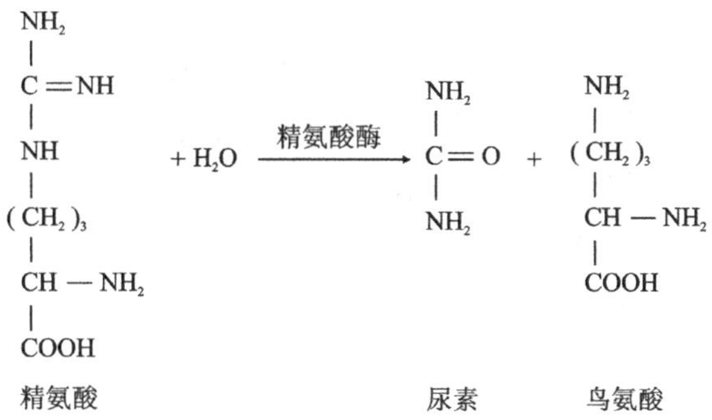

图 8-12　精氨酸的水解

第三节　个别氨基酸代谢

氨基酸除了一般代谢外，有些氨基酸还有特殊代谢途径，生成一些具有生理活性的物质，发挥重要的生理意义。

一、氨基酸的脱羧基作用

催化氨基酸进行脱羧基作用的酶是氨基酸脱羧酶，辅酶是磷酸吡哆醛，氨基酸脱羧的产物是胺和 CO_2。胺的生成量虽小，但它们具有重要的生理功能。胺的转化是在胺氧化酶的催化下氧化成 NH_3 和醛，NH_3 合成尿素排出体外，醛继续氧化成羧酸，再彻底分解。

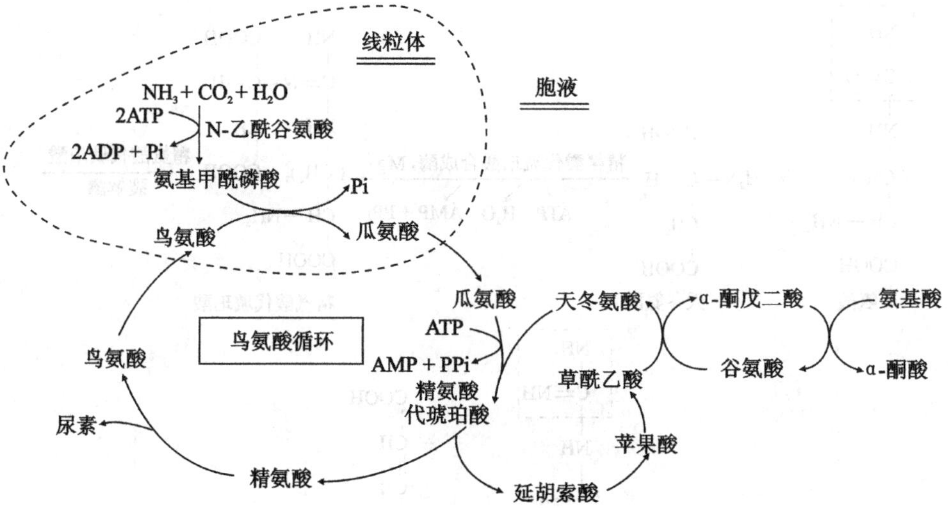

图 8-13　尿素生成的中间步骤

(一)γ-氨基丁酸

谷氨酸脱羧酶催化谷氨酸脱羧基生成 γ-氨基丁酸,该酶在脑、肾组织中活性很高。γ-氨基丁酸是抑制性神经递质,对中枢有抑制作用(图 8-14)。

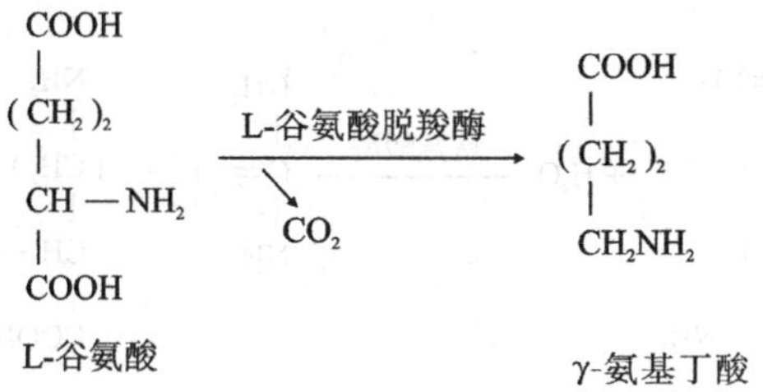

图 8-14　L-谷氨酸脱羧基作用

(二)5-羟色胺

色氨酸在色氨酸羟化酶催化下生成 5-羟色氨酸,后再在 5-羟色氨酸脱羧酶催化下生成 5-羟色胺。5-羟色胺广泛分布于体内各组织,以神经组织居多。在脑内作为神经递质,具有抑制作用,在外周组织,如胃肠、乳腺等处,具有收缩血管作用(图 8-15)。

(三)组胺

组氨酸脱羧酶催化组氨酸生成组胺。组胺分布广泛,乳腺、肺、肝、肌肉、胃黏膜等处的肥大细胞中含量较高,能增加毛细血管的通透性,是一种强烈的血管舒张剂,使血压下降,严重时可导致休克,还能刺激胃酸的分泌(图 8-16)。

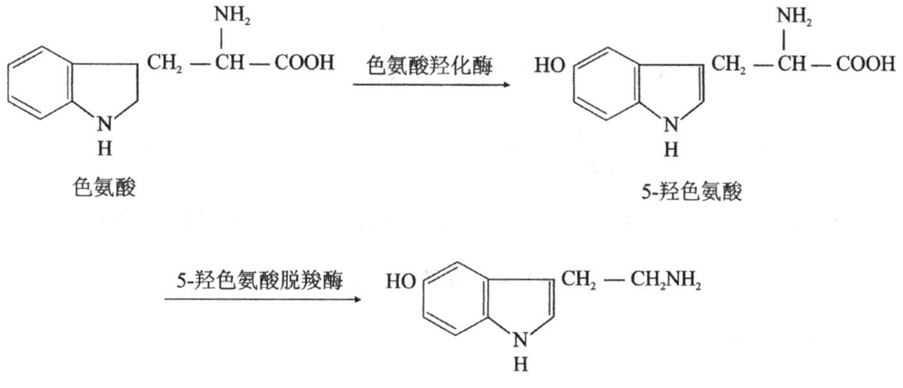

图 8-15 5-羟色胺的生成

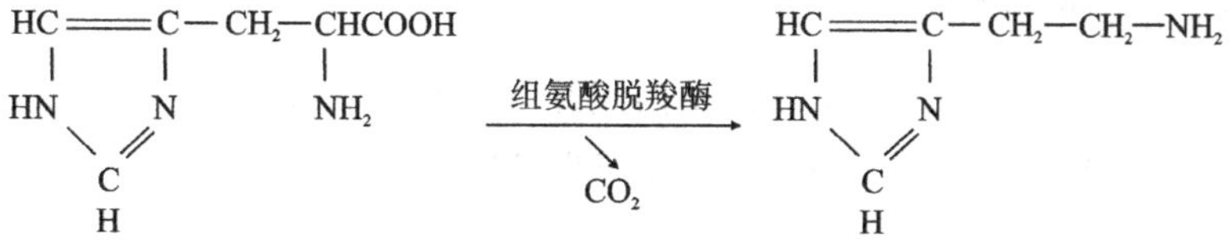

图 8-16 组胺的生成

(四)牛磺酸

牛磺酸是由半胱氨酸先氧化成磺酸丙氨酸,再脱去羧基生成的。牛磺酸是结合胆汁酸的组成成分(图 8-17)。

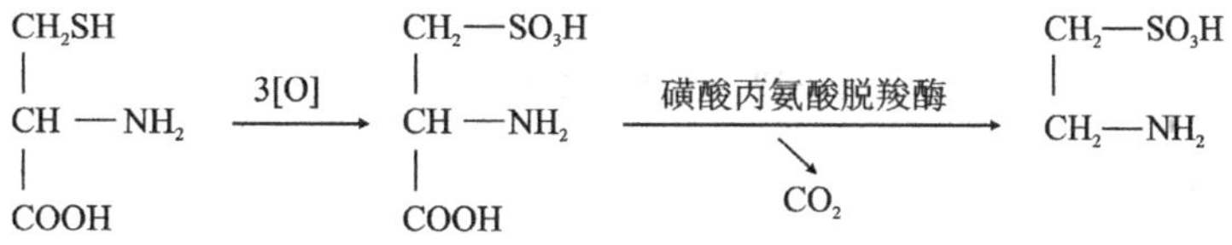

图 8-17 牛磺酸的生成

(五)多胺

鸟氨酸与甲硫氨酸脱羧基生成多胺类化合物(图 8-18)。多胺包括腐胺、精脒、精胺,是调节细胞生长的重要物质。胚胎、再生肝、肿瘤等生长旺盛的组织中,合成多胺的限速酶鸟氨酸脱羧酶活性高,多胺的含量也高。目前,临床上把测定肿瘤病人血和尿中多胺的含量来作为辅助诊断和观察病情的指标之一。

$$L\text{-鸟氨酸} \xrightarrow[-CO_2]{\text{鸟氨酸脱羧酶}} N_2N-(CH_2)_4-NH_2(\text{腐胺})$$

$$S\text{-腺苷甲硫氨酸(SAM)} \xrightarrow[-CO_2]{\text{SAM 脱羧酶}} \text{腺苷}-\overset{CH_3}{\overset{|}{S}}-(CH_2)_3-NH_2(\text{脱羧基 SAM})$$

$$\text{腐胺}+\text{脱羧基 SAM} \xrightarrow[-\text{腺苷}-S-CH_3]{\text{丙胺转移酶}} H_2N-(CH_2)_4-NH-(CH_2)_3-NH_2(\text{精脒})$$

$$\text{精脒}+\text{脱羧基 SAM} \xrightarrow[-\text{腺苷}-S-CH_3]{\text{丙胺转移酶}} H_2N-(CH_2)_3-NH-(CH_2)_4-NH-(CH_2)_3-NH_2(\text{精胺})$$

图 8-18 多胺的生成

二、一碳单位的代谢

(一)一碳单位的概念及种类

某些氨基酸在体内分解代谢过程中产生的含有一个碳原子的活性基团,称为一碳单位。主要有甲基、亚甲基、次亚甲基、甲酰基及亚氨甲基等。

(二)一碳单位与四氢叶酸

一碳单位不能游离存在,其运输载体是四氢叶酸(FH_4),通常结合在 N^5,N^{10} 位上。四氢叶酸可以由叶酸在二氢叶酸还原酶的催化下,经两步反应生成(图 8-19)。

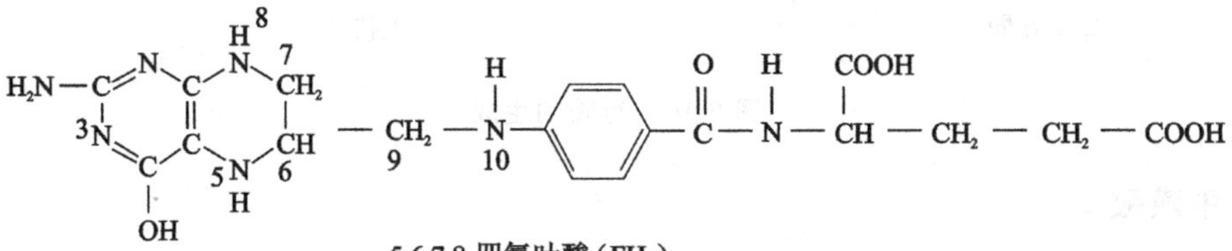

5,6,7,8-四氢叶酸(FH_4)

$$\text{叶酸} \xrightarrow[NADPH(H^+) \quad NADP^+]{\text{二氢叶酸还原酶}} \text{二氢叶酸} \xrightarrow[NADPH(H^+) \quad NADP^+]{\text{二氢叶酸还原酶}} \text{四氢叶酸}$$

图 8-19 一碳单位与四氢叶酸

(三)一碳单位的来源与互变

一碳单位主要来源于甘氨酸、丝氨酸、组氨酸及色氨酸的分解代谢。其主要特点如下:氨基酸不能直接分解生成 N^5-甲基四氢叶酸;一碳单位生成后,除甲基外,其他四种通过氧化还原反应互相可以转变,都可以转变成 N^5-甲基四氢叶酸,N^5-甲基四氢叶酸不能逆向生成其他一碳单位。N^5-甲基四氢叶酸在细胞内含量较高。各种一碳单位的来源及转变见图 8-20。

(四)一碳单位的生理功能

一碳单位作为细胞合成嘌呤核苷酸、嘧啶核苷酸的原料,参加核酸的合成,与细胞的增殖、组织的生长等密切相关。N^5-甲基四氢叶酸在体内的唯一去路是把甲基转移给同型半胱氨酸生成甲硫氨酸,进入甲硫氨酸循环,合成甲基化合物。一碳单位是氨基酸代谢与核酸代谢联系的枢纽。

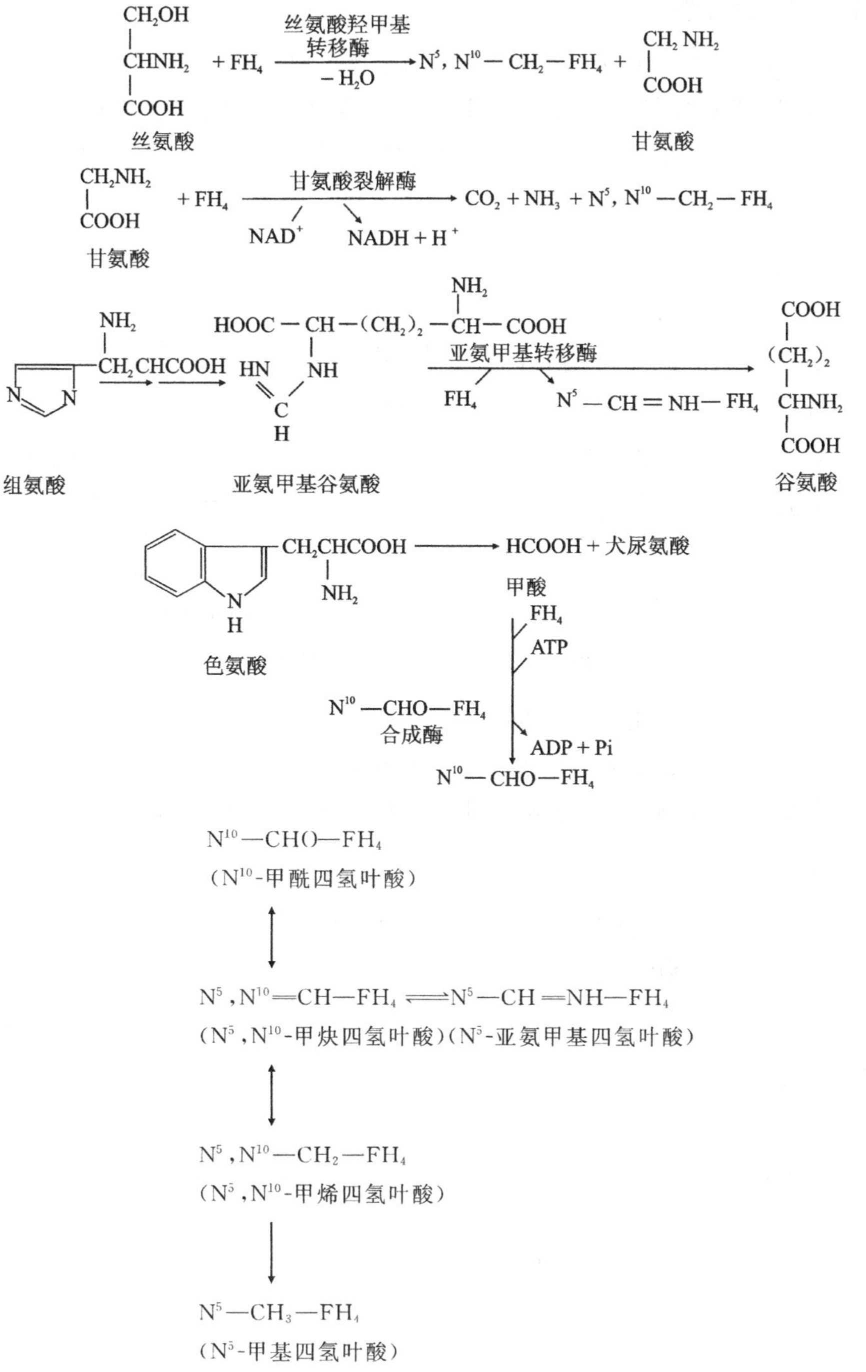

图 8-20 一碳单位的来源及相互转变

三、含硫氨基酸的代谢

体内含硫氨基酸有甲硫氨酸、半胱氨酸。甲硫氨酸可以转变为半胱氨酸，而半胱氨酸不能转变成甲硫氨酸。

(一)甲硫氨酸的代谢

1. 甲硫氨酸循环及生理意义　甲硫氨酸以衍生物S-腺苷甲硫氨酸的形式在细胞内发挥作用。甲硫氨酸在甲硫氨酸腺苷转移酶催化下接受ATP提供的腺苷生成S-腺苷甲硫氨酸(SAM)的过程,称为甲硫氨酸的活化。SAM称为活性甲硫氨酸。SAM中的甲基称为活性甲基(图8-21)。

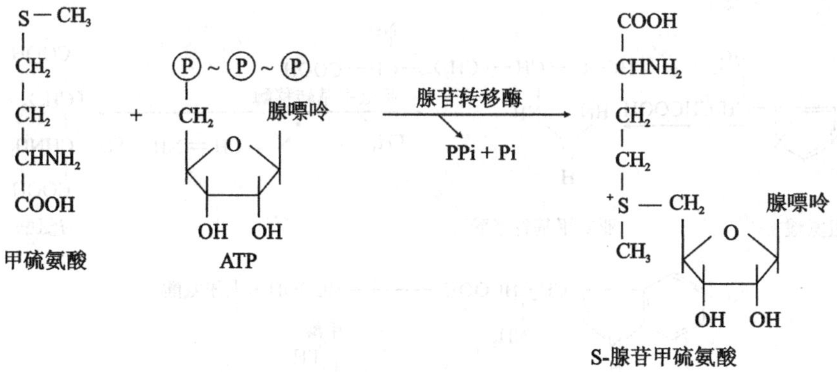

图8-21　S-腺苷甲硫氨酸的生成

SAM在甲基转移酶的催化下,将甲基转移给另一化合物(RH),使其甲基化(RCH_3),SAM则转变成为S-腺苷同型半胱氨酸,随后水解掉腺苷成为同型半胱氨酸,同型半胱氨酸再接受N^5-甲基四氢叶酸提供的甲基,重新生成甲硫氨酸,此过程称甲硫氨酸循环[图8-22(1)、图8-22(2)]。

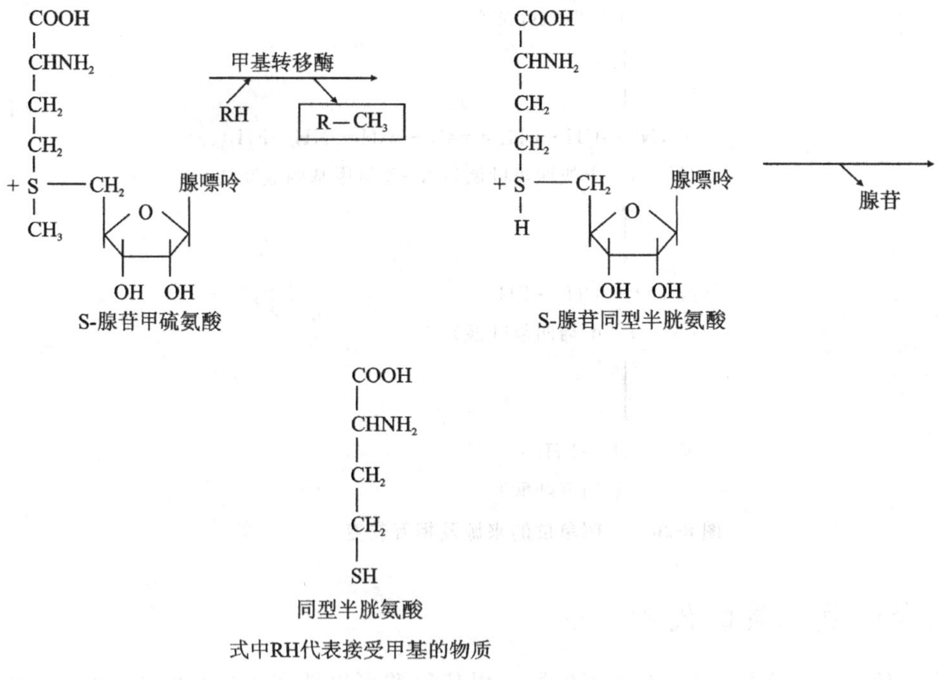

图8-22(1)　甲硫氨酸循环

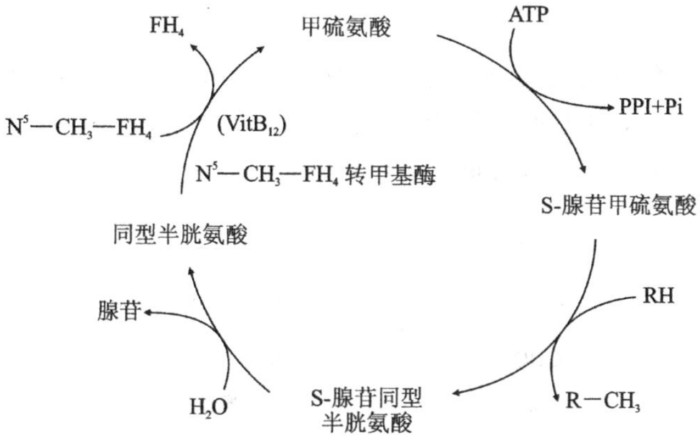

图 8-22(2)　甲硫氨酸循环

体内 DNA、RNA、胆碱、肾上腺素、肌酸、卡尼汀等约 50 多种物质的合成需要进行甲基化反应，通过甲硫氨酸循环生成的 SAM 为它们提供甲基，且是体内的主要的甲基供体。

2. 肌酸的合成　肌酸是肌肉组织中储存能量的重要化合物。肝脏是合成肌酸的主要器官，由甘氨酸接受精氨酸提供的脒基、S-腺苷甲硫氨酸提供的甲基而合成。肌酸在磷酸肌酸激酶催化下，转变为磷酸肌酸，并储存高能磷酸键。肌酸和磷酸肌酸在体内脱水生成肌酐，由尿排泄。正常成人 24 h 尿中的肌酐排泄量恒定。临床上测定 24 h 肌酐量可以作为肾功能的一个指标(图 8-23)。

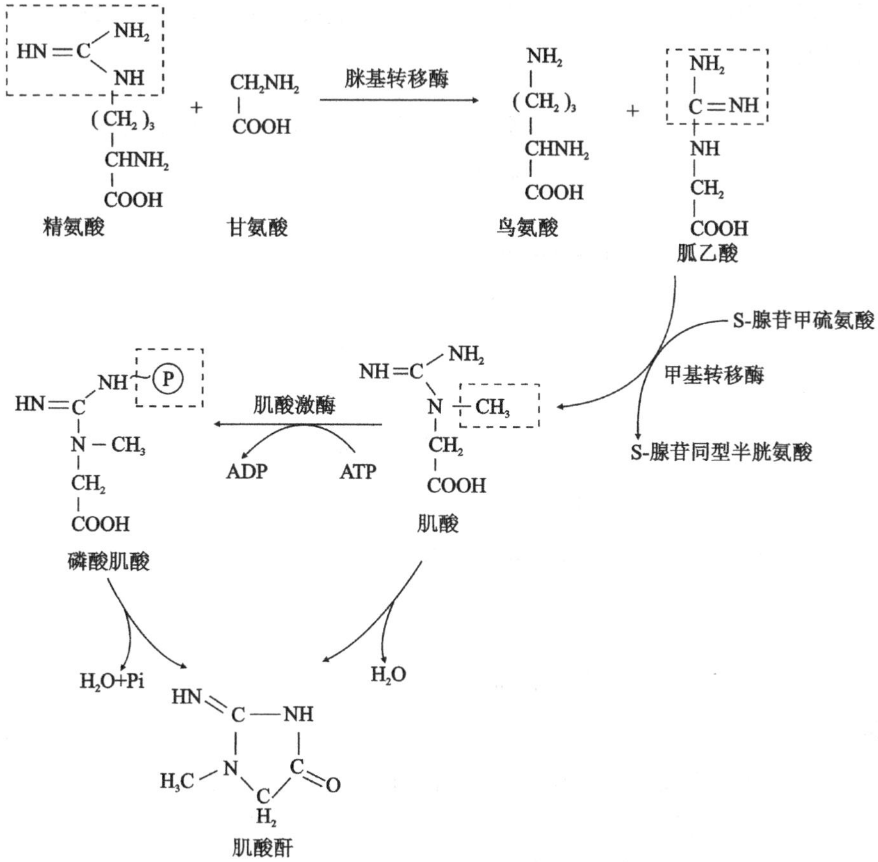

图 8-23　肌酸的代谢

(二)半胱氨酸的代谢

在体内有些半胱氨酸以胱氨酸的形式存在,胱氨酸是由2分子半胱氨酸结合形成。胱氨酸与半胱氨酸之间极易通过对巯基的加氢、脱氢反应互变。蛋白质分子中两个半胱氨酸残基之间形成的二硫键对维持其分子结构具有重要的作用(图 8-24)。

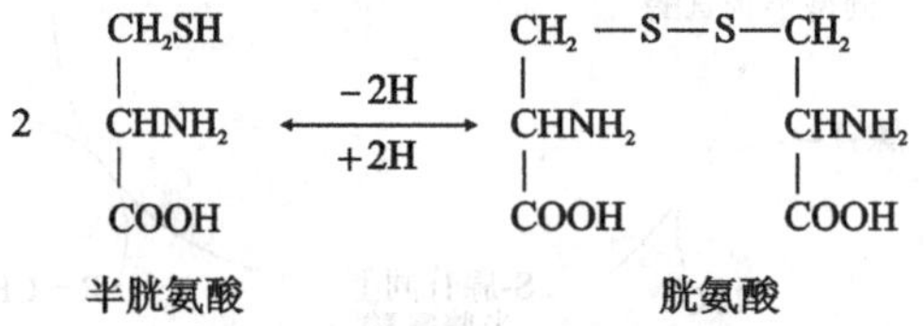

图 8-24 半胱氨酸的代谢

1. 谷胱苷肽的生成与作用 谷胱苷肽是谷氨酸、半胱氨酸和苷氨酸以肽键相连形成的三肽,有还原型(GSH)和氧化型(GSSG)两种,两者可以互变。在生理情况下,细胞内主要为GSH。GSH可以保护某些蛋白质及酶分子中巯基不被氧化,从而维持其生物学功能;在红细胞中可以与过氧化物及氧自由基反应,保护红细胞膜的完整性,可促使高铁血红蛋白转变为亚铁血红蛋白;在肝细胞内参与药物、毒物等非营养物质的生物转化作用。

2. 硫酸根的生成与作用 半胱氨酸分子有多种代谢途径,体内硫酸根主要来源于其他巯基代谢,半胱氨酸直接分解脱氨基、巯基,生成丙酮酸,NH_3、H_2S。H_2S 氧化生成硫酸根,一部分与ATP反应转变为活性硫酸根3′-磷酸腺苷-5′-磷酰硫酸(PAPS),一部分以无机盐的形式随尿排出(图 8-25)。

$$ATP + SO_4^{2-} \xrightarrow{-PPi} AMP—SO_4^- \xrightarrow{+ATP} 3'—PO_3H_2—AMP—SO_3^- + ADP$$

腺苷-5′-磷酸硫酸　　　　PAPS

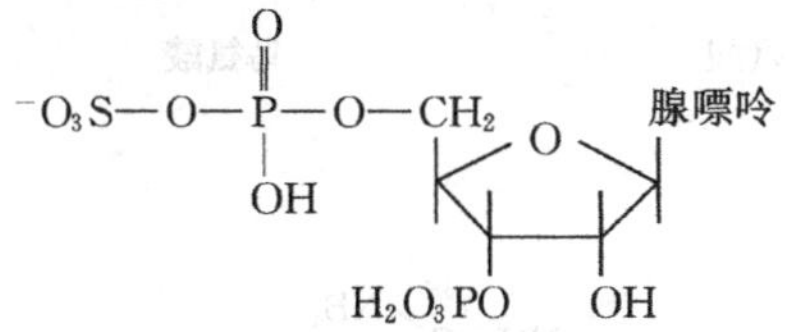

PAPS 的结构

图 8-25 PAPS 的生成

PAPS在肝细胞内可与某些物质形成硫酸酯,参与生物转化作用;可参与硫酸角质素、硫酸软骨素及硫酸皮肤素等分子中硫酸氨基糖的生成。

四、芳香族氨基酸的代谢

芳香族氨基酸包括色氨酸、苯丙氨酸和酪氨酸。

(一)色氨酸代谢

如前所述,色氨酸可生成5-羟色胺、一碳单位,还可分解产生丙酮酸和乙酰乙酰CoA,是一种生糖兼生酮氨基酸。此外,色氨酸分解还可产生尼克酸,然后转化为尼克酰胺参与合成NAD^+、$NADP^+$,这也是机体合成维生素的特例,但量少,无法满足机体需求。

(二)苯丙氨酸代谢

正常情况下，苯丙氨酸在苯丙氨酸羟化酶的催化下，羟化成酪氨酸，再进一步代谢，但酪氨酸不能转变为苯丙氨酸(图 8-26)。

若先天性缺乏苯丙氨酸羟化酶，使苯丙氨酸不能正常代谢，苯丙氨酸在体内蓄积，导致过量的苯丙氨酸经旁路转氨基生成苯丙酮酸。后者进而转变成苯乙酸、苯乳酸等衍生物，引起血及尿中苯丙酮酸、苯乙酸、苯乳酸等酸性代谢产物浓度升高，可毒害中枢神经系统，引起患儿智力发育障碍，临床上称为苯丙酮尿症(PKU)。

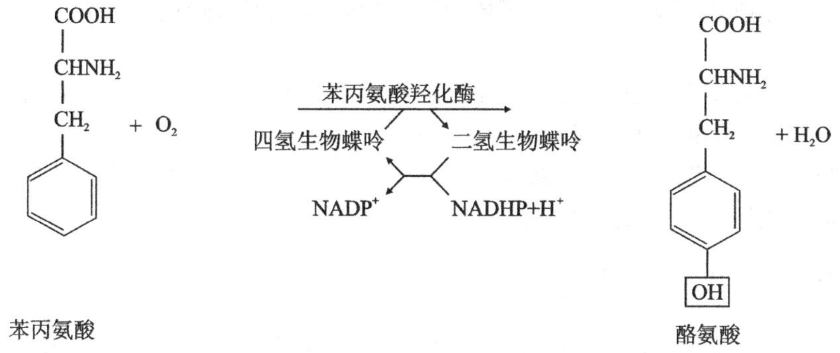

图 8-26　苯丙氨酸代谢

(三)酪氨酸代谢

1. 转变成儿茶酚胺　酪氨酸在酪氨酸羟化酶催化下，生成 3,4-二羟基苯丙氨酸，随后再在多巴脱羧酶的作用下转变成多巴胺。多巴胺是一种神经递质，若脑中缺乏可引起震颤性麻痹。在肾上腺髓质，多巴胺、去甲肾上腺素、肾上腺素统称为儿茶酚胺(图 8-27)。

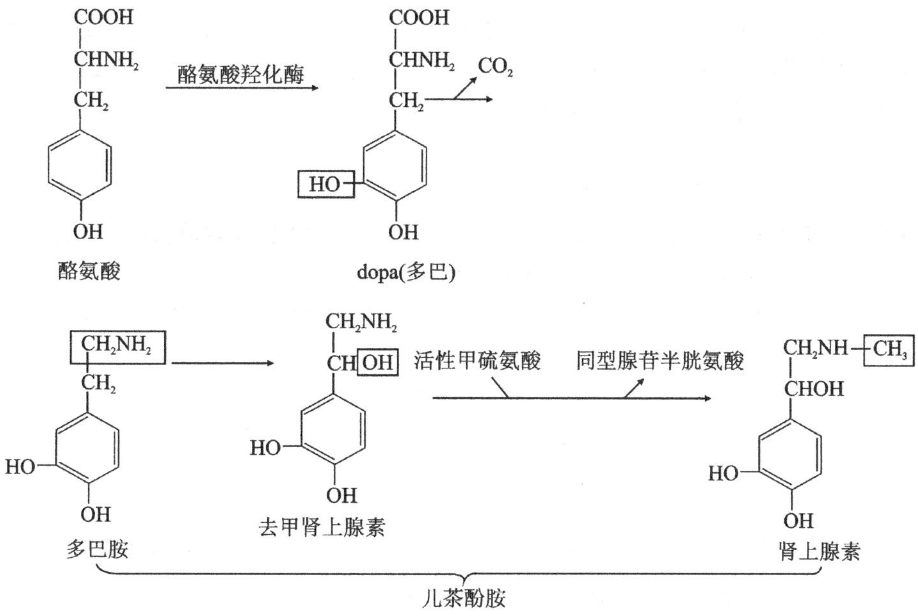

图 8-27　儿茶酚胺的生成

2. 合成黑色素　在黑素细胞内，酪氨酸酶催化酪氨酸羟化生成多巴，连续反应转变成吲哚-5,6-醌，吲哚醌的聚合物即是黑色素，若酪氨酸酶缺乏，则导致黑色素合成障碍，患者表现为皮肤及毛发等发白、畏光等，称为白化病。

3. 分解代谢　酪氨酸在转氨酶的催化下，生成对羟苯丙氨酸，再羟化生成尿黑酸，在尿黑酸氧化酶催化下，生成延胡索酸和乙酰乙酸，因此酪氨酸和苯丙氨酸是生糖兼生酮氨基酸。尿黑酸氧化酶遗传性缺陷可导致尿黑酸尿症，尿液颜色加深，疾病后期结缔组织形成广泛的色素沉着(褐黄病)、关节炎。此外，酪氨酸也是甲状腺素合成的前体。

第四节　氨基酸、糖与脂类代谢的联系

氨基酸、糖与脂肪尽管在代谢途径上各不相同，但它们可以通过共同的中间代谢产物及三羧酸循环和生物氧化等相互联系，其中乙酰 CoA、三羧酸循环是氨基酸、糖与脂肪代谢的重要枢纽。当其中某种物质代谢障碍时，也可引起其他物质代谢紊乱。如糖尿病糖代谢障碍时，可引起脂类、氨基酸代谢甚至水盐代谢紊乱。

一、糖与脂类代谢的联系

当摄入的糖超过机体的能量消耗时，除一部分以糖原的形式储存在肝脏和肌肉外，其余的氧化生成的柠檬酸和 ATP，可变构激活乙酰 CoA 羧化酶，使由糖分解而来的乙酰 CoA 羧化成丙二酸单酰 CoA，进而合成脂肪酸及脂肪储存在脂肪组织中。此外，糖代谢的某些中间产物还是磷脂、胆固醇合成的原料。

然而，绝大部分脂肪成分不能转变成糖，这是因为丙酮酸脱氢酶催化的反应是不可逆反应，当脂肪酸分解成乙酰 CoA 后，其无法转变成丙酮酸。脂肪分解代谢的产物之一甘油可以在肝、肾及肠等组织中经甘油激酶活化为磷酸甘油，进而异生成糖，这只是机体处于饥饿状态下的葡萄糖的来源之一。

此外，脂肪分解代谢的强度有赖于糖代谢的正常进行。当饥饿、糖供应不足或糖代谢障碍时，脂肪大量动员，脂肪酸进入肝细胞氧化生成的酮体的量增加，超过肝外组织利用酮体的能力，导致血中酮体含量超过正常，甚至出现尿酮症状。

二、糖与氨基酸代谢的联系

构成蛋白质的 20 种氨基酸，除了生酮氨基酸(赖氨酸、亮氨酸)外，都可通过脱氨基作用，生成对应的 α-酮酸，沿糖异生途径转变为糖。如甘氨酸、丙氨酸、半胱氨酸、丝氨酸、苏氨酸可代谢为丙酮酸；组氨酸、精氨酸、脯氨酸可转变成谷氨酸，然后形成 α-酮戊二酸、天冬酰胺，天冬氨酸转变成草酰乙酸，α-酮戊二酸经草酰乙酸转变成磷酸烯醇式丙酮酸，再异生成糖。

糖代谢的中间产物丙酮酸、α-酮戊二酸、草酰乙酸等可转变成丙氨酸、谷氨酸、谷氨酰胺、天冬酰胺及天冬氨酸等非必需氨基酸。但其中的氨基最终大部分还是来源于其他氨基酸。

三、脂类与氨基酸代谢的联系

无论是生糖氨基酸、生酮氨基酸或是生糖兼生酮氨基酸分解后均生成乙酰 CoA，后者经还原缩合反应可合成脂肪酸进而合成脂肪，即氨基酸可以转变成脂肪。乙酰 CoA 也是合成胆固醇的原料，此外，丝氨酸脱羧生成乙醇胺，经甲基化变为胆碱。丝氨酸、乙醇胺、胆碱是合成磷脂的原料。因此氨基酸可以转变成类脂。但是，一般来说，氨基酸转变为脂肪不是一个主导过程。

脂类不能转变为氨基酸。仅脂肪分解的中间产物甘油可通过糖异生途径转变为糖，然后再转变成某些非必需氨基酸(图 8-28)。

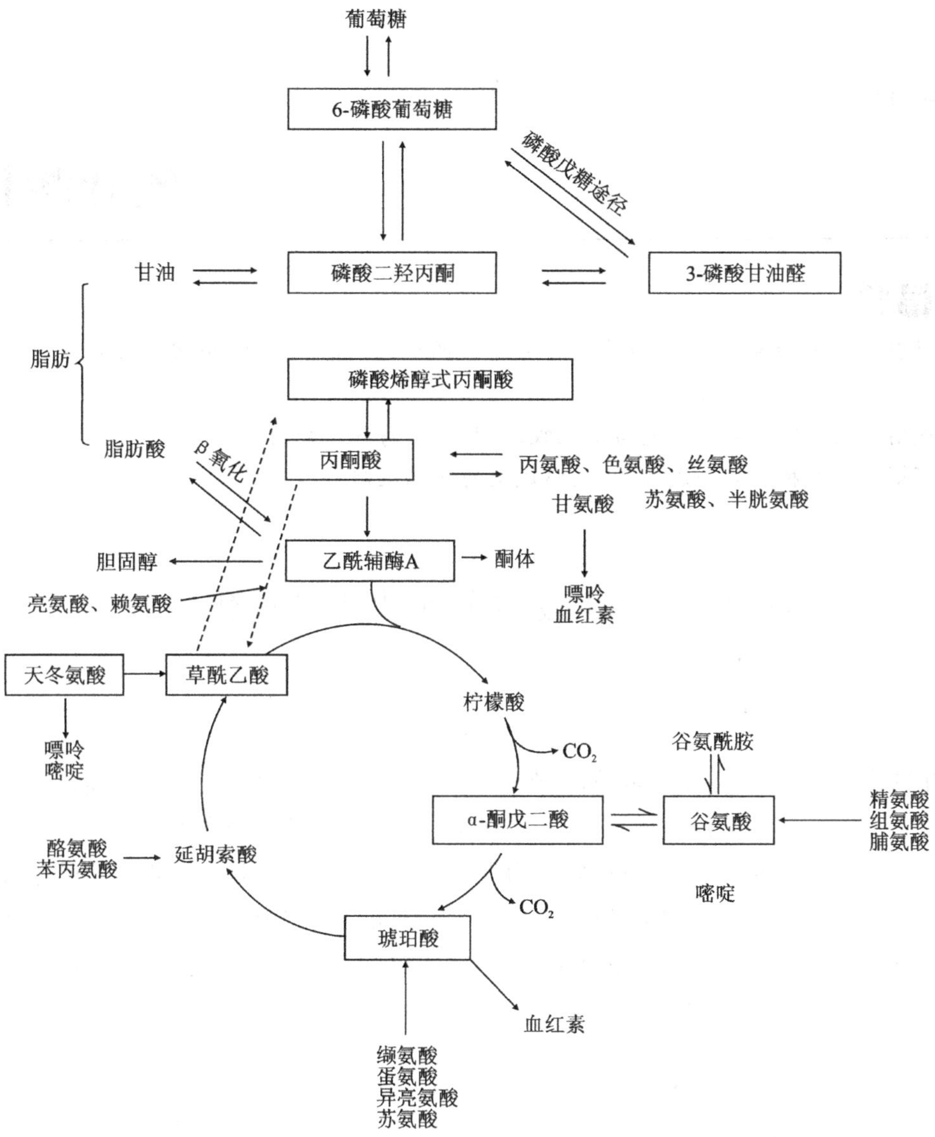

图 8-28　氨基酸、糖与脂类代谢的联系

思　考　题

1. 名词解释

   氮平衡　必需氨基酸　联合脱氨基作用　一碳单位　苯丙酮尿症

2. 简述丙氨酸-葡萄糖循环及其生理意义。
3. 简述氨的来源与去路。
4. 简述氨基酸的四种脱氨方式。
5. 说明高血氨症患者为何禁用碱性肥皂水灌肠。

(肖明贵)

第九章

核苷酸代谢

学习目标

1. 掌握 核苷酸从头合成和补救合成途径的概念、原料、嘌呤和嘧啶核苷酸分解代谢的产物。

2. 理解 核苷酸的生理功能与消化吸收、抗代谢药物及应用。

3. 了解 两种核苷酸合成的过程、痛风症的发病机制。

第一节 核苷酸的生理功能与消化吸收

一、生物学功能

核苷酸是核酸分子的基本组成单位，在体内分布广泛，具有多种生物学功能。三磷酸核苷酸是核酸生物合成的原料，这是核苷酸的主要功能。三磷酸核苷酸在能量代谢方面也起着重要的作用，体内能量的贮存和利用是以ATP为中心的。环化核苷酸是多种细胞膜受体激素作用的第二信使，对许多基本的生物学过程有调节作用。辅酶类核苷酸是构成结合酶的辅助因子成分，在生物氧化和物质代谢中起着重要作用。核苷酸还可作为多种活化中间代谢物的载体，如CDP-二酰基甘油是磷脂合成的活性原料。

二、核苷酸的消化吸收

食物中核酸多以核蛋白的形式存在，在胃酸的作用下，分解成核酸与蛋白质。核酸的消化是在小肠中进行的。首先由胰液中的核酸酶催化核酸水解成单核苷酸，然后肠道中的核苷酸酶催化单核苷酸水解成核苷和磷酸。核苷经核苷磷酸化酶催化分解成碱基和戊糖，可以在小肠上部吸收。分解的戊糖被吸收而参加体内的戊糖代谢，嘌呤碱与嘧啶碱则主要排出体外，即食物来源的含氮碱很少被机体利用。

第二节 核苷酸合成代谢

体内核苷酸主要由机体细胞自身合成，有两条合成途径。一条叫作从头合成途径，是细胞利用5-P-核糖、氨基酸、一碳单位和CO_2等简单物质，经过一系列酶促反应，合成核苷酸的过程。另一条叫补救合成途径，是指细胞利用体内现成的碱基，经过比较简单的反应过程，合成核苷酸的过程。在不同的组织合成途径不相同，多数组织以从头合成途径为主。体内的脱氧核糖核苷酸是由核糖核苷酸还原而来。

一、嘌呤核苷酸的合成

(一)从头合成途径

1. 合成原料　嘌呤核苷酸的合成主要在肝和小肠黏膜及胸腺组织的胞液中进行。合成的原料为 5-P-核糖、谷氨酰胺、甘氨酸、天冬氨酸、一碳单位和 CO_2 等小分子物质(图 9-1)。

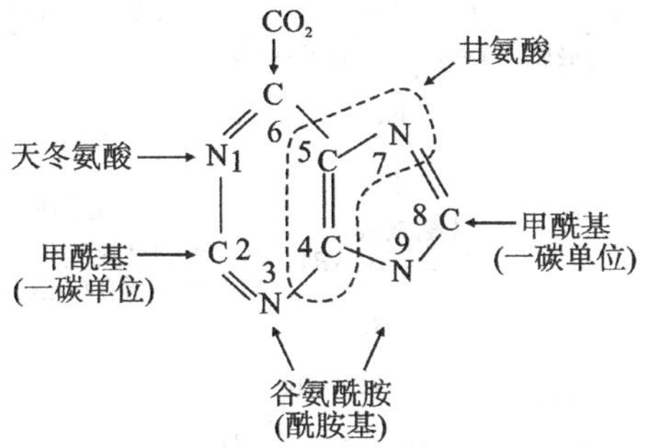

图 9-1　嘌呤碱合成的元素来源

2. 合成过程　嘌呤核苷酸合成的过程比较复杂，主要分为两个阶段：次黄嘌呤核苷酸的合成和腺嘌呤、鸟嘌呤核苷酸的合成阶段。

(1)磷酸核糖焦磷酸(PRPP)的生成　PRPP 是由 5-P-核糖与焦磷酸化合而成，是核糖磷酸部分的供体。

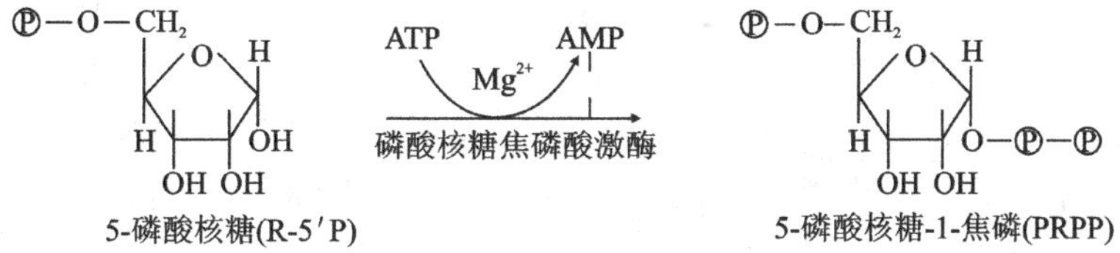

(2)次黄嘌呤核苷酸(IMP)的生成　PRPP 上 C_1'脱去焦磷酸，被谷氨酰胺的酰氨基取代，生成 5-磷酸核糖胺，再分别与甘氨酸、天冬氨酸、一碳单位、CO_2 等原料作用，经过十步酶促反应，生成 IMP(图 9-2)。

(3)由 IMP 合成 AMP、GMP　IMP 在酶的作用下由天冬氨酸提供氨基，消耗 GTP，生成腺苷酸代琥珀酸，继而裂解生成延胡索酸和腺苷酸 AMP。IMP 还可脱氢氧化成黄嘌呤核苷酸(XMP)，然后在鸟苷酸合成酶作用下，消耗 ATP，第二位碳原子接受谷氨酰胺提供的氨基生成鸟苷酸 GMP(图 9-3)。

上述反应提示，嘌呤核苷酸的合成是以 5-磷酸核糖为起始物，再与合成嘌呤环的原料逐步反应而生成的。

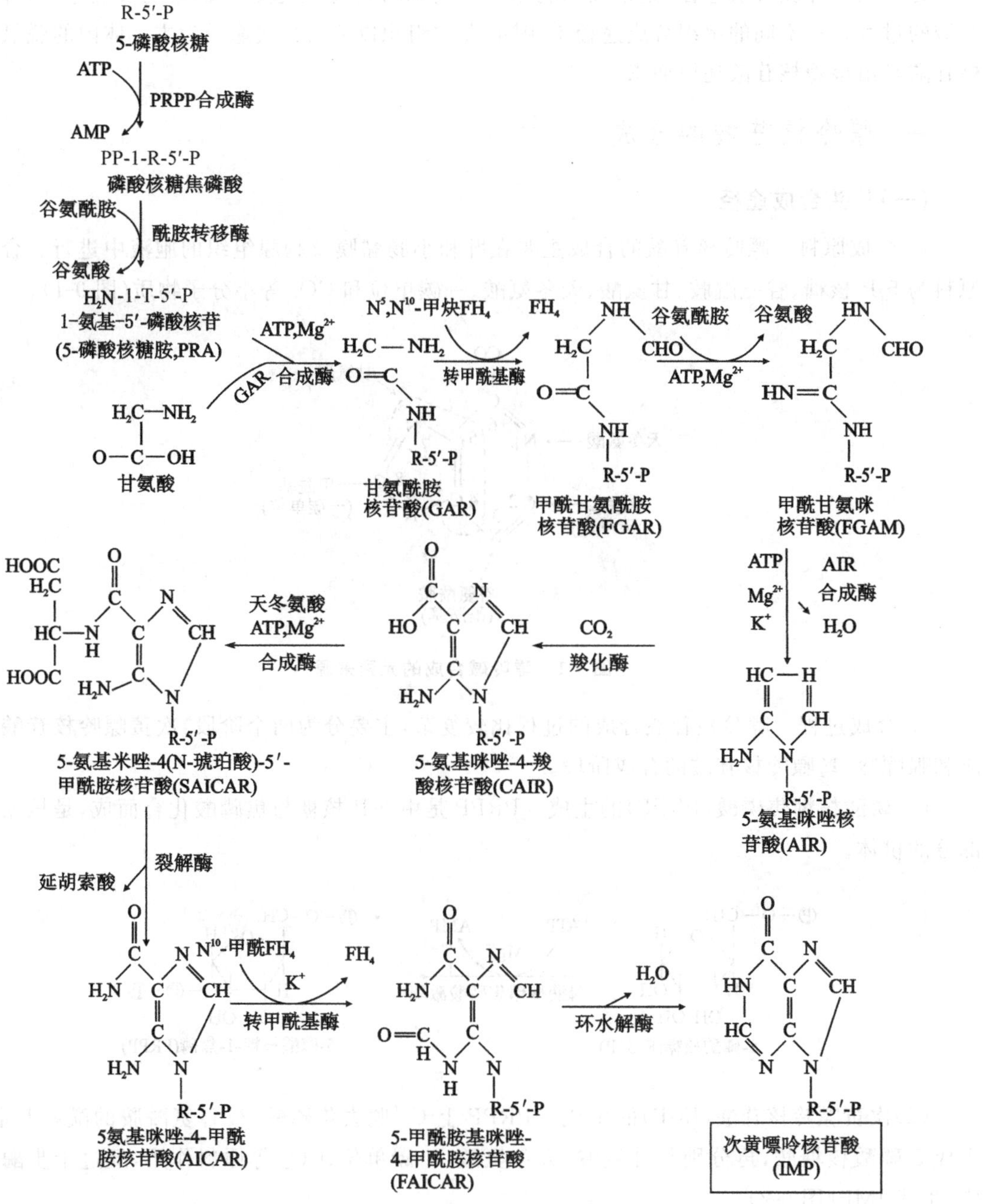

图 9-2　IMP 的合成过程

(二)补救合成途径

主要在脑、红细胞、骨髓等缺乏从头合成酶系的器官中进行的,直接利用现成的嘌呤碱或嘌呤核苷重新合成嘌呤核苷酸,其过程相对简单,能量消耗较少。参与的酶有腺嘌呤磷酸核糖转移酶(adenine phosphoribosyl transferase, APRT)和次黄嘌呤-鸟嘌呤磷酸核糖转移酶(hypoxanthine-guannine phosphoribosyl transferase, HGPRT)。由 PRPP 提供磷酸核糖。若先天性 HGPRT 缺乏可出现智力低下、自毁容貌症,又称 Lesch-Nyhan 症。

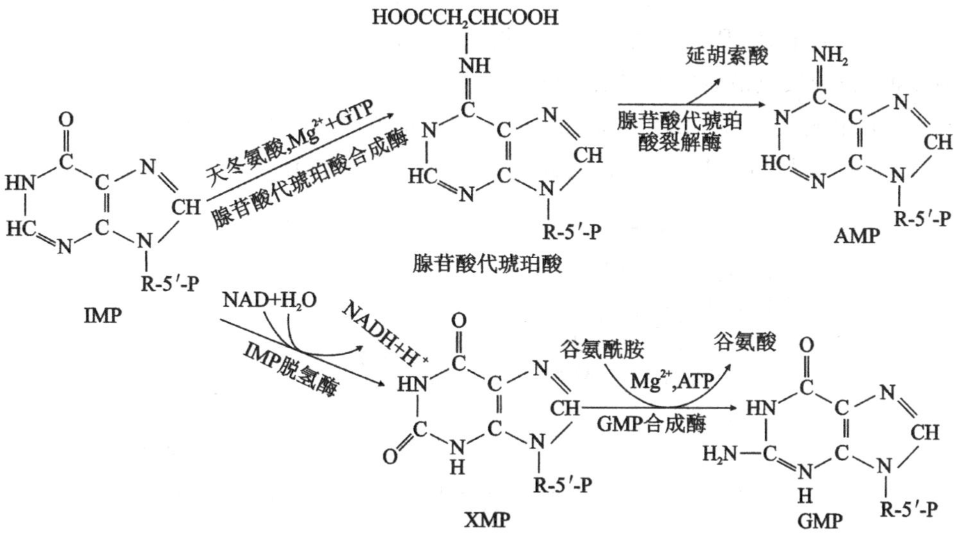

图 9-3　由 IMP 合成 AMP、GMP 的过程

$$腺嘌呤 + PRPP \xrightarrow{APRT} AMP + PPi$$

$$次黄嘌呤 + PRPP \xrightarrow{HGPRT} IMP + PPi$$

$$鸟嘌呤 + PRPP \xrightarrow{HGPRT} GMP + PPi$$

体内腺嘌呤核苷的重新利用依赖于腺苷激酶的催化，生成腺嘌呤核苷酸 AMP。

$$腺嘌呤核苷 \xrightarrow{ATP\ 腺苷激酶\ ADP} AMP$$

二、嘧啶核苷酸的合成

(一)从头合成途径

1. 合成原料　嘧啶核苷酸的合成主要在肝细胞胞液中进行。合成的原料有谷氨酰胺、CO_2、天冬氨酸和 5-P-核糖(图 9-4)。胸腺嘧啶核苷酸合成还需要一碳单位。

2. 合成过程　首先合成尿嘧啶核苷酸(UMP)，再由 UMP 转变成其他嘧啶核苷酸。

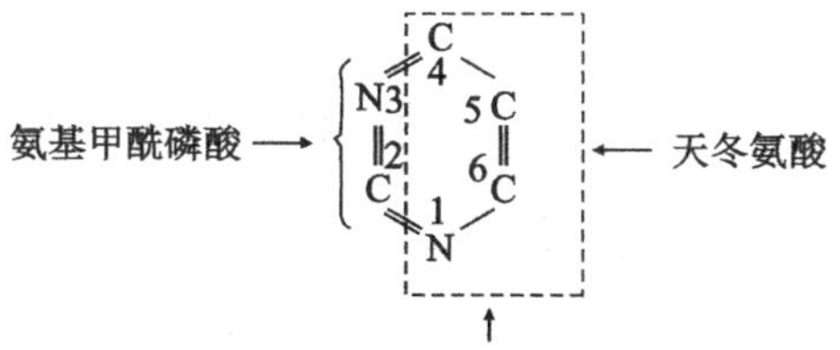

图 9-4　嘧啶碱合成的元素来源

(1)UMP 的合成 需六步酶促反应。先由谷氨酰胺和二氧化碳在氨基甲酰磷酸合成酶Ⅱ的作用下,消耗 2 分子 ATP 生成氨基甲酰磷酸,后者再与天冬氨酸结合经过环化、脱氢、PRPP 提供磷酸核糖、脱羧反应最后生成尿嘧啶核苷酸 UMP。

(2)CTP 的生成 胞嘧啶核苷酸是在三磷酸核苷的水平上生成的。UMP 在尿苷酸激酶的作用下生成 UDP 和 UTP。UTP 与谷氨酰胺在 CTP 合成酶的催化下生成 CTP(图 9-5)。

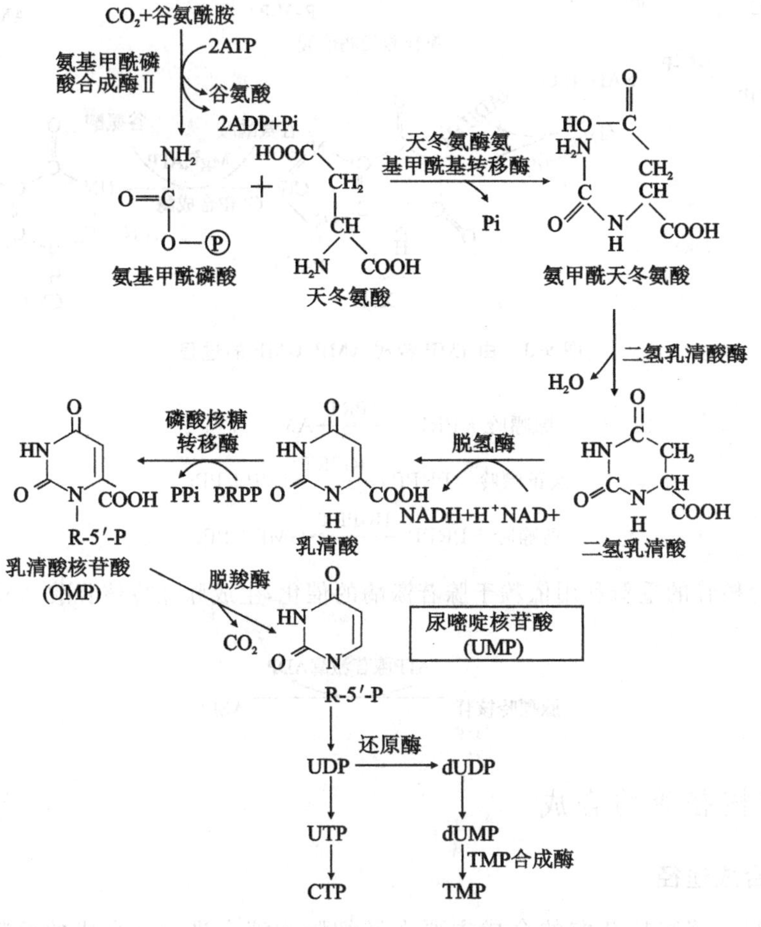

图 9-5 UMP、CTP 的合成

嘧啶核苷酸的合成与嘌呤核苷酸合成的区别是,首先利用原料合成嘧啶环,再与磷酸核糖相结合成嘧啶核苷酸。

(二)补救合成途径

催化嘧啶核苷酸补救合成的酶有嘧啶磷酸核糖转移酶、嘧啶核苷磷酸化酶、嘧啶核苷激酶。

$$\text{尿嘧啶}+\text{PRPP}\xrightarrow{\text{尿嘧啶磷酸核糖转移酶}}\text{UMP}+\text{PPi}$$

$$\text{尿嘧啶}+\text{核糖-1-磷酸}\xrightarrow{\text{尿苷磷酸化酶}}\text{尿嘧啶核苷}+\text{Pi}$$

$$\text{尿嘧啶核苷}+\text{ATP}\xrightarrow{\text{尿苷激酶}}\text{UMP}+\text{ADP}$$

三、三磷酸脱氧核苷的合成

(一)脱氧核苷酸的生成

体内的脱氧核糖核苷酸是在二磷酸核苷的水平还原而来，由二磷酸核糖核苷还原酶催化，生成相应的二磷酸脱氧核苷。三磷酸脱氧核苷由二磷酸脱氧核苷激酶催化，消耗 ATP 而生成。

$$\text{NDP+NADPH+H}^+ \xrightarrow[-\text{H}_2\text{O}]{\text{二磷酸核糖核苷还原酶}} \text{dNDP+NADP}^+$$

$$\text{dADP} \xrightarrow[\text{ATP} \to \text{ADP}]{\text{激酶}} \text{dATP} \qquad \text{dGDP} \xrightarrow[\text{ATP} \to \text{ADP}]{\text{激酶}} \text{dGTP}$$

$$\text{dCDP} \xrightarrow[\text{ATP} \to \text{ADP}]{\text{激酶}} \text{dCTP} \qquad \text{dTDP} \xrightarrow[\text{ATP} \to \text{ADP}]{\text{激酶}} \text{dTTP}$$

(二)脱氧胸腺嘧啶核苷酸的生成

脱氧胸腺嘧啶核苷酸是由脱氧尿嘧啶核苷酸经甲基化而生成。此反应由胸腺嘧啶核苷酸合成酶催化，并需要一碳单位 $N^5,N^{10}—CH_2—FH_4$ 提供甲基。

$$\text{dUMP} \xrightarrow[N^5,N^{10}—CH_2—FH_4 \to FH_2]{\text{胸腺嘧啶核苷酸合成酶}} \text{dTMP}$$

第三节　核苷酸分解代谢

一、嘌呤核苷酸的分解代谢

嘌呤核苷酸的分解代谢主要在肝、小肠及肾中进行。细胞中的嘌呤核苷酸在核苷酸酶的催化下水解成嘌呤核苷，然后经核苷磷酸化酶催化，生成嘌呤碱及 1-磷酸-核糖，后者在磷酸核糖变位酶的作用下转变成 5-P-核糖进一步参加代谢。嘌呤碱即可参加补救合成途径，也可进一步分解，氧化成黄嘌呤，最终生成尿酸，随尿液排出体外(图 9-6)。

正常人血清中尿酸含量为 0.12～0.36 mmol/L，其水溶性较差。当尿酸含量超过 0.47 mmol/L时，容易形成结晶，沉积在关节、软组织、软骨及肾等处，引起关节炎、结石及肾功能障碍，称为痛风症。目前发病原因尚不完全清楚，可能与嘌呤核苷酸代谢酶(PRPP 合成酶或 HGPRT)缺陷有关。临床上常用黄嘌呤氧化酶的竞争性抑制剂别嘌呤醇治疗痛风症。另外，摄入富含嘌呤的食物和某些疾病(如白血病、恶性肿瘤等)，嘌呤分解旺盛，均可导致血尿酸含量增多。

二、嘧啶核苷酸的分解代谢

嘧啶核苷酸在核苷酸酶及核苷磷酸化酶的作用下分别除去磷酸及核糖，产生的嘧啶碱在肝中进一步分解。胞嘧啶脱氨成尿嘧啶，尿嘧啶还原成二氢尿嘧啶，最终生成 NH_3、CO_2 及 β-丙氨酸；胸腺嘧啶核苷降解成 β-氨基异丁酸而随尿排出或进一步分解。食入含 DNA 丰富的食物或经放疗、化疗的病人，尿中的 β-氨基异丁酸排出增多(图 9-7)。

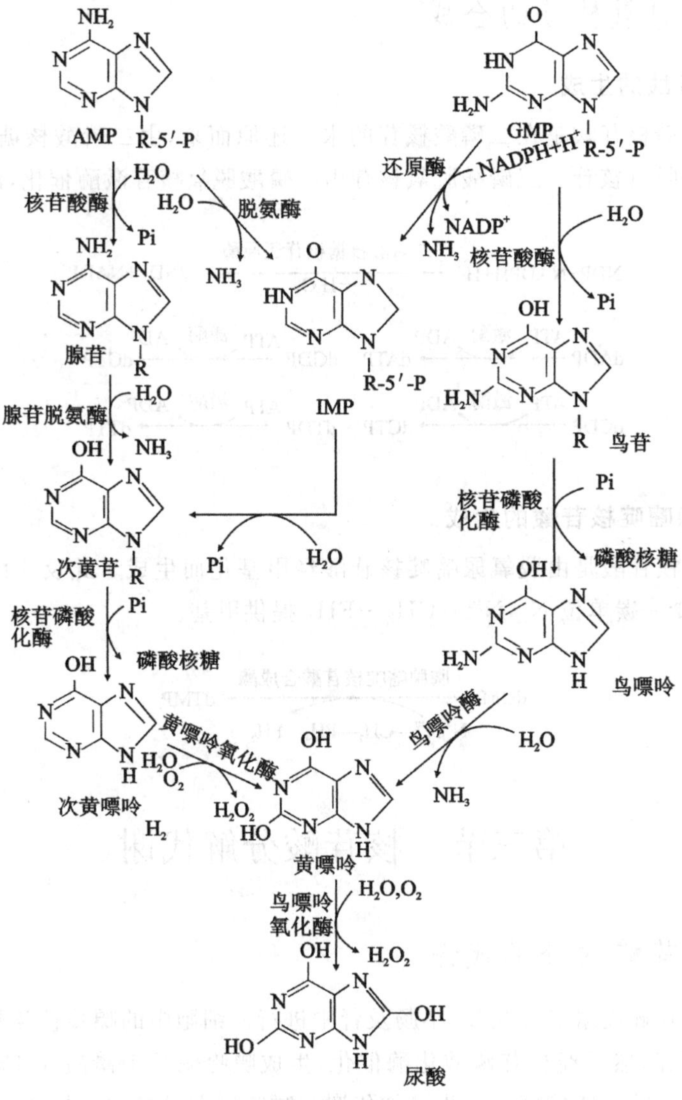

图 9-6 嘌呤核苷酸的分解代谢

第四节 核苷酸抗代谢物及应用

核苷酸生物合成的抑制剂有几种不同的类型，都是以竞争性抑制的方式干扰和阻断核苷酸的合成代谢，对细胞的毒性很大，尤其是对肿瘤和细菌那些快速生长的细胞，故抑制剂可用作癌症的化疗或细菌性感染疾病的治疗。常见的核苷酸抗代谢物主要有如下几种。

氮杂丝氨酸和 6-重氮-5-氧正亮氨酸，与谷氨酰胺结构相似，主要抑制核苷酸从头合成途径的酶促反应，阻断核苷酸合成。

磺胺药与对氨基苯甲酸结构相似，抑制叶酸合成，一碳单位载体减少，核酸的合成抑制，临床应用于治疗细菌性感染；氨甲蝶呤（MTX）与叶酸结构相似，抑制二氢叶酸还原成四氢叶酸，用作抗癌药物。

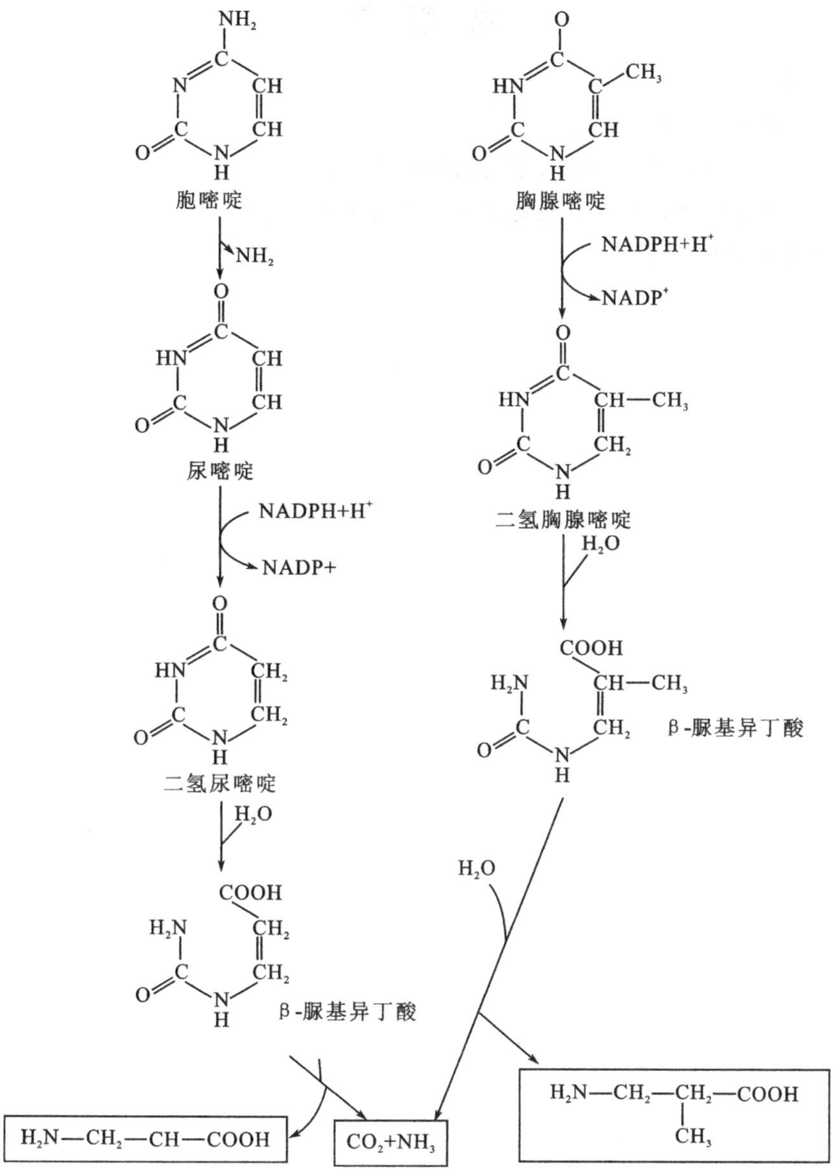

图 9-7　嘧啶核苷酸的分解代谢

6-巯基嘌呤(6-MP)与次黄嘌呤结构相似，阻断 IMP 转变成 AMP 和 XMP，用于维持治疗钯急性骨髓性白血病和急性淋巴性白血病。

5-氟尿嘧啶(5-FU)和 5-氟尿苷(5-FUdR)，与胸腺嘧啶结构相似，抑制尿嘧啶和胸腺嘧啶转化成相应的核苷，同时还可以转变成 5-FU 脱氧核苷酸，后者可抑制胸苷酸合成酶，以致使 DNA 合成受阻。5-FUdR 在体内可转化成 5-FU 脱氧核苷酸，作用与 5-FU 相似。临床上用于乳腺癌、卵巢癌及胃肠癌的治疗。

阿糖胞苷(Ara-C)在体内转变成阿糖胞苷酸，抑制 CDP 转变成 dCDP 和 DNA 合成酶，从而干扰病毒的增殖。

思考题

1. 名词解释

从头合成途径　补救合成途径

2. 从头合成嘌呤核苷酸和嘧啶核苷酸的原料是什么？
3. 嘌呤核苷酸分解代谢的终产物是什么？有何临床意义？
4. 核苷酸有哪些生理功能？

（马　平）

第十章

肝脏生物化学

学习目标

1. **掌握** 生物转化的概念及特点，胆汁酸的生理功能，两种胆红素的区别。
2. **理解** 胆汁酸代谢、胆色素代谢、黄疸及其分型。
3. **了解** 生物转化的影响因素。

肝脏是人体的“物质代谢中枢”。它不仅参与糖、脂类、蛋白质、维生素、激素、药物等的代谢，而且兼具分泌、排泄、贮存等功能。

第一节 生物转化作用

一、非营养性物质的来源

机体内存在的一些既不是组织细胞的组成成分，又不能氧化供能的物质被统称为非营养物质。

非营养物质可分为两类：外源性物质和内源性物质。外源性物质包括被人体摄入的药物、食品添加剂、色素、毒物、环境污染物等。内源性物质包括体内产生的生物活性物质如激素、神经递质、胺类等；有毒的代谢产物如胆红素、氨等；从肠道吸收的腐败产物如腐胺、苯乙胺、酪胺、酚、硫化氢、吲哚等。

二、生物转化概述

（一）生物转化的定义

非营养物质均为有机化合物，需要经过一定的代谢转变才能排到体外。非营养物质在体内的代谢转变过程称作生物转化（biotransformation）。经过生物转化可使非营养物质获得极性基团而使其极性增大，水溶性增加，便于从胆道或肾排泄。

（二）生物转化的部位

非营养物质在肝、肺、肾、肠道、皮肤等部位进行生物转化后可随胆汁或尿液排出。由于肝内含有丰富的代谢非营养物质的酶类，所以，机体的生物转化主要在肝脏进行。

（三）生物转化的特点

非营养物质在体内的生物转化比较复杂，有以下特点：

1. 生物转化的多样性　一种物质可以经过多种生物转化途径生成不同的代谢产物。如非那西丁的代谢途径主要是先氧化成对乙酰氨基酚(扑热息痛)，再经过与尿苷二磷酸葡萄糖醛酸(UDPGA)等结合生成相应的结合产物排除；也可经羟化等反应生成与肝蛋白质共价结合产物，引起肝细胞坏死；还可先水解生成对氨苯乙醚，再经羟化反应生成可诱发高铁血红蛋白血症的代谢产物。

2. 生物转化的连续性　有些非营养物质只要经过一步反应即可排出，但大多数非营养物质需要经过连续几步反应才能彻底排出体外。一般先进行氧化、还原、水解反应，再进行结合反应。如乙酰水杨酸(阿司匹林)经水解生成水杨酸，除少量排出外，大多数要再经过结合反应，生成多种结合产物而排泄。黄曲霉素在肝也是先氧化再与 GSH 结合而代谢。

3. 解毒和致毒的双重性　非营养物质通过各种化学反应使分子结构发生了改变，如功能基团的增减、整个分子的缩合或者降解等，这些变化势必会引起性质的改变。有些非营养物质经过生物转化后活性降低，毒性消失，如肾上腺素和去甲肾上腺素经过生物转化而失活；而有些非营养物质通过代谢后反而活性增高，出现毒性甚至毒性增强。有些致癌物和毒物本身并无直接的致癌和毒性作用，但在体内代谢转变成活性中间产物后显示出致癌和毒性作用，如香烟中所含 3,4-苯并芘并无直接致癌作用，但在机体内经生物转化，成为有很强致癌作用的 7,8-二氢二醇-9,10 环氧化物。

三、生物转化类型及酶类

肝的生物转化反应可分为两类，即第一相反应和第二相反应。

(一)第一相反应

第一相反应包括氧化、还原、水解反应。

1. 氧化反应　氧化反应是最多见的生物转化反应，由肝细胞内的多种氧化酶系催化完成，主要有加单氧酶、单胺氧化酶(monoamine oxydase，MAO)和脱氢酶(dehydrogenase)。

肝细胞微粒体中有加单氧酶系，又称羟化酶或混合功能氧化酶，此酶系含有细胞色素 P_{450} 和细胞色素 b_5，它参与药物、毒物、食品添加剂、维生素 D、类固醇激素、胆汁酸盐等的代谢。该酶催化的反应需要 O_2 和 NADPH，其反应通式如下：

$$NADPH + H^+ + O_2 + RH \xrightarrow[\text{加单氧酶}]{} ROH + NADP^+ + H_2O$$

式中 RH 代表底物。反应后 O_2 中的一个原子氧加入底物分子使之羟化，另一个原子氧接受电子被还原成 H_2O。如苯巴比妥、苯胺的氧化(图 10-1)。

存在于肝线粒体中的单胺氧化酶属于黄素酶一类，以 FAD 为辅助因子，可催化各种胺类氧化脱胺为醛类，其反应通式如下：

$$RCH_2NH_2 + O_2 + H_2O \xrightarrow[\text{单胺氧化酶}]{} RCHO + NH_3 + H_2O_2$$

体内的生理活性物质如 5-羟色胺、儿茶酚胺类、组胺以及肠道吸收的腐败产物如腐胺、酪胺、色胺等经过氧化脱胺为醛类，再由醛脱氢酶催化生成相应的羧酸，最终产生 H_2O 和 CO_2。

脱氢酶系主要有醇脱氢酶(alcohol dehydrogenase，ADH)及醛脱氢酶(aldehyde dehydrogenase，ALDH)，它们存在于肝微粒体和胞液中，以 NAD^+ 为辅助因子。其作用是催化

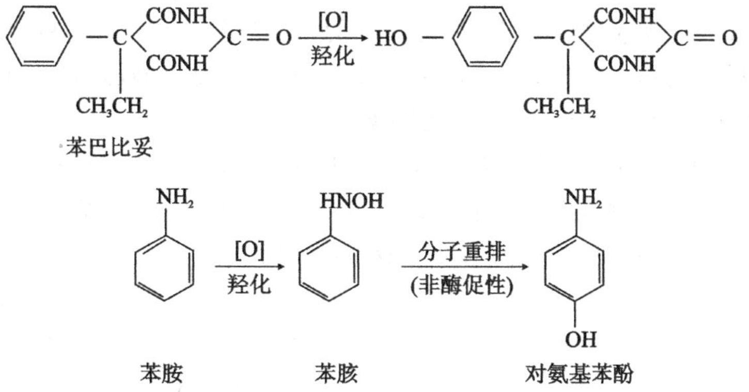

图 10-1　氧化反应

醇或醛氧化为相应的醛和羧酸，图 10-2 为乙醇的氧化过程。

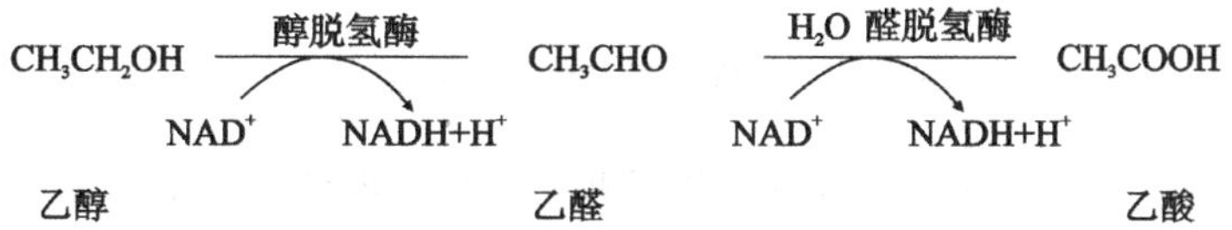

图 10-2　乙醇的氧化

醇类氧化反应通式如下：

$$RCH_2OH + NAD^+ \longrightarrow RCHO + NADH + H^+$$
$$RCHO + H_2O + NAD^+ \longrightarrow RCOOH + NADH + H^+$$

2. 还原反应　肝微粒体内有两类还原酶，即硝基还原酶(nitroreductase)和偶氮还原酶(azoreductase)，它们分别催化硝基化合物和偶氮化合物转变为相应的胺，反应由 NADPH 提供氢(图 10-3)。

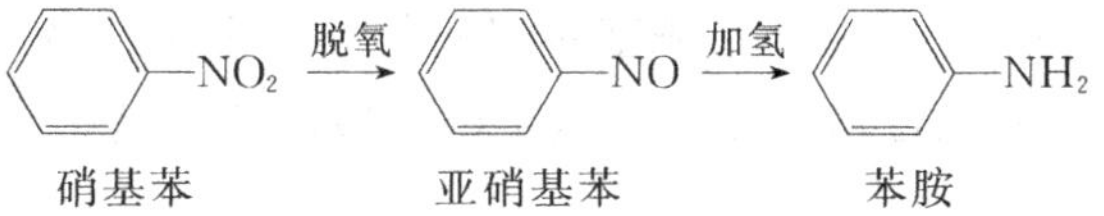

图 10-3　还原酶的作用

3. 水解反应　肝细胞的微粒体和胞液中含有多种水解酶类，如酯酶、酰胺酶、糖苷酶等，分别催化脂类、酰胺类、糖苷类水解。其水解产物往往还需要经第二相反应才能排出。图 10-4 示水解酶的作用。

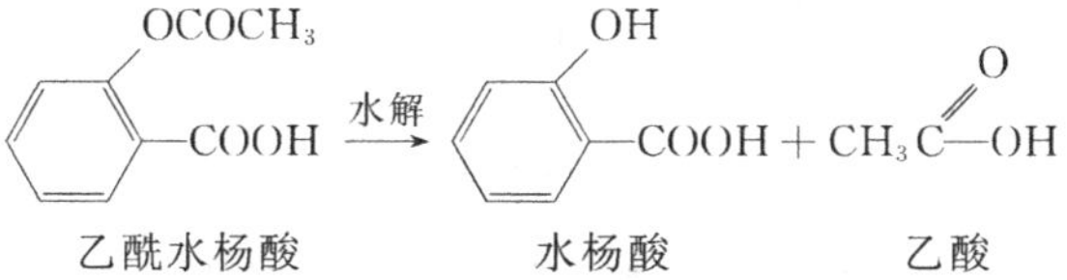

图 10-4　水解酶的作用

(二)第二相反应

第二相反应是一些结合反应(conjugation reaction)。许多非营养物质经第一相反应生成的产物，可经过第二相反应继续与结合基团的供体发生结合反应，结合后的产物极性进一步增大，水溶性增强，既利于排泄，又掩盖了非营养物质的某些基团。第二相反应常常使其产物的活性和毒性降低，因此，一般认为第二相反应是体内的解毒过程。结合反应的供体有尿苷二磷酸葡萄糖醛酸（unidine diphosphate glucuronic acid，UDPGA）、活性硫酸、谷胱甘肽、氨基酸、乙酰CoA、S-腺苷蛋氨酸等，其中以尿苷二磷酸葡萄糖醛酸为主。

1. 葡萄糖醛酸结合反应　在肝细胞微粒体的UDP-葡萄糖醛酸基转移酶（UDP-glucuronyl transferase，UGT）催化下，葡萄糖醛酸转移到含有羟基、巯基、氨基、羧基的化合物上，生成相应的葡萄糖醛酸苷。图10-5示苯酚的葡萄糖醛酸结合反应。

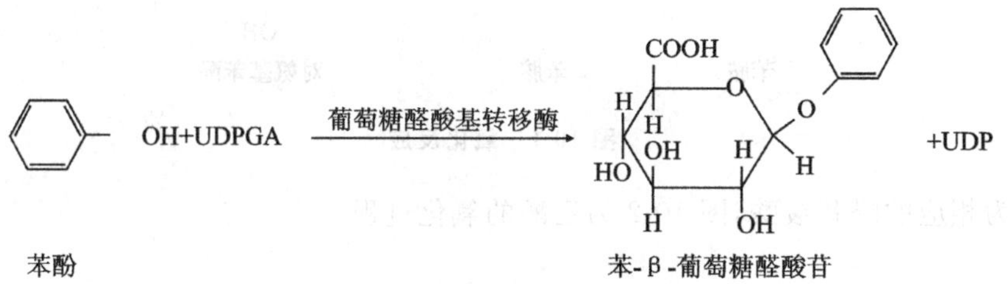

图 10-5　苯酚的葡萄糖醛酸结合反应

2. 硫酸结合反应　由PAPS提供活性硫酸根，在硫酸转移酶的催化下可将醇、酚、芳香族胺类、内源性固醇类转化为硫酸酯。图10-6示雌酮的硫酸结合反应。

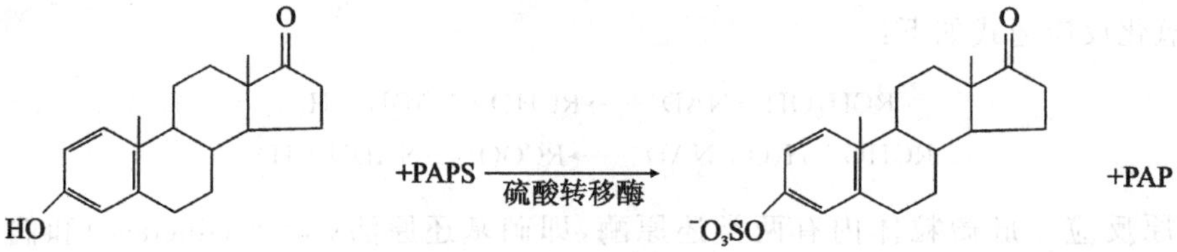

图 10-6　雌酮的硫酸结合反应

3. 乙酰基结合反应　乙酰CoA在乙酰基转移酶的作用下可使各种芳香胺（苯胺、磺胺、异烟肼）、氨基酸、胺转化为乙酰化合物。如对氨基苯磺酰胺的乙酰基结合（图10-7）。

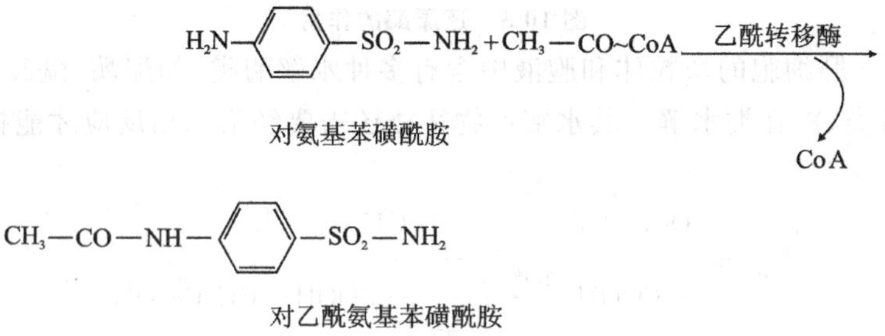

图 10-7　对氨基苯磺酰胺的乙酰基结合

4. 其他结合反应　结合反应还有甲基结合反应、谷胱甘肽结合反应、甘氨酸结合反应等。甲基结合反应是在肝细胞胞液和微粒体内多种甲基转移酶的催化下，含有巯基、氨基、羧基的化合物与SAM反应，生成相应的甲基化衍生物。GSH可与有毒的环氧化物、烷烃、芳香烃、有机含氮酯、过氧化物等结合，再经酶促反应代谢灭活。

四、影响生物转化的因素

年龄、性别、疾病、诱导物等因素均可影响非营养物质的生物转化。新生儿肝蛋白质合成功能不够完善，微粒体酶系活性较成人低，对非营养物质代谢的能力较差，易发生药物中毒、高胆红素血症及胆红素脑病。老年人肝的生物转化能力下降，使药效增强，副作用增大，用药需慎重。女性的生物转化能力一般比男性强。肝病致肝功能障碍时，生物转化能力降低，因此肝病患者也应谨慎用药。有些药物可诱导肝内相关酶的合成而导致耐药性的产生，如长期服用苯巴比妥和甲苯磺丁脲的病人，肝对该药的代谢酶合成增多，生物转化能力增强，进而产生耐药性。

五、生物转化的意义

(一)消除外来异物

环境污染物、色素、食品添加剂等由机体摄入的外来异物，经血液运输至肝脏、肾、肠、皮肤等进行生物转化而排至体外。

(二)改变药物的活性或毒性

很多种药物主要在肝进行代谢而改变活性。大多数药物经过生物转化后活性、毒性降低或消除，即代谢灭活，如磺胺类药物、乙酰水杨酸类等。但是，有些药物必须经过生物转化才能转变为活性形式，如大黄、环磷酰胺、水合氯醛等。也有些药物经过生物转化反而使其毒性增强，称作代谢激活作用。

(三)灭活体内活性物质

机体自身合成的活性物质如激素，代谢产生的生理活性胺类，多经过生物转化而灭活，以维持机体代谢调节与功能的正常。

(四)指导临床合理用药

某些药物在肝内代谢的同时，对肝脏内的生物转化酶也存在诱导效应。因此，长期服用同种药物会出现因细胞内生物转化酶含量增高，药物代谢加快，药效降低而引起的耐药性。又因该类酶的特异性差，对多种物质有氧化作用，导致由同一酶系催化的药物代谢也增强。如长期服用苯巴比妥会导致肝脏对非那西丁、氯霉素、氢化可的松等代谢的增强。

第二节 胆汁酸代谢

一、胆汁

胆汁(bile)是由肝细胞合成分泌的一种液体，经由毛细胆管、小叶间胆管、肝管、总肝管运出肝，储存于胆囊，再经胆总管排泄至十二指肠，参与食物的消化和吸收。

肝细胞初分泌的胆汁称肝胆汁(hepatic bile)。肝胆汁每天产生 300～700 mL，外观呈金黄色或橘黄色，清澈透明。肝胆汁进入胆囊后，胆囊壁吸收胆汁中的一部分水和其他一些成分，并分泌黏液与胆汁混合，从而形成胆囊胆汁(gallbladder bile)。胆囊胆汁呈棕绿色或暗褐色。现将两种胆汁的一些性状与组成列于表 10-1。

表 10-1 正常人胆汁的性状和组成比较

比较类别	肝胆汁	胆囊胆汁
比重	1.009～1.013	1.026～1.032
pH 值	7.1～8.5	5.5～7.7
水	96～97	80～86
固体成分	3～4	14～20
无机盐	0.2～0.9	0.5～1.1
黏蛋白	0.1～0.9	1～4
胆汁酸盐	0.2～2	1.5～10
胆色素	0.05～0.17	0.2～1.5
总脂类	0.1～0.5	1.8～4.7
胆固醇	0.05～0.17	0.2～0.9
磷脂	0.05～0.08	0.2～0.5

在胆汁的有机成分中，胆汁酸盐含量最高，其他还有多种酶类，包括脂肪酶、磷脂酶、淀粉酶、磷酸酶等。除胆汁酸盐和某些酶类与消化作用有关外，其他成分多属排泄物。

二、胆汁酸的代谢

(一)胆汁酸的分类

胆汁酸(bile acids)分两类，即初级胆汁酸(primary bile acid)和次级胆汁酸(secondary bile acid)。初级胆汁酸是指在肝细胞以胆固醇为原料合成的胆汁酸，根据其组成又可分为两类：游离型初级胆汁酸和结合型初级胆汁酸。胆酸(3α,7α,12α-三羟胆固烷酸)和鹅脱氧胆酸(3α,7α-二羟胆固烷酸)称作游离型初级胆汁酸，游离型胆汁酸侧链的羧基可与甘氨酸或牛磺酸结合，形成四种结合型初级胆汁酸：甘氨胆酸(glycocholic acid)、牛磺胆酸(taurocholic acid)、甘氨鹅脱氧胆酸(glycochenodeoxycholic acid)和牛磺鹅脱氧胆酸(taurochenodeoxycholic acid)。人胆汁中的胆汁酸以结合型为主。其中甘氨胆汁酸的量多于牛磺胆汁酸的量。正常成人胆汁中甘氨胆汁酸与牛磺胆汁酸的比例为 3∶1。胆汁中的初级胆汁酸与次级胆汁酸均以钠盐或钾盐的形式存在，即胆汁酸盐，简称胆盐(bile salts)。在肠道细菌的作用下，初级结合胆汁酸水解为游离胆汁酸，进而 7α-位脱羟基，形成次级胆汁酸。胆酸转变成脱氧胆酸，鹅脱氧胆酸转变成石胆酸。图 10-8 为几种胆汁酸的结构式。

(二)初级胆汁酸的形成

胆固醇在肝细胞，经过一系列酶促反应合成的胆汁酸，称初级胆汁酸，这是体内胆固醇的主要代谢去路。正常人每日合成 1～1.5 g 胆固醇，其中约 2/5(0.4～0.6 g)在肝内转化为胆汁酸。胆汁酸的合成过程在微粒体和胞液内进行，反应步骤较复杂。胆固醇首先在胆固醇 7α-羟化酶(cholesterol 7α-hydroxylase)的催化下，生成 7α-羟胆固醇，7α-羟胆固醇经历一系列的酶促反应向胆汁酸转化，最后生成具有 24 碳的初级游离胆汁酸，后者再与甘氨酸和牛磺酸结合形成结合胆汁酸。7α-羟化酶是胆汁酸合成的关键酶，它受多种因素的调节。胆汁酸可反馈抑制该酶的活性，高胆固醇饮食、糖皮质激素、生长激素提高此酶的活性。甲状腺素可使 7α-羟化酶的 mRNA 合成迅速增加，被认为这是甲状腺素降低血浆胆固醇的重要原因。

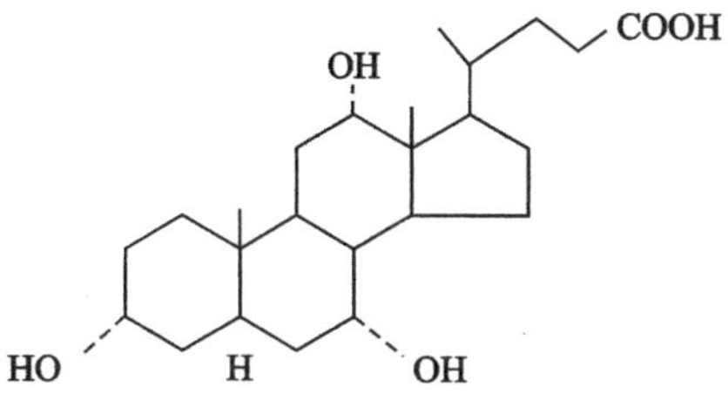

胆酸

(3α、7α、12α-三羟胆固烷酸)

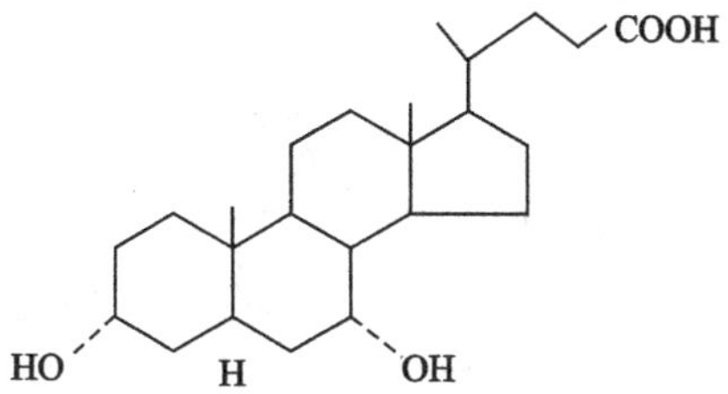

鹅脱氧胆酸

(3α、7α-二羟胆固烷酸)

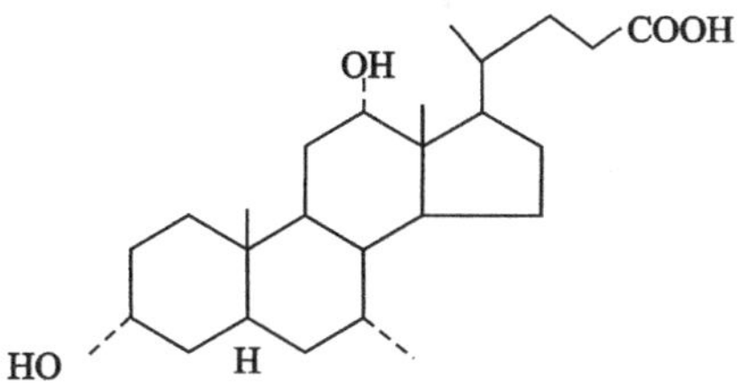

脱氧胆酸

(3α、12α-二羟胆固烷酸)

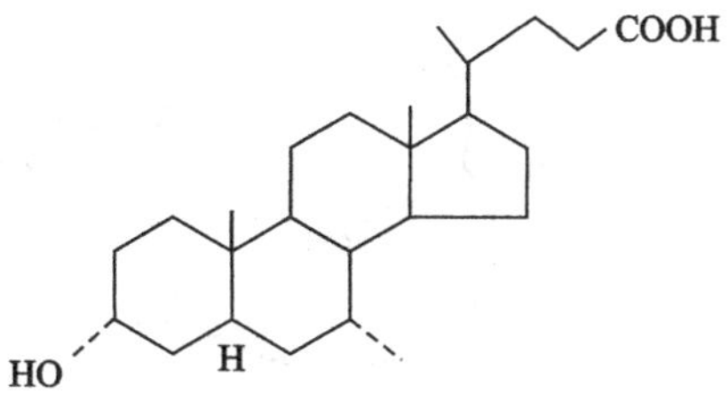

石胆酸

(3α-羟胆固烷酸)

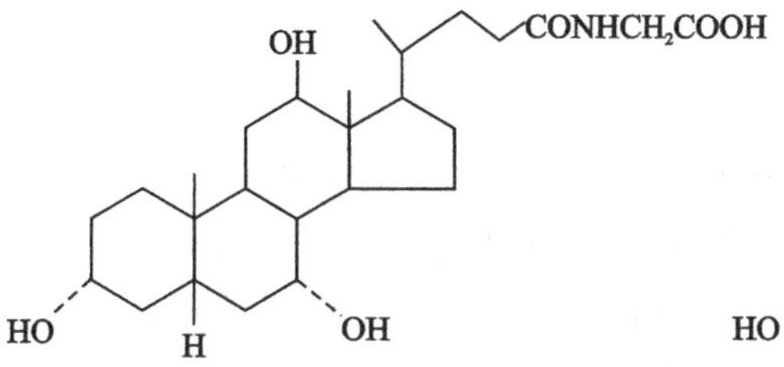

甘氨胆酸

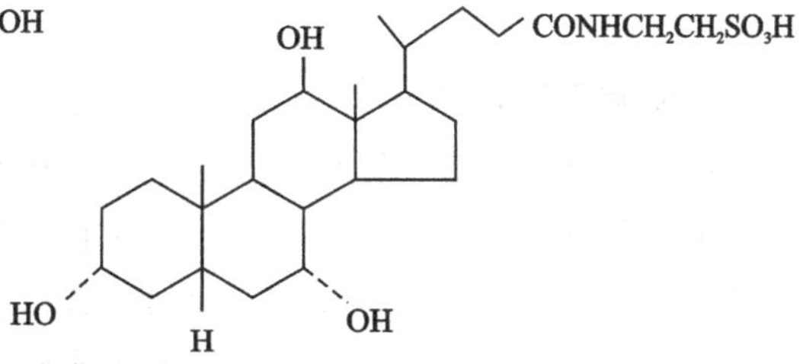

牛磺胆酸

图 10-8 几种胆汁酸的结构

(三)次级胆汁酸的生成

排入肠道的初级胆汁酸协助脂类物质消化吸收的同时，在回肠和结肠上段细菌的作用下，结合胆汁酸水解为游离胆汁酸，进而 7α-位脱羟基，形成次级胆汁酸。

(四)胆汁酸的肠肝循环

由于肝每天合成胆汁酸的量仅 0.4～0.6 g，而肝胆的胆汁酸池共3～5 g，因而难以满足进食后脂类消化吸收的需要。为此，机体通过肠肝循环来补充肝合成胆汁酸能力的不足和人体对胆汁酸的生理需要。进入肠道的胆汁酸少部分随粪便排出体外，约 95%以上被肠黏膜重新吸收，其中以回肠部对结合型胆汁酸的主动重吸收为主，其余在肠道各部被动重吸收。重吸收的胆汁酸经门静脉入肝，在肝细胞内，游离胆汁酸被重新合成为结合胆汁酸，并随肝细胞新合成的结合胆汁酸一起再排入小肠，形成胆汁酸的“肠肝循环”(enterohepatic circulation)(图 10-9)。人体每天可进行 6～12 次肠肝循环，因而从肠道吸收的胆汁酸总量可达12～32g，足以满足人体的生理需要。未被肠道吸收的那一小部分胆汁酸在肠菌的作用下，衍生成多种胆烷酸的衍生物并由粪便排出，每日的排出量与肝合成的胆汁酸量相当。

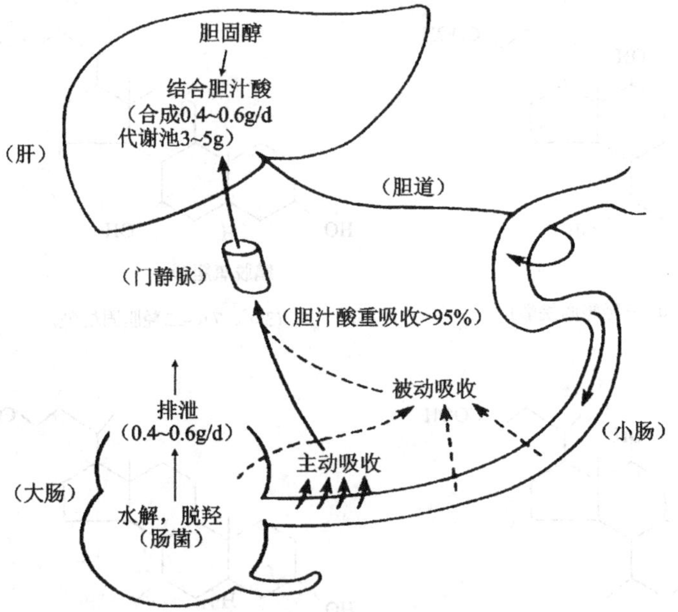

图 10-9 胆汁酸的肠肝循环

三、胆汁酸的功能

(一)促进脂类的消化吸收

胆汁酸的分子结构特点是既有亲水性基团羟基和羧基,又有疏水性基团甲基和烃核,其立体结构呈现疏水和亲水两个侧面。胆汁酸既有较强的乳化功能,降低水油界面的表面张力,又是较强的表面活性剂。因此,胆汁酸盐在肠道内与食物中的脂类混合,使脂类被乳化成细小微团,大大增加了其表面积,既有利于各种消化酶对脂类的消化,又有利于脂类的吸收。

(二)抑制胆固醇结石的形成

未经肝脏转化的胆固醇可以原形输送至胆囊,再经肠道排出体外。由于胆固醇难溶于水,在胆囊中一般与胆汁酸盐和卵磷脂形成可溶性微团的形式存在。正常情况下,胆囊中的胆汁酸盐、卵磷脂与胆固醇结合的比例为 10∶1,如该比例降低,胆固醇可因过饱和而析出,从而形成胆石。

第三节 胆色素代谢

胆色素(bile pigment)是体内铁卟啉化合物(血红蛋白、肌红蛋白、细胞色素、过氧化物酶和过氧化氢酶等)的主要分解代谢产物,包括胆红素(bilirubin)、胆绿素(biliverdin)、胆素原(bilinogen)和胆素(bilin)等。其中胆红素是人胆汁的主要色素,呈橙黄色。肝是胆红素代谢的主要器官,胆色素主要随胆汁排出体外。

一、胆红素的来源与生成

(一)胆红素的来源

正常人每天产生 250～350 mg 胆红素。其中 70％～80％来源于衰老红细胞中的血红蛋白。正常红细胞的寿命为 120 d，衰老的红细胞被肝、脾、骨髓的单核-巨噬细胞系统所摄取，首先分解释放出血红蛋白，血红蛋白随后分解为珠蛋白和血红素。珠蛋白可降解为氨基酸重新利用。血红素在单核-巨噬细胞内分解为胆色素，其中以胆红素为主。其余的胆红素来自骨髓中破坏的幼稚红细胞及全身组织中相似蛋白质（如肌红蛋白、过氧化物酶、细胞色素等）的降解。

（二）胆红素的生成

单核-巨噬细胞系统中，微粒体血红素加氧酶（heme oxygenase）在氧分子和 NADPH 的存在下，将血红素铁卟啉环上的 α-甲炔基（—CH＝）氧化断裂，释放出 CO、亚铁离子，并将两端的吡咯环羟化，形成胆绿素。胆绿素在胞液胆绿素还原酶（biliverdin reductase）的催化下，从 NADPH 获得 2 个氢原子，生成胆红素（图 10-10）。正常人每天从单核-巨噬细胞系统产生的胆红素 200～300 mg。胆红素的结构由 3 个次甲基桥连接的 4 个吡咯环组成，分子量为 585。其分子中含有 2 个羟基或酮基、4 个亚氨基和 2 个丙酸基，这些亲水基团在分子内部形成 6 个氢键，使其极性基团隐藏于分子内部，因而成为非极性的脂溶性物质。

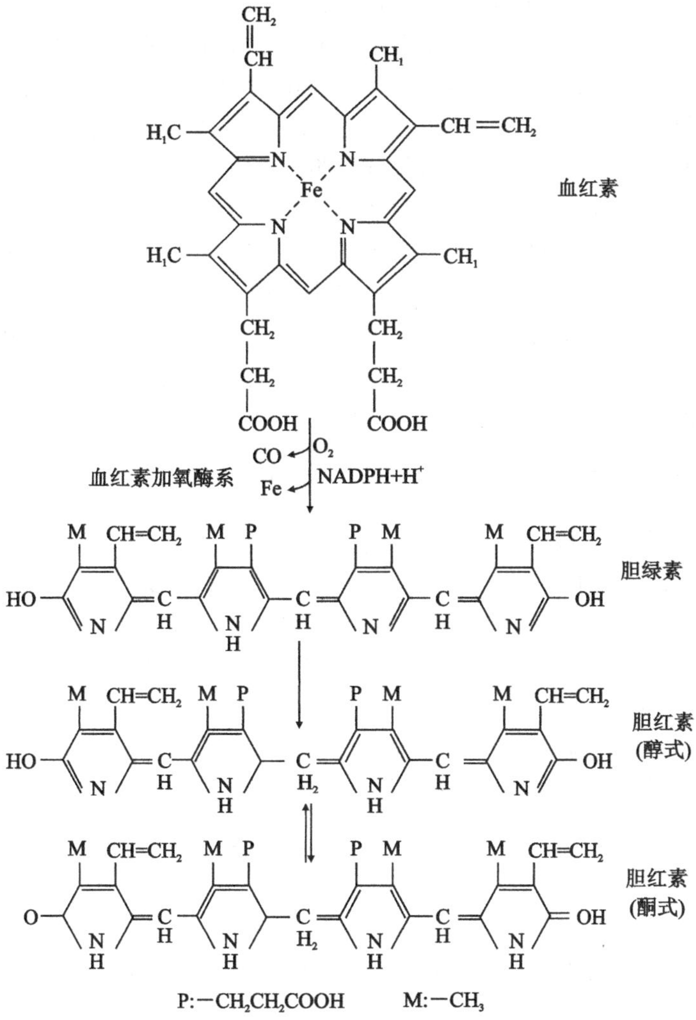

图 10-10 胆红素的生成

二、胆红素在血中运输

胆红素难溶于水，但与血浆清蛋白有极高的亲和力，所以在血液中胆红素与清蛋白结合而运输。正常人血液循环中含有足量的清蛋白，血浆胆红素基本上能与清蛋白结合。与清蛋白的结合不仅增高了胆红素的水溶性，有利于运输，而且还避免胆红素进入组织对组织细胞产生毒害作用。肝、肾功能障碍所引起的清蛋白降低、清蛋白被其他物质所结合或胆红素对清蛋白结合能力的下降，均可促使胆红素从血浆向组织转移。如磺胺类药物、镇痛药、抗炎药、某些利尿剂以及一些食品添加剂等可通过竞争胆红素的结合部位或改变清蛋白的构象，干扰胆红素与清蛋白的结合。

三、胆红素在肝中转变

血中的胆红素-清蛋白复合体随血液运输到肝后，可迅速被肝细胞摄取。肝细胞对胆红素有极强的亲和力。研究表明，肝细胞膜表面具有结合胆红素的特异受体，主动摄取胆红素。胆红素与清蛋白分离后进入肝细胞，与胞质中两种载体蛋白——Y 蛋白(protein Y)和 Z 蛋白(protein Z)结合形成复合物，再进入肝细胞内质网内代谢。其中 Y 蛋白对胆红素的亲和力比 Z 蛋白强，且含量丰富，约占人肝细胞胞液蛋白总量的 2%，是肝细胞内主要的胆红素载体蛋白。

胆红素-Y 蛋白复合物被转运到滑面内质网后，在 UDP-葡萄糖醛酸基转移酶的催化下，胆红素接受来自 UDP-葡萄糖醛酸的葡萄糖醛酸基，生成葡萄糖醛酸胆红素(bilirubin glucuronide)。胆红素分子含有 2 个羧基，每分子胆红素可结合 2 分子葡萄糖醛酸，生成双葡萄糖醛酸胆红素(diconjugated bilirubin)，仅有少量单葡萄糖醛酸胆红素(monoconjugated bilirubin)生成。此外，尚有少量胆红素与硫酸结合，生成胆红素硫酸酯。这些与葡萄糖醛酸结合的胆红素，水溶性强，易随胆汁排入小肠。血浆中的胆红素经过肝细胞的结合、转化与排泄，从而不断地得以清除。苯巴比妥可诱导新生儿合成 Y 蛋白，加强胆红素的转运，因此，临床上可应用苯巴比妥消除新生儿生理性黄疸。一些有机阴离子可竞争性与 Y 蛋白结合，抑制对胆红素的亲和力，影响胆红素的转运，如固醇类物质、四溴酚酞磺酸钠(BSP)、某些染料等。

四、胆红素在肠中转变与胆素原的肠肝循环

经肝细胞转化生成的葡萄糖醛酸胆红素随胆汁进入肠道，在肠道细菌的作用下，大部分脱去葡萄糖醛酸基，并被逐步还原生成胆素原。在肠道下段，胆素原接触空气被氧化为黄褐色的胆素，后者是粪便的主要色素。胆道完全梗阻时，因胆红素不能进入肠道形成胆素原和胆素，所以粪便呈现灰白色。肠道中有 10%～20%的胆素原可被肠黏膜细胞重吸收，经门静脉入肝。其中大部分再随胆汁排入肠道，形成胆素原的肠肝循环(bilinogen enterohepatic circulation)。只有少量经血液循环入肾并随尿排出。正常人每日随尿排出 0.5～4 mg 胆素原。胆素原接触空气后被氧化成尿胆素，是尿的主要色素。胆色素代谢概况见图 10-11。

五、血清胆红素与黄疸

(一)血清

正常人体中胆红素主要以两种形式存在，一种为由肝细胞生成的葡萄糖醛酸胆红素(少量为胆红素硫酸酯)，这类胆红素称为结合胆红素(conjugated bilirubin)；第二种是主要来自单核-巨噬细胞系统中红细胞破坏产生的胆红素，在血浆中主要与清蛋白结合而运输，这类胆红素因

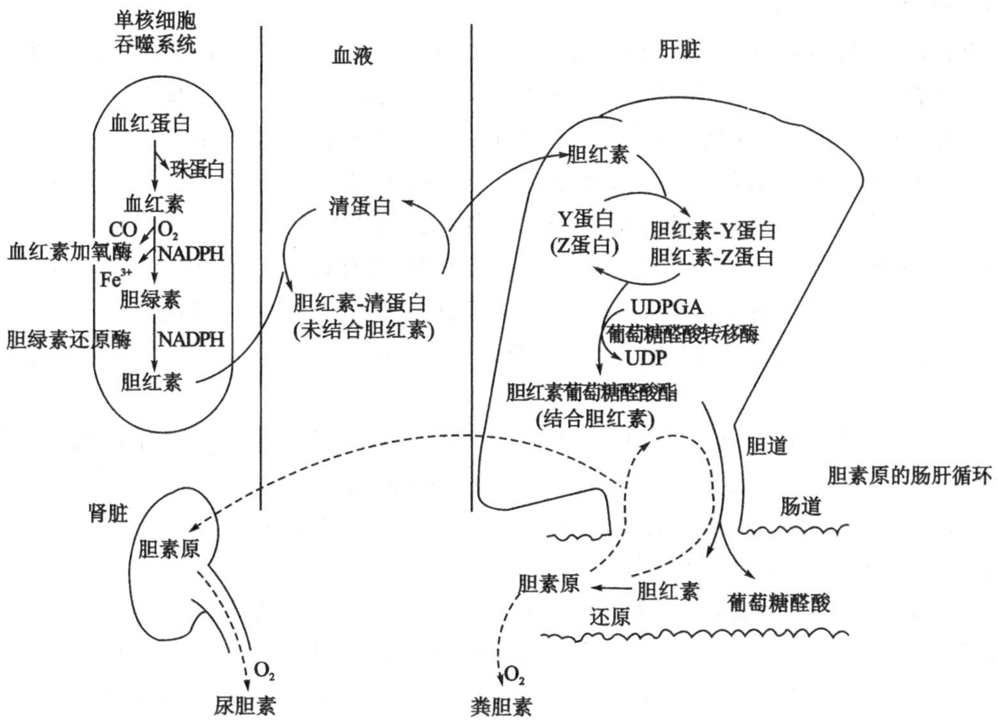

图 10-11　胆色素代谢示意图

未与葡萄糖醛酸结合而称为未结合胆红素（unconjugated bilirubin），又称游离胆红素。这两种胆红素与重氮试剂反应的结果不同，未结合胆红素与重氮试剂反应缓慢，必须在加入乙醇后才表现出明显的紫红色；而结合胆红素与重氮试剂作用迅速产生颜色反应。因此，前者又称为间接反应胆红素或间接胆红素（indirect reacting bilirubin）或血胆红素（hemobilirubin），后者称为直接胆红素（direct reacting bilirubin）或肝胆红素（hepatobilirubin）。正常血浆中胆红素含量甚微，其中 4/5 是与清蛋白结合的未结合胆红素，其余是结合胆红素。未结合的胆红素为脂溶性，可穿透细胞膜造成组织细胞黄染及毒性作用，尤其是对富含脂类的神经细胞毒性较大。胆红素的毒性作用可引起大脑不可逆的损害。肝对血浆胆红素具有强大的处理能力，首先是肝细胞具有强大的摄取胆红素的能力，其次是肝具有较强的转化能力，它通过生物转化功能将胆红素与葡萄糖醛酸及硫酸结合，变成水溶性的易于排泄的物质。因此，肝功能的正常对胆红素的代谢至关重要。现将两类胆红素区别列于表 10-2。

表 10-2　结合胆红素与未结合胆红素的区别

项目	结合胆红素	未结合胆红素
别名	直接胆红素/肝胆红素	间接胆红素/血胆红素
水中溶解度	大	小
与葡萄糖醛酸结合	结合	未结合
与重氮试剂反应	迅速/直接反应	慢/间接反应
通透细胞膜对脑的毒性作用	无	大
经肾随尿排出	能	不能

（二）黄疸

正常情况下，肝清除胆红素的能力约每小时 100 mg，远远大于机体产生胆红素的能力，因此血浆中存在的胆红素甚微。如果体内胆红素生成过多，或肝摄取、转化、排泄过程发生障碍，均可引起血浆胆红素浓度升高，称作高胆红素血症。正常血清胆红素浓度 5.1～19 μmol/L（0.3～1.1 mg/dL），其中结合胆红素浓度为 1.7～6.8 μmol/L（0.1～0.4 mg/dL）。当血清胆红素含量超过 34.2 μmol/L（2 mg/dL）时，大量的胆红素扩散入组织，可造成组织黄染，这一体征称为黄疸（jaundice）。眼巩膜、上腭与皮肤含有较多对胆红素有高亲和力的弹性纤维，这些组织易黄染。黄疸的程度取决于血清胆红素的浓度，当血清胆红素高于正常，但不超过 34.2 μmol/L 时，肉眼看不到组织黄染现象，临床上称之为隐性黄疸（jaundice occult）。根据病因，可将黄疸分为 3 类。

1. 溶血性黄疸　溶血性黄疸（hemolytic jaundice）又称肝前性黄疸，是由于红细胞在单核-巨噬细胞系统内破坏过多，超过肝摄取、转化、排泄能力，血清胆红素浓度升高而引发的。其特点是血清总胆红素、未结合胆红素含量增高，血清重氮试验间接反应阳性，尿胆红素阴性，尿胆素原增多。溶血性黄疸可由输血不当、药物、过敏性疾病、恶性疟疾等引起。

2. 肝细胞性黄疸　肝细胞性黄疸（hepatocellular jaundice）也称肝原性黄疸，是由于肝细胞受到破坏，导致其摄取、转化和排泄胆红素的能力降低所致。其特点是血中结合胆红素、未结合胆红素均升高，尿胆红素阳性，尿胆素原增高，血清重氮反应试验双向阳性。肝细胞性黄疸常见于各种类型的肝炎、肝肿瘤等。

3. 阻塞性黄疸　阻塞性黄疸（obstructive jaundice）又称肝后性黄疸，是由于各种原因引起的胆管阻塞，胆汁排泄受阻，胆红素逆流入血，造成血清胆红素升高而产生的黄疸。其特点是血清结合胆红素浓度升高，未结合胆红素无明显改变，重氮反应试验呈即刻反应阳性，尿胆红素检查阳性（直接胆红素）；由于排入肠道的胆红素减少，故生成的胆素原减少，大便呈灰白色。阻塞性黄疸常见于胆管炎症、肿瘤、结石或先天性胆管闭锁等疾病。

各种黄疸时血、尿、粪的变化见表 10-3。

表 10-3　各种黄疸时血、尿、粪的变化

指标	正常	溶血性黄疸	肝细胞性黄疸	阻塞性黄疸
血清胆红素				
总量	<17.1 μmol/L	>17.1 μmol/L	>17.1 μmol/L	>17.1 μmol/L
结合胆红素	—	—	↑	↑↑
未结合胆红素	—	↑↑	↑	
尿三胆				
尿胆红素	—	—	++	++
尿胆素原	少量	↑	不定	↓
尿胆素	少量	↑	不定	↓
粪便颜色	正常	深	变浅/正常	变浅/陶土色

思 考 题

1. 名词解释

消化　吸收　胃排空　紧张性收缩　机械性消化　化学性消化　生物转化

结合胆红素　未结合胆红素　黄疸

2. 胃液的主要成分有哪些？各有何生理作用？

3. 试述胰液的主要成分及作用。

4. 简述排便反射的过程及其机制。

5. 区别两类胆红素。

6. 严重肝病患者为何会出现黄疸？

（陈新祥　李保安）

第十一章

无机盐与维生素

学习目标

1. 掌握 钙磷的生理功能、乘积及意义、调节钙磷代谢因素、维生素的概念及特点、生理功能及缺乏病。

2. 理解 影响钙、磷、铁吸收的因素、铁生理功能、维生素分类及活性形式。

3. 了解 镁、铜、锌、硒、碘的生理功能。

无机盐和维生素均属于人体不可缺少的必需营养素，体内含有 20 多种无机盐和 10 多种维生素。它们在构成组织结构、维持正常生理生化机能方面有着重要的作用。无机盐浓度高于 100 mg/kg（＞0.01%）称为常量元素，主要有钙、磷、钾、钠、氯、镁等。无机盐浓度低于 100 mg/kg（＜0.01%）称微量元素，包括铁、锌、铜、锰、铬、钼、钴、硒、镍、钒、锡、氟、碘、硅等，成人每日需要量仅在 100 mg 以下，但有着十分重要的生理作用。本章主要介绍钙、磷、铁等元素的代谢以及维生素的生理功能。

第一节 无机盐代谢

一、钙、磷代谢

（一）钙磷的生理功能

钙和磷的主要生理功能是以羟磷灰石的形式构成骨盐，参与骨骼与牙的组成。骨骼是机体的支架，又是体内钙、磷的储存库。除此之外，体液中的离子钙、无机磷还具有许多重要生理功能。

1. 钙作为第二信使调节细胞功能 这是 Ca^{2+} 最主要的生理功能。由复杂的钙信使系统完成对细胞多种功能的调节，包括肌肉收缩、内分泌、糖原的合成与分解、电解质转运，以及细胞增殖等调节。

2. 钙降低毛细血管、细胞膜的通透性 临床上常用钙制剂治疗荨麻疹等过敏性疾患，以减轻组织液的渗出性病变。

3. 钙降低神经肌肉的兴奋性 当血液中 Ca^{2+} 浓度低于 1.5～1.75 mmol/L 时，因神经肌肉的兴奋性增加，可引起肌肉自发性收缩，临床上称为“搐搦”，若不及时处理，严重时可引起呼吸或心脏的衰竭而死亡。

4. 钙加强心肌的收缩 Ca^{2+} 加强心肌的收缩，与 K^+ 舒张心肌作用相互拮抗，使心肌在正常工作时收缩与舒张过程达到协调统一。

5. 钙参与血液凝固　Ca^{2+}是凝血因子之一，为凝血过程必不可少的成分。

6. 钙作为酶的辅助因子、激活剂或抑制剂，在物质代谢中发挥重要作用。

7. 磷参与多种物质的组成　如核苷酸、核酸、磷脂、磷蛋白等重要物质均含磷酸。

8. 磷参与物质代谢　如体内糖、脂类、蛋白质等物质代谢及磷酸化过程，可产生高能磷酸化合物，为生命活动提供能量。

9. 磷构成磷酸盐缓冲体系　如构成 Na_2HPO_4/NaH_2PO_4、K_2HPO_4/KH_2PO_4 等缓冲体系，在维持机体酸碱平衡中起重要作用。

(二)钙磷的含量与分布

钙和磷是体内含量最多的无机元素。钙的总量为 700～1 400 g，磷为 400～800 g。体内 99%以上的钙和 86%左右的磷以羟磷灰石形式构成骨盐，参与骨骼的形成。极少量钙、磷以溶解状态存在，分布于体液和软组织。体液中的钙有离子钙和与蛋白质结合的钙两种形式。在细胞膜上钙泵的作用下，离子钙(Ca^{2+})可以由胞外流入胞内，或胞内泵出胞外，以维持细胞内外 Ca^{2+} 的浓度梯度。细胞内的钙主要存在于内质网和线粒体，胞液中含量极低(3～10 mmol/L)。Ca^{2+} 在信息传递中常起着第二信使的作用，调节细胞的生理功能。

(三)钙磷的吸收与排泄

成人每日需钙量 0.5～1.0 g，妊娠妇女和儿童 1.0～1.5 g。一般普通膳食能满足成人每日的需钙量。食物中的钙大部分为不溶性的钙盐，需要在消化道转变成 Ca^{2+} 才能被吸收，主要在酸度较高的十二指肠和空肠被吸收。影响钙吸收的主要因素有：

1. 1,25-$(OH)_2$-D_3　1,25-$(OH)_2$-D_3 又称活性维生素 D，能促进肠道对钙、磷的吸收。婴幼儿缺乏维生素 D 时，肠道吸收钙的能力仅为正常的 25%，补充维生素 D 后，其吸收能力显著增加。因此，缺钙患者在补充钙剂的同时，给予一定量的维生素 D，才能收到良好的治疗效果。

2. 饮食　食物中凡能降低肠道 pH 值的成分均能促进钙的吸收，如乳酸、氨基酸等。因为酸性环境钙盐的溶解度加大，Ca^{2+} 增多，易吸收。故多食酸奶既可调节儿童肠道的正常菌群关系，又增加肠道对钙的吸收。食物中若含过多的碱性磷酸盐、草酸盐及植酸等成分，可与钙结合生成不溶性的钙盐而阻碍钙的吸收。

3. 年龄　钙的吸收率与年龄呈反比。婴儿和儿童的钙吸收率较高，食物钙的吸收率为 50%左右，成人食物钙吸收率仅为 20%～30%，随着年龄的增长还会下降，这也是老年人易发生骨质疏松的原因之一，适当服用钙剂，可预防骨质疏松症。

人体每日钙的排泄，约 80%经肠道排泄，20%经肾排泄。肠道排出的钙主要是食物中未被消化吸收的钙。血浆中的钙经肾小球滤过，每日约有 10 g 进入肾小管，其中 95%被肾小管重吸收，仅 5%的钙随尿排出。肾小管对钙的重吸收可受 1,25-$(OH)_2$-D_3、甲状旁腺素等激素的调控，因此，每日随尿排出的钙量比较稳定。若血钙升高，尿钙排出量就增加，以维持血钙浓度相对恒定。

成人每日需磷量 1.0～1.5 g。食物中的磷大部分以磷酸盐、磷脂、磷蛋白、磷酸酯等形式存在，经肠道消化水解成无机磷酸盐后才能被吸收。磷的吸收部位也是在 pH 较低的小肠上段。人体肠道对食物磷吸收率约为 70%，临床罕见缺磷患者。目前磷的吸收机制尚不完全清楚，但肠道 pH 值变化、食物成分和体内钙利用情况都可影响磷的吸收。

人体每日磷的排泄，肠道占20%～40%，肾占60%～80%，与钙的排泄途径相同，但排泄量相反。1,25-$(OH)_2$-D_3 和甲状旁腺素既调节肾对钙的排泄，也调节肾对磷的排泄。尿磷排出量还与血磷浓度、肾小管重吸收有关。当血磷浓度下降，肾小管重吸收磷增强，尿磷的排出减少；当肾功能不全，肾滤过率下降，尿磷排出就减少，血磷浓度可升高。

(四)血钙与血磷

血液中的钙几乎全部存在于血浆中，故血钙主要指血浆钙。血钙水平仅在极小范围内波动，正常人血钙浓度：成人为2.03～2.54 mmol/L，儿童为2.25～2.67 mmol/L(或9～11 mg/dL，换算关系：血钙 mg/dL＝血钙 mmol/L×4)。

血钙的主要存在形式有离子钙和结合钙两种，各约占50%。结合钙绝大部分与血浆蛋白质(主要是清蛋白)结合，小部分与柠檬酸、重碳酸盐结合为柠檬酸钙、磷酸氢钙等。由于血浆蛋白结合钙不能透过毛细血管壁，故称为非扩散钙；离子钙和柠檬酸钙等可以透过毛细血管壁，则称为可扩散钙。血浆蛋白结合钙与离子钙之间处于一种动态平衡，此平衡受到血液 pH 的影响。

$$\text{Ca-清蛋白} \underset{HCO_3^-}{\overset{H^+}{\rightleftharpoons}} Ca^{2+} + \text{清蛋白}$$

当血液 H^+ 增高，pH 下降时，Ca^{2+} 浓度升高；当血液 H^+ 降低，pH 升高时，Ca^{2+} 浓度则下降，神经肌肉的兴奋性增强，严重时可出现抽搐现象。

血磷是指血浆中的无机磷，以 HPO_4^{2-} 和 $H_2PO_4^-$ 两种形式存在，前者占80%，后者占20%。由于磷酸根不易测定，所以通常以无机磷表示。正常人血磷浓度：成人为0.96～1.62 mmol/L，儿童为1.45～2.10 mmol/L(或3～5 mg/dL，换算关系：血磷 mg/dL＝血磷 mmol/L×3.1)。

血钙和血磷浓度保持一定的数量关系。当血钙和血磷浓度以“mg/dL”表示时，正常人〔Ca〕×〔P〕＝35～40，若两者乘积大于40时，钙、磷以骨盐的形式沉积于骨组织中，有利于骨钙化；若乘积小于35时，则会影响骨盐在骨组织的沉积，或已钙化的骨盐可以溶解，导致骨发育不良、变形或骨质疏松，儿童称佝偻病，成人称软骨病。

(五)钙磷代谢的调节

调节钙磷代谢的目的主要是维持血钙水平的恒定及骨组织的正常生长。骨代谢包括成骨作用和溶骨作用，两者不停地交替进行，使骨组织生长、发育、更新。成骨作用是指骨的生长、修复或重建过程，以骨的钙化为主。溶骨作用是指骨的溶解与消失，以骨的脱钙为主。骨的钙化和脱钙与血钙和血磷浓度有着密切相关，前者血钙、血磷沉积骨组织，后者骨钙、骨磷溶解释放入血。钙磷代谢的调节主要因素有活性维生素D、甲状旁腺素、降钙素。钙磷代谢调节的主要器官是骨、肠、肾(表11-1)。

表11-1　三种调节因素对钙磷代谢的影响

调节因素	成骨	溶骨	肠钙吸收	血钙	血磷	肾排钙	肾排磷
1,25-$(OH)_2$-D_3	↑	↑	↑↑	↑	↑	↓	↓
PTH	↓	↑↑	↑	↑	↓	↓	↑
CT	↑	↓	↓(生理剂量)	↓	↓	↑	↑

1. 活性维生素D 维生素 D_3 的活化分别由肝内25-羟化酶和肾的1-α-羟化酶催化，生成1,25-$(OH)_2$-D_3。

$$D_3 \xrightarrow[\text{肝微粒体}]{\text{25-羟化酶}} 25\text{-}(OH)\text{-}D_3 \xrightarrow[\text{肾线粒体}]{1\text{-}\alpha\text{-羟化酶}} 1,25\text{-}(OH)_2\text{-}D_3\ (\text{有活性})$$

1,25-$(OH)_2$-D_3 是维生素 D_3 的活性形式，它通过靶器官小肠、肾、骨来调节钙、磷代谢。主要的生理作用是：①促进小肠对钙、磷的吸收，把食物中的钙、磷吸收到血液，为骨的钙化提供原料；②促进肾小管对钙、磷的重吸收，减少钙、磷排泄；③促进骨的代谢和生长发育。1,25-$(OH)_2$-D_3 调节的结果是使血钙浓度增加、血磷浓度增加。

2. 甲状旁腺素 甲状旁腺素(parathyroid hormone,PTH)是由甲状旁腺主细胞分泌的一种由84个氨基酸残基组成的肽类激素，对钙、磷代谢的调节主要通过肾和骨来实现，小肠发挥间接作用。其生理作用是：①促进肾小管重吸收钙，抑制近端小管曲部重吸收磷，导致血钙增高、血磷降低；②促进溶骨作用，骨盐溶解，钙、磷释放入血；③激活1-α-羟化酶，生成1,25-$(OH)_2$-D_3，间接促进小肠对钙、磷的吸收。PTH调节的结果是血钙浓度增加、血磷浓度降低。

3. 降钙素 降钙素(calcitonin,CT)是由甲状腺滤泡旁细胞分泌的一种含32个氨基酸残基的肽类激素，调节钙、磷代谢的作用与PTH相反。其生理作用是：①促进成骨作用，骨盐钙化，血钙、血磷降低；②抑制肾小管对钙、磷的重吸收，尿钙、磷的排出增加；③抑制肾1-α-羟化酶活性，减少1,25-$(OH)_2$-D_3 合成，间接抑制肠道对钙、磷的吸收。CT调节的结果是血钙浓度降低、血磷浓度降低。

二、铁代谢

(一)铁的生理功能

铁是体内含量最多的一种微量元素，其主要生理功能是：①构成血红蛋白、肌红蛋白的组成成分，参与 O_2 和 CO_2 的运输；②构成线粒体电子传递链的组成成分，在生物氧化中发挥重要作用；③构成某些酶的辅酶，参与体内氧化-还原反应。如过氧化物酶、过氧化氢酶。体内铁的缺乏，可导致血红蛋白合成障碍，临床上引起缺铁性贫血。

(二)铁的来源与分布

正常成人铁的需要量约每日1 mg，儿童，妊娠期、哺乳期和月经期妇女每日需铁量约为3.6 mg。动物性食物铁多以血红素、铁蛋白形式存在，植物性食物铁多以无机铁形式存在。

人体内铁的来源主要有二：一是含铁的食物；二是体内血红蛋白降解时释放的血红素铁。由于红细胞衰老破坏释放的铁很少丢失，绝大部分可贮存在体内被再用于合成血红蛋白，故一般对食物铁的需要量很少。

体内铁的含量约占体重的0.0057%，成年男性平均含铁量约为50 mg/kg体重，女性略低，约为30 mg/kg体重。75%的铁分布在红细胞、肌红蛋白、细胞色素、过氧化物酶、过氧化氢酶等含铁卟啉的化合物中，25%的铁存在于黄素蛋白、铁硫蛋白、运铁蛋白等含铁化合物中。

(三)铁的吸收与排泄

每日食物中供应铁10～15 mg，但肠道铁的吸收率仅为10%，主要在十二指肠和空肠上段被吸收。铁吸收的形式有血红素和无机铁盐两种。血红素可迅速进入肠黏膜细胞氧化，使卟啉环裂解释放出铁离子，与蛋白质结合成铁蛋白贮于细胞内，或是以铁离子的形式转运至血液运往全身。无机铁盐的吸收与铁的存在状态有关，Fe^{2+}溶解度比Fe^{3+}大而易于吸收。食物中的铁多以Fe^{3+}状态存在，并与有机物紧密结合，受胃酸作用后可分解为铁离子促进吸收；食物中还原性物质维生素C、半胱氨酸、葡萄糖等，可使Fe^{3+}还原为Fe^{2+}利于铁的吸收；食物中的氨基酸、胆汁酸可与铁形成可溶性的复合物，也利于铁的吸收。碱性物质和铁容易形成难溶性的氢氧化物或铁聚合物而阻碍铁的吸收。植物中的植酸、鞣酸等可与铁形成难溶性的沉淀而影响铁的吸收。

人体内铁的排泄主要经肠道和肾。大部分的铁随粪便排出，包括食物中未吸收的铁、脱落的含铁胃肠上皮细胞、红细胞和胆汁中的铁。少部分的铁从尿液排出，主要为泌尿生殖道脱落细胞中的铁。

（四）铁的运输、利用和贮存

从小肠黏膜细胞吸收进入血液的Fe^{2+}，在血浆铜蓝蛋白的催化下氧化成Fe^{3+}，再与血浆中运铁蛋白(transferrin)结合而运输。运铁蛋白将大部分铁运输至骨髓，作为原料合成血红素，再与珠蛋白结合成血红蛋白，参与红细胞的运氧过程。部分铁运输到各组织细胞被利用，合成各种含铁蛋白，参与复杂的物质代谢过程。部分铁运输至肝、脾、骨髓、骨骼肌和小肠黏膜细胞中贮存。铁蛋白(ferritin)是体内贮存铁的主要形式。当体内需要铁时，贮存铁可以释放，参与造血或合成其他含铁化合物。当体内铁含量过多时，铁蛋白含量也即增加，互相聚集形成不溶于水的小颗粒，称含铁血黄素。需铁时，含铁血黄素中的铁也能进入血浆被利用，但比铁蛋白中的铁难动员。

铁代谢的障碍会引起机体一定程度的生理生化过程紊乱而发生疾病。最常见的缺铁性贫血就是体内铁缺乏，造成血红蛋白合成减少，进而影响到红细胞的带氧功能出现的疾病。如果铁进入体内过多，也会引起铁中毒。

三、镁代谢

（一）镁的代谢概况

镁是体内主要的阳离子之一，总量为20～28 g，约57%的镁存在于骨组织，40%的存在于软组织，其余存在于体液。镁以阳离子形式存在于细胞内，几乎不参与交换，细胞外的镁只占体内总量的1%。骨镁主要以磷酸镁和碳酸镁形式吸附在羟磷灰石表面，不能从骨中动员出来，但在一定程度上可以置换骨钙。镁的需要量为每日0.2～0.4 g，主要从谷类和绿色蔬菜中摄取。食物中的镁主要在小肠和回肠吸收。镁的吸收受多种因素的影响，摄入过多的钙、磷酸盐、脂肪等可减少吸收，植酸和碳酸可与镁形成不溶性的化合物而影响吸收，高蛋白饮食则能增加镁的吸收。

体内镁主要经肾和肠道排泄。肾是维持血镁浓度恒定的主要器官，血浆中Mg^{2+}通过肾小球滤过进入肾小管，绝大部分被肾小管重吸收，仅有0.1～0.15 g的镁从尿排泄。肠道排泄未被吸收的镁和消化液分泌的少量镁。

（二）镁的生理功能

1. Mg^{2+}是酶的辅助因子或激活剂　Mg^{2+}是近300种酶的辅助因子或激活剂，参与多种物质代谢、能量代谢、离子转运、神经传导、肌肉收缩等生理功能。

2. Mg^{2+}对中枢神经系统、肌肉应激性有抑制作用　血镁高达5 mmol/L时可引起中枢性呼吸麻痹。Mg^{2+}阻断神经传导冲动，起到镇静作用。Mg^{2+}降低神经肌肉的应激性。在临床上，低血镁可引起手足“搐搦”。

3. Mg^{2+}有降低血压作用　Mg^{2+}可作用于周围血管系统引起血管扩张，产生降低血压作用。因此，注射镁可使血压下降，但过量可抑制心脏，导致心跳停止于舒张期。

4. Mg^{2+}有中和胃酸和导泻作用　如$Mg(HCO_3)_2$等碱性镁制剂是良好的抗酸剂，可用于中和胃酸。Mg^{2+}在肠道吸收缓慢，能使水分潴留在肠腔内，因此镁盐在临床上可用做导泻剂。

四、铜代谢

(一)铜的代谢概况

人体内铜含量为100～200 mg，50%～70%存于肌肉及骨骼，20%的存于肝(重要的储铜库)，5%～10%的分布在血液，微量的铜以酶形式存于组织。每日从食物摄取2 mg铜就能满足生理需要，富含铜的食品有牡蛎、蛤类、小虾及动物肝肾等。铜的吸收主要在胃和小肠上段，吸收后的铜在肠黏膜内和金属巯基蛋白结合贮存，也可参与到超氧化物歧化酶中。从肠道吸收的铜与血浆白蛋白或组氨酸结合运入肝内，部分铜用于铜蓝蛋白的合成，大部分铜贮存起来用于合成各种酶类。正常人每天从胆汁、肠、肾排泄铜2 mg左右。

(二)铜的生理功能

1. 参与造血及铁的代谢　铜主要影响铁的吸收，促进贮存铁进入骨髓，加速血红蛋白及铁卟啉的合成；促进骨髓幼稚红细胞的成熟，成熟红细胞释放进入血液循环；促进无机铁转变成有机铁，Fe^{3+}变成Fe^{2+}，有利于铁在小肠的吸收。

2. 构成体内许多含铜酶和蛋白质　如超氧化物歧化酶、酪氨酸氧化酶、尿酸氧化酶等都是含铜的酶，而含铜的生物活性蛋白质有血浆铜蓝蛋白、血铜蛋白、肝铜蛋白、乳铜蛋白等。铜蓝蛋白能氧化酚类、芳香胺类，也可催化Fe^{2+}氧化成Fe^{3+}，使Fe^{3+}和运铁蛋白结合而被运输。含铜、锌的超氧化物歧化酶(Cu^{2+}，Zn^{2+}-SOD)在清除超氧化物和氧自由基的毒性上具有十分重要的作用。

3. 参与生物氧化　铜是电子传递链中细胞色素氧化酶的组成成分，参与生物氧化过程。

4. 参与黑色素的合成　铜是酪氨酸酶的组成成分，催化酪氨酸生成黑色素。

五、锌代谢

(一)锌的代谢概况

人体内锌的含量为2～3 g，广泛分布于各组织，以视网膜、胰腺及前列腺含量高，在肌和骨骼中贮存。人体每日锌的需要量为15～20 mg。主要来自含锌丰富的谷类、粗粮、蛋黄、瘦肉、鱼、牡蛎和坚果等食物。锌在小肠中吸收，植物中的锌较动物组织的锌难以吸收。吸收入血的锌与白蛋白结合被运输至肝及全身。头发中的锌含量常作为体内锌含量的指标。锌主要由粪便、尿、汗、头发及乳汁排泄，每天由尿排泄的锌不超过1 mg。

(二)锌的生理功能

1. 锌是多种酶的组成成分或激活剂　锌参与碳酸酐酶、DNA聚合酶、RNA聚合酶、碱性磷酸酶等的组成，与多种物质代谢相关。

2. 锌增强免疫细胞的功能　缺锌后机体免疫功能减退。

3. 锌有抗氧化、抗衰老及抗癌作用　锌是超氧化物歧化酶的成分，在清除超氧化物和氧自由基的毒性上具有重要的作用，能防止自由基对细胞膜造成损伤，减少过氧化脂质的生成。在衰老过程中或某些肿瘤病人可能出现缺锌的症状。

4. 锌促进核酸、蛋白质生物合成和机体生长发育　缺锌后可致创伤溃疡难以愈合，儿童生长发育不良，性器官发育不全或减退，引起缺锌性侏儒或肠原性肢端皮炎。

六、硒代谢

(一)硒的代谢概况

体内硒的含量为 14～21 mg，分布于除脂肪组织以外的所有组织，以肝、胰、肾中的含量较多。硒以硒蛋白或含硒酶的形式存在于体内。人体每日硒的需要量为 50～200 μg。对硒的摄入量受环境及食物含硒量的影响。富含硒的食物有蒜、芝麻、啤酒、酵母、蘑菇、小虾、鱼类、肝、肾及中药黄芪、地龙等。硒主要在肠道吸收。有机结合硒较易被吸收。维生素 E 可促进硒的吸收；食物中的硫化物、砷化物、汞等可阻碍硒的吸收。吸收的硒主要与血浆中的 α-球蛋白或 β-球蛋白结合而运输至各组织被利用。硒排泄主要经肠道，小部分由肾、肺及汗排出。

(二)硒的生理功能

1. 硒构成谷胱甘肽过氧化物酶的必需基团　该酶有抗氧化作用，催化谷胱甘肽与过氧化物反应，以防止过氧化物对人体的损害，保护细胞膜结构和功能的完整性。

2. 硒参与辅酶 A 和辅酶 Q 的生物合成　在生物氧化和电子传递链中发挥重要作用。

3. 硒的抗毒性作用、抗肿瘤作用　硒能与银、汞、镉、铅等形成不溶性的化合物，对保护人体免遭重金属污染起一定作用，其抗癌作用机制尚未阐明。

4. 硒能刺激机体产生抗体　硒增强机体对疾病的抵抗力。

5. 硒与视力、神经传导有密切关系　晶状体含硒丰富，硒在视网膜、运动终板中可能起着整流器及蓄电器的作用。

缺硒与多种疾病有关，如克山病、心肌炎、扩张型心肌病等。但硒过多时也会产生一些毒性作用，包括脱发、周围性神经炎、生长迟缓及生育力低下等。

七、碘代谢

(一)碘的代谢概况

体内碘的含量为 25～50 mg，大部分集中于甲状腺组织中。人体每日需碘量为 100～300 μg。碘吸收的部位主要在小肠。食物中的碘在消化道 100%被吸收。碘与血浆蛋白质结合而运输，其中有 70%～80%的碘被甲状腺细胞摄入而贮存、利用。每日约有相当于吸收量的碘排出，肾排约占碘总排泄量的 85%，其余由汗腺排出。

(二)碘生理功能

碘的主要功能是合成甲状腺素(T_4)。甲状腺素具有促进蛋白质生物合成、加速机体生长发育、调节能量代谢、稳定中枢神经系统结构和功能等重要作用。在缺碘地区，由于碘的摄入不足，常发生单纯性甲状腺肿疾病。通过食用加碘盐，可预防和治疗单纯性甲状腺肿。如婴幼儿发生缺碘，可影响其生长发育，导致呆小症，主要表现为智力和体格的发育迟缓。若摄入碘过多，又可导致高碘性甲状腺肿，表现为甲状腺功能亢进及中毒症状。

第二节 维 生 素

一、维生素的概念与分类

维生素(vitamine)是人体维持正常生命活动所必需的一类小分子有机化合物。多以原型或被机体利用的前体形式存在于天然食品中。虽然维生素种类较多,生理功能也各不相同,但它们具有以下共同特点:①不属于供能物质,在体内代谢不会产生能量;②因体内不能合成或合成过少,不能满足需要,故必须从食物中摄取补充;③人体需要量很少,但在生命活动中十分重要,多以辅酶的形式参加物质代谢。

目前发现对机体必需的维生素有10多种,它们在化学结构上没有共性,通常按溶解性分为脂溶性维生素(fat-soluble vitamine)和水溶性维生素(water-soluble vitamine)两大类。脂溶性维生素包括维生素A、维生素D、维生素E和维生素K;水溶性维生素有B族和维生素C。B族维生素包括 B_1、B_2、PP、B_6、泛酸、生物素、叶酸和 B_{12} 等。

小贴士

1747年前,因缺乏维生素C引起的坏血病夺去了几十万英国水手的生命。海军军医林德建议船员远航时多吃些柠檬,从此未再发生坏血病。

1912年,波兰科学家丰克从米糠提取出一种能治疗脚气病的白色物质,称维持生命的营养素,简称Vitamin,也称维生素。

随时间的推移,更多的维生素种类被发现,维生素成了一个大家族。人们按A、B、C等顺序排列,共有几十种。

20世纪70年代,生物化学家、诺贝尔化学奖获得者鲍林提出大剂量维生素C可预防和治疗感冒,带动了世界各地大量的同类研究。

现代科学进一步肯定了维生素对人体的抗衰老、防治心脏病、抗癌方面的功能。其中最引人注目的是发现了维生素C、维生素E、胡萝卜素的抗氧化作用,并明确了它们在体内从不同环节上对抗自由基对细胞的氧化损害。

二、维生素缺乏症与中毒

人体对维生素的需要量,每日仅以毫克或微克水平计算。由于机体自身合成不足或不能合成,必须从外界得到供给。一般说来,合理的膳食可以获得全部维生素。当某种维生素长期供应不足,引起机体相应的生理生化机能紊乱,出现特殊的临床表现,称为维生素缺乏症(hypovitaminosis)。常见的原因有:①维生素摄入不足,如食物的保存、烹调、处理不当或有偏食习惯;②维生素吸收不良,如慢性腹泻、肝胆疾患等;③维生素需要量增加时而未及时补充,如儿童、孕妇等特殊时期摄入量不足;④长时间服用抗生素,抑制了肠道细菌的生长,亦可使维生素K、维生素 B_6、维生素PP、生物素等合成减少。

维生素长期摄入不足会导致缺乏症,但维生素的补充并非多多益善。当摄入过多的维生素时,会加重机体的负担,引起异常代谢或干扰其他营养素的代谢,出现临床症状,称为维生素中毒。水溶性维生素常以原型从尿排出，脂溶性维生素可在体内储积引起中毒，临床上以维生素A、维生素D中毒多见。维生素A中毒的症状为恶心呕吐、眩晕、视觉模糊、肌活动失调、乏力、嗜睡等。维生素D中毒主要表现为食欲减退、呕吐、腹泻、体重下降、头痛、多尿、烦渴、发热，严重者可出现软组织转移性钙化和肾结石等。

三、脂溶性维生素

脂溶性维生素的共同特点是：不溶于水而溶于脂肪或脂类溶剂；常与食物脂类物质共存，随着脂类同时吸收；可储存于肝和脂肪组织内。脂类吸收不良者，影响到脂溶性维生素的吸收，严重的可出现缺乏症。表11-2归纳了四种脂溶性维生素的来源、活性形式、主要生理功能及缺乏症。

表11-2 脂溶性维生素

名称	来源	活性形式	主要生理功能	缺乏症
维生素A	肝、蛋黄、鱼肝油、胡萝卜等	11-顺视黄醛/视黄醇	1. 参与视网膜视紫红质的合成，与暗视觉有关	夜盲症
			2. 保持上皮组织结构与功能健全	眼干燥症
			3. 促进生长发育	
维生素D	鱼肝油、蛋黄，奶类、皮肤中维生素D原	$1,25\text{-}(OH)_2\text{-}D_3$	1. 促进钙磷吸收，调节钙磷代谢	儿童佝偻病
			2. 促进骨盐代谢与骨的正常生长	成人软骨病
维生素E	植物油、豆类、蔬菜		1. 抗氧化作用，维持生物膜结构与功能	
			2. 维持生殖功能	
维生素K	绿色蔬菜、肝等；肠道细菌可合成	2-甲基-1,4-萘醌	参与肝凝血因子的合成	

四、水溶性维生素

水溶性维生素是易溶于水的极性分子，在体内储存量有限，一般不会中毒。当机体摄入达到饱和后，多余部分即迅速从尿中排出。B族维生素在体内主要构成结合酶的辅酶参与代谢。在酶促反应中起载体作用，参与各种化学基团、电子或原子的转移。维生素C在体内有多种生化功能，在临床还用于预防和治疗感冒。表11-3归纳了主要水溶性维生素的来源、活性形式、主要生理功能及缺乏症。

表11-3 水溶性维生素

名称	来源	活性形式	主要生理功能	缺乏症
维生素B_1（硫胺素）	酵母、豆类、瘦肉、谷物外皮及胚芽	TPP	1. α-酮酸氧化脱羧酶辅酶 2. 抑制胆碱酯酶活性	脚气病 末梢神经炎

续表

名称	来源	活性形式	主要生理功能	缺乏症
维生素 B_2（核黄素）	肝、酵母、蛋黄、牛奶、绿色蔬菜	FMN	构成黄素酶的辅酶成分，参与生物氧化过程	舌炎、口角炎阴囊炎
维生素 PP（尼克酸、尼克酰胺）	肉类、谷物、花生、酵母	NAD^+ $NADP^+$	构成脱氢酶的辅酶成分，参与生物氧化过程	癞皮病
维生素 B_6	酵母、蛋黄、肝、谷类；肠道细菌可合成	磷酸吡哆醛 磷酸吡哆胺	1. 氨基酸脱羧酶、转氨酶的辅酶，参与氨基酸分解代谢 2. ALA 合酶的辅酶，参与血红素合成	
泛酸（遍多酸）	存在于动植物细胞中肠道细菌可合成	CoA	构成辅酶 A，参与酰基的转移	
生物素	存在于动植物细胞中肠道细菌可合成		羧化酶的辅酶，参与 CO_2 的固定	
叶酸	肝、酵母、绿色蔬菜；肠道细菌可合成	四氢叶酸	参与一碳单位的代谢，与蛋白质和核酸合成红细胞和白细胞成熟有关	巨幼红细胞贫血
维生素 B_{12}（钴胺素）	肝、肉类、酵母、牛奶；肠道细菌可合成	甲基钴胺素 脱氧腺苷钴胺素	参与甲基的转移，促进 DNA 合成和红细胞成熟	巨幼红细胞贫血
维生素 C（抗坏血酸）	枣、菜花、西红柿、柑橘、辣椒等	抗坏血酸	1. 参与羟化反应，促进细胞间质合成 2. 参与氧化还原反应 3. 解毒作用	坏血病

思考题

1. 名词解释

常量元素　微量元素　维生素

2. 叙述钙的生理功能。
3. 简述 $1,25\text{-}(OH)_2\text{-}D_3$ 调节钙磷代谢的作用。
4. 叙述机体对维生素需要的特点。

（陈　飞）

第十二章

DNA 生物合成

学习目标

1. **掌握** 遗传信息传递的中心法则、DNA 半保留复制的概念与反应体系、反转录概念与意义。
2. **理解** DNA 的生物合成及反转录过程。
3. **了解** DNA 的损伤与修复。

第一节 DNA 复制

DNA 是遗传的物质基础，其分子中的碱基排列顺序携带遗传信息。基因是 DNA 分子中某个功能片段。它是编码一条多肽链或一个 RNA 分子所必需的全部 DNA 碱基序列。在遗传信息传递过程中，以亲代 DNA 为模板合成与之完全相同的子代 DNA，称为 DNA 复制(DNA replication)。通过复制把亲代遗传信息准确传递到子代。DNA 中的遗传信息可以通过转录、翻译表达为生物性状。转录(transcription)是在 DNA 指导的 RNA 聚合酶催化下，以单链 DNA 为模板按碱基配对原则合成 RNA 分子的过程。通过转录把生物体 DNA 携带的遗传信息传递给 RNA。翻译(translation)是指以 mRNA 为模板，以其分子中碱基顺序所决定的遗传密码为指导，合成蛋白质的过程。通过转录和翻译，把 DNA 遗传信息转变为有功能的蛋白质的过程称为基因表达(gene expression)。1958 年，Crick 把遗传信息的这种传递规律称为中心法则(central dogma)。但 1970 年 Temin 及 Baltimore 分别从致癌 RNA 病毒中发现了反转录酶，从而证明了 RNA 为模板也可反转录合成 DNA，这种遗传信息传递的方向与转录正好相反，故称逆转录(reverse transcription)或反转录。后来还发现某些 RNA 病毒中的 RNA 也可自身复制，故中心法则得到补充和修正(图 12-1)。

一、DNA 复制方式

DNA 复制方式是半保留复制。在 DNA 复制时，以亲代 DNA 解开的两条单链为模板，按照碱基互补配对原则，各自合成一条与之互补的 DNA 单链，成为两个与亲代 DNA 分子完全相同的子代 DNA 分子，在子代 DNA 分子中一条链是新合成的，另一条链则是保留亲代的，故称半保留复制。

1958 年，Meselson 和 Stahl 的实验证明，DNA 复制为半保留式(图 12-2)。他们使用一种特殊的细菌培养液，研究大肠杆菌(E. *coli*)DNA 复制过程。培养液中，氯化铵的氮原子是较重

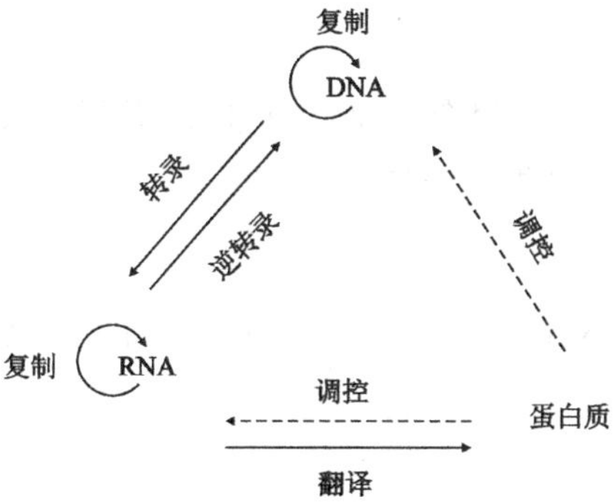

图 12-1 中心法则示意图

的同位素^{15}N,而不是通常的^{14}N。首先,他们将 E. *coli* 在这种重氮介质中连续培养 15 代,使 DNA 中的氮原子完全被^{15}N所取代,其 DNA 密度比通常含^{14}N的 DNA 大约高 1%,两者在氯化铯密度梯度离心中形成不同的区带。然后,他们将这些细胞转移到轻氮(^{14}N)介质中,并提取第二代 *E. coli* DNA,发现其密度介于轻、重 DNA 之间(提示:全保留式复制是不可能的)。接着,他们提取经过两次复制的第三代 DNA,发现一半为中间密度 DNA,另一半为轻 DNA,这一结果符合半保留复制的特点,排除了散布式 DNA 复制的可能性。随着 E. *coli* 在轻氮介质中培养代数的增加,轻 DNA 区带所占的比例越来越大,而中间密度区带越来越少,证明 DNA 复制确实是半保留式的。

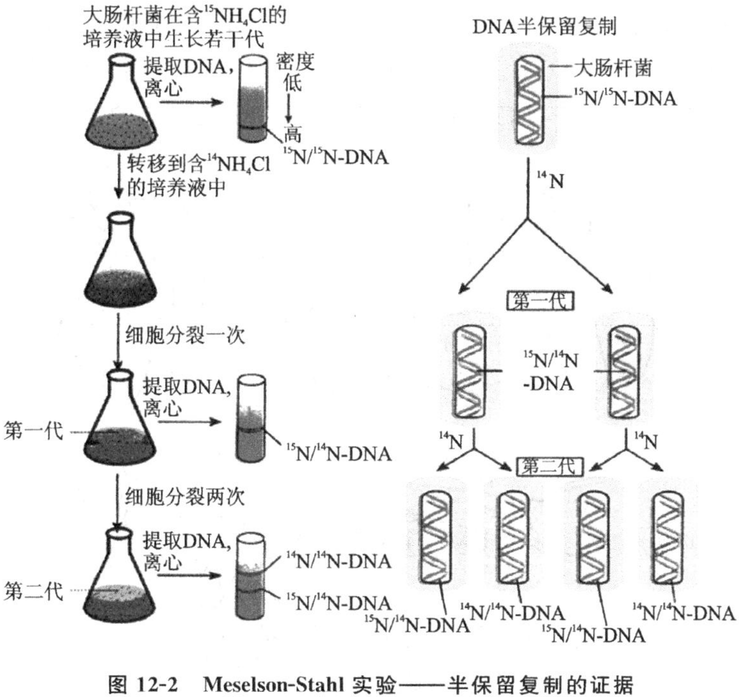

图 12-2 Meselson-Stahl 实验——半保留复制的证据

二、DNA 复制体系

DNA 复制是一个复杂的核苷酸聚合酶促反应过程，需要模板、合成原料、有关酶类及蛋白质因子参与完成，由 ATP 和 GTP 提供能量。

(一)参与复制的原料

三磷酸脱氧核苷是合成 DNA 的原料，包括 dATP、dTTP、dCTP、dGTP，且数量上前两者相等，后两者相等。

(二)参与复制的酶类

1. DNA 聚合酶　又称为 DNA 指导下的 DNA 聚合酶(DNA directed DNA polymerase，DDDP)，在适量 DNA 作模板、RNA 作引物的条件下，可催化 4 种 dNTP 聚合成 DNA，故称之为 DNA 指导的 DNA 聚合酶。把先发现者称 DNA 聚合酶Ⅰ(DNA polⅠ，DDDP Ⅰ)，后发现者分别称为 DNA 聚合酶Ⅱ(DNA polⅡ，DDDPⅡ)和 DNA 聚合酶Ⅲ(DNA polⅢ，DDDPⅢ)。

原核生物大肠杆菌的 DNA polⅠ是一种多功能酶，具有以下功能：

(1)催化新合成的 DNA 链由 5′→3′方向延长。

(2)能识别并按 3′→5′方向切除 DNA 片段或引物的 3′末端的错误配对碱基。

(3)在复制过程中按 5′→3′方向切除引物，并在引物切除后的空缺延长 DNA 片段。还有修复 DNA 损伤的作用。

DNA polⅡ因含量少(<100 个分子/细胞)、活性低(仅有 DNA polⅠ的 5%)，功能尚难定论。

DNA polⅢ活性最大，每分子酶每分钟可使 1.5 万～6.0 万个脱氧核苷酸聚合，是真正的 DNA 复制酶。大肠杆菌 DNA polⅢ是由 10 种共 22 个亚基组成的不对称二聚体(图 12-3)。不对称二聚体的酶结构有利于其在复制叉上同时催化先导链和随从链的合成。

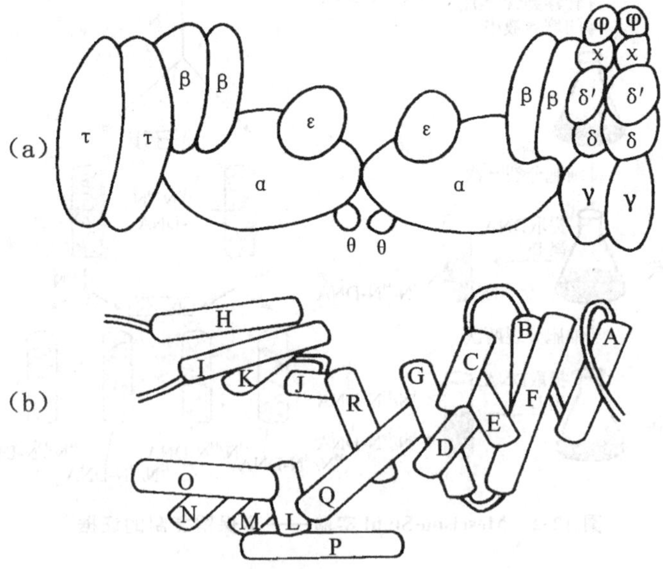

图 12-3　大肠杆菌 DNA 聚合酶Ⅲ

(a)DNA 聚合酶Ⅲ　(b)DNA 聚合酶Ⅰ由 18 个 α 螺旋区组成，H 和 I 之间是较大的非螺旋区连接，图中未显示出

真核生物细胞中已发现 α、β、γ、σ、ε5 种 DNA 聚合酶，其中 α 是合成随从链的酶，β 是损伤修复酶，γ 是线粒体 DNA 复制的酶，σ 参与复制时合成先导链，ε 功能还不很清楚。

DNA pol 的主要作用是催化形成磷酸二酯键，具有 3 个特点：

(1)只有模板 DNA 存在时才有酶活性，而且底物必须是 dNTP。

(2)只能在原有的 DNA 片段或 RNA 引物片段的 3′-OH 端上连续逐个加上脱氧核苷酸，延长 DNA 链。

(3)聚合反应的延长方向是由 5′→3′，即子链按 5′→3′延长，模板按 3′→5′被复制。

2. 解链和解旋酶类 DNA 分子是双螺旋结构，原核细胞环状 DNA 还形成超螺旋结构，真核细胞则更复杂。在双螺旋链中，碱基皆在两链之间，如果不解开复杂的螺旋和双链，碱基就不能外露，无法进行复制。故需要解旋、解链的酶类和蛋白质参与。

(1)DNA 解链酶(DNA unwinding enzyme) 也称 rep 蛋白，此酶通过水解 ATP 获得能量，解开双螺旋链间氢键成单链 DNA。恰在复制叉前解开一小段 DNA，并沿复制叉前进的方向移动。

(2)单链结合蛋白(single-strand binding protein) 又称 DNA 结合蛋白(DNA binding protein)，在 DNA 复制时，一旦较短的单股 DNA 链形成，几分子单链结合蛋白立即牢固地结合上去，防止以解链的单链再恢复成双链，并对抗核酸酶、保护单链不被破坏。此蛋白在复制过程中可反复被利用(图 12-4)。

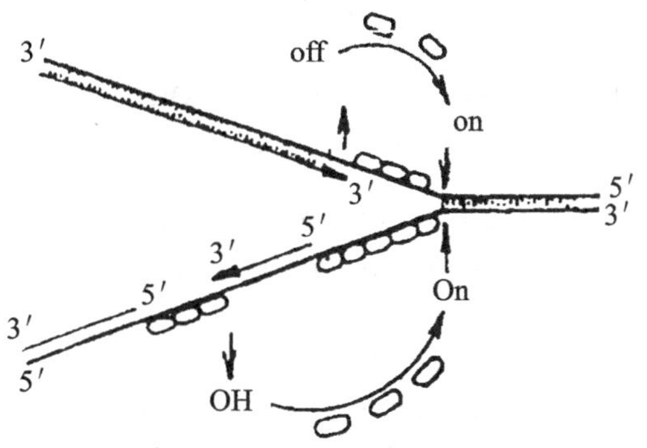

图 12-4 单链 DNA 结合蛋白在复制过程中反复使用

(3)拓扑异构酶(topoisomerase) DNA 在解旋解链过程中，由于旋转速度过快，容易造成打结、缠绕、连环现象。①拓扑异构酶 Ⅰ(topoisomerase Ⅰ)能迅速使环状超螺旋 DNA 解旋，而不改变其化学组成。作用机制可能是先切开双链 DNA 中的一条链，此切口的游离磷酸基与酶分子结合，使该链末端沿螺旋轴按超螺旋反方向转动，消除超螺旋后再将切口封闭，无须 ATP 供能。②拓扑异构酶 Ⅱ(topoisomerase Ⅱ)有两个亚基，一个同时切断 DNA 双股链，另一个可水解 ATP 释放出能量。前者切开双链后使之反超螺旋方向转动以消除超螺旋，在无 ATP 时即重新封闭，后者水解 ATP 释出能量，使双链按反超螺旋方向再旋转，形成负超螺旋后再封闭之(图 12-5)。

3. DNA 连接酶(DNA ligase) 可催化两个 DNA 片段通过磷酸二酯键连接起来。反应需 ATP 供能(图 12-6)。

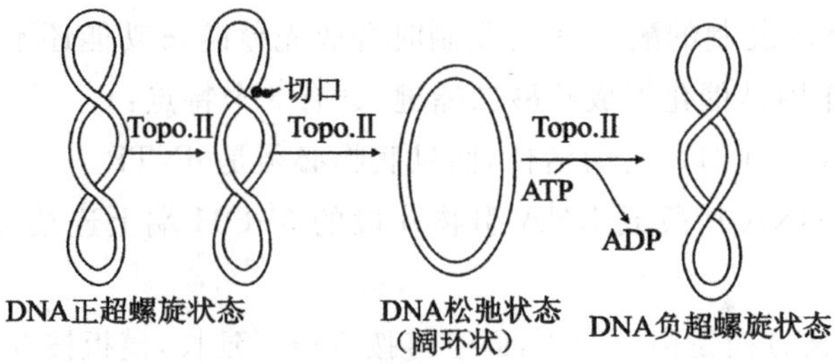

图 12-5　拓扑异构酶Ⅱ作用示意图

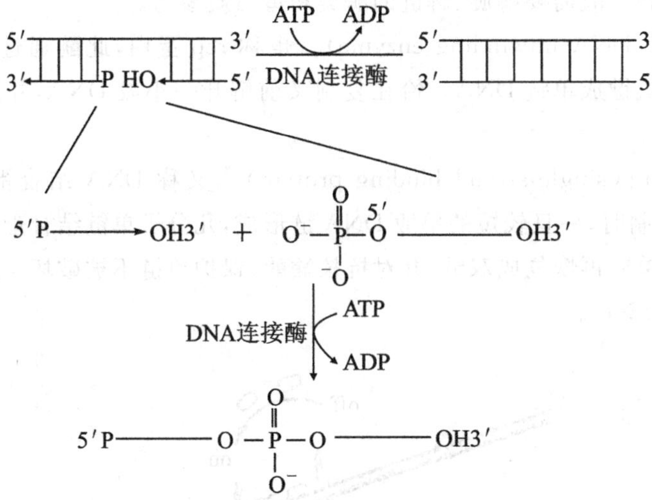

图 12-6　DNA 连接酶的作用

图上方是双链状态下连接酶的作用，图下方把被连接的缺口放大，表示出化学反应

4. 引物酶(primase)和引发体(primosome)　由于 DNA 聚合酶只能在引物 RNA 或 DNA 的 3′-OH 端，按 5′→3′方向催化连续合成 DNA，故必须由引物酶(dnaG 蛋白)、解螺旋酶(dnaB 蛋白)、dnaC 蛋白和 DNA 起始复制区形成复合结构，称为引发体。引发体可移动，到达起始原点 DNA 变构，按照模板的配对序列，催化 NTP 聚合形成 RNA 引物。

三、DNA 复制的过程

(一)复制的起始

一般认为生物复制是从一个特定核苷酸顺序的固定点开始，同时向两个方向进行，此点称复制起始点(replication origin)。真核生物的复制起始点一般有多个。复制起始时，在拓扑异构酶和解链酶作用下，从复制起始原点开始，向两端同时打开 DNA 局部双链，形成复制泡(replication bubble)，此时单链结合蛋白结合在单链上以稳定其单链结构。复制泡从一个方向看，解开的两股单链和未解开的双螺旋形似叉子，故名复制叉(replication fork)。从原点开始，复制呈双向展开，称为双向复制(bidirectional replication)。随复制的展开，复制叉向两端方向移动，复制泡不断扩大(图 12-7)。

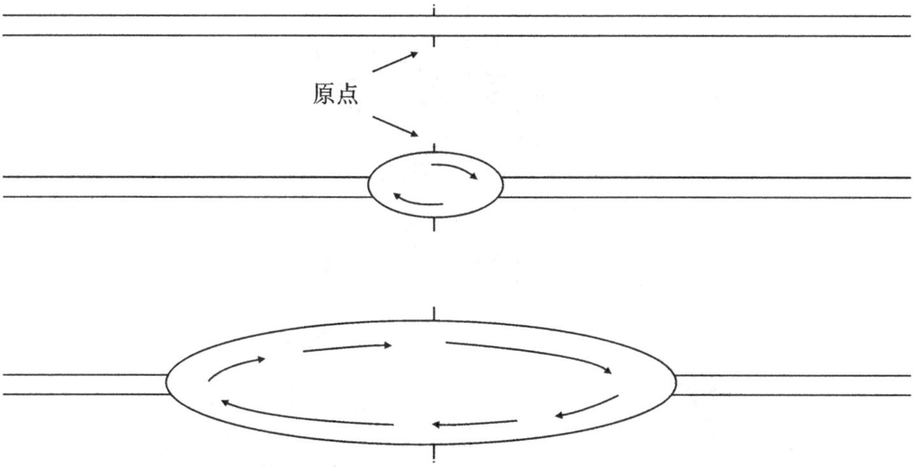

图 12-7　复制泡及其扩展

模板链复制方向由 3′→5′，新复制的子链是由 5′→3′延伸。由于 DNA 双链走向相反，形成复制叉后两模板链也必然走向相反，则子链的延伸方向也必不相同，其中，延伸方向朝向复制叉的子链称先导链(leading strand)，背向复制叉的子链称随从链(lagging strand)。复制先导链时，引发体内的引物酶直接识别并结合于其模板的复制起始原点，由此点开始按 3′→5′沿模板链滑动，使 RNA 引物由 5′→3′合成。之后引物酶脱离模板，DNA polⅢ的一个单聚体结合该模板，在引物 3′端按 5′→3′连续地合成先导链。而在随从链模板上，因无复制起始原点，引物酶不与此模板链结合，沿先导链模板朝复制叉方向滑动。当随从链模板出现复制起始原点时，dnaB-dnaC 蛋白复合体随之亦结合上去，促进局部 DNA 变构，引物酶与随从链模板起始原点结合，沿该模板链 3′→5′方向合成引物，则引发体脱离，以寻找下一个起始原点(图 12-8)。由于引物酶沿随从链模板按 3′→5′方向(背向复制叉)催化引物按 5′→3′方向合成，而复制体又不断地继续向复制叉方向滑动，导致随从链模板链开始绕成 180°的环。DNA polⅢ的另一单聚体继续在引物 3′端按 3′→5′滑动，随从链按 5′→3′合成，使这个环越来越大。当到达前一引物 5′端时，DNA polⅢ单聚体即脱离模板链，环亦随即被打开。如滑动至随从链下一个起始位点时，又形成引发体，反复上述合成引物过程，再形成环和打开环。

(二)复制的延长

以解开的 DNA 单链为模板，dNTP 为原料，在 DNA polⅢ的两个单聚体分别催化下，先导链连续合成，由 5′→3′延长。随从链则是合成一个一个的随从链片段，此片段长 1 000～2 000 个碱基，是日本人冈崎正治(Reiji Okazaki)首先发现，故称为冈崎片段(Okazaki fragments)。当随从链合成到一定长度后，冈崎片段之间的引物被 DNA polⅠ按5′→3′方向切除，此酶同时催化在冈崎片段 3′端按 5′→3′方向延伸，到达前一个冈崎片段 5′端时，DNA polⅠ脱落，再由 DNA 连接酶催化，连接冈崎片段成 DNA 长链。

(三)复制的终止

对环形 DNA 分子，随从链中合成的最后一个冈崎片段 3′端和起始点合成的冈崎片段的 5′端，由 DNA 连接酶连接成环。先导链 3′端和起始点 5′端直接焊接成环。对线形 DNA 分子，详细情况还不十分清楚。已知真核生物线形 DNA 分子合成终止时，存在一个端粒(telomere)结构，还需一个称为端粒酶(telomerase)的酶参与，其详细情况是目前肿瘤研究中的一个新领域。

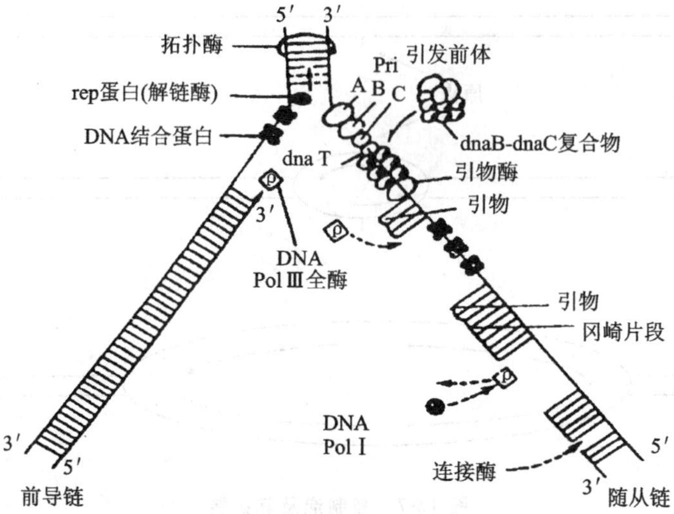

图 12-8 大肠杆菌 DNA 复制过程

第二节 反 转 录

一、反转录酶

反转录(reverse transcription,反向转录、逆转录)是在反转录酶催化下,以 RNA 为模板,dNTP 为原料合成 DNA 的过程。

1964 年,Temin 根据放线菌素 D 特异抑制致癌病毒在癌细胞中复制的实验,提出致癌 RNA 病毒在癌细胞复制中需先合成 DNA(前病毒),此 DNA 插入到细胞 DNA 中,再转录出 RNA,其表达产物使细胞癌变。1970 年,Temin 和 Baltimore 分别从 Rous 病毒和鼠白血病病毒中分离出了反转录酶(reverse transcriptase),亦称 RNA 指导的 DNA 聚合酶(RNA directed DNA polymerase,RDDP),从而证明了 RNA 可反转录成 DNA。

反转录酶功能是:①以 RNA 为模板,dNTP 为原料,按 5′→3′方向合成 DNA,合成起始时需色氨酸 tRNA($tRNA^{Trp}$)作引物;②具有核酸酶 H 作用,能特异地从 DNA-RNA 杂交体中切除 RNA 及引物;③具有 DNA pol 的作用,以单链 DNA 为模板,合成双链 DNA。

二、反转录的过程

反转录的基本过程(图 12-9)是反转录酶以(病毒)RNA(正链)为模板,以 dNTP 为原料,在 $tRNA^{Trp}$引物的 3′-OH 上接续合成 DNA(负链),形成 RNA-DNA 杂交体。DNA 负链合成快完成时,模板 RNA 和引物先后被反转录酶水解除去,留下单股 DNA 负链,称互补 DNA(complementary DNA,cDNA)。反转录酶再以 DNA 负链为模板,催化合成 DNA 单链(正链)成为 DNA 双链。此双链 DNA 保留了病毒 RNA 遗传信息,可直接整合到宿主细胞 DNA 中,转录出 RNA 病毒的 RNA,进而合成 RNA 病毒,故称之为前病毒(provirus)。

三、反转录的生物学意义

反转录作用的发现,扩充和发展了中心法则,即在 Crick 提出的中心法则的基础上增添了

RNA 反转录成 DNA、RNA 自身复制及其表达，而且还使人们对 RNA 病毒致癌机制有了进一步的认识。后来又发现反转录酶也存在于正常细胞，如蛙卵、正在分裂的淋巴细胞、胚胎细胞等，推测可能与细胞分化和胚胎发生有关。在基因工程中，当目的基因制备困难时，可根据已知某蛋白质的氨基酸顺序，合成其 mRNA，再以 mRNA 为模板反转录成 cDNA，后者扩增后既可作 cDNA 探针，也可再转变成 cDNA 双链，进行 DNA 重组或建立 cDNA 文库，从中很容易筛选出目的基因。

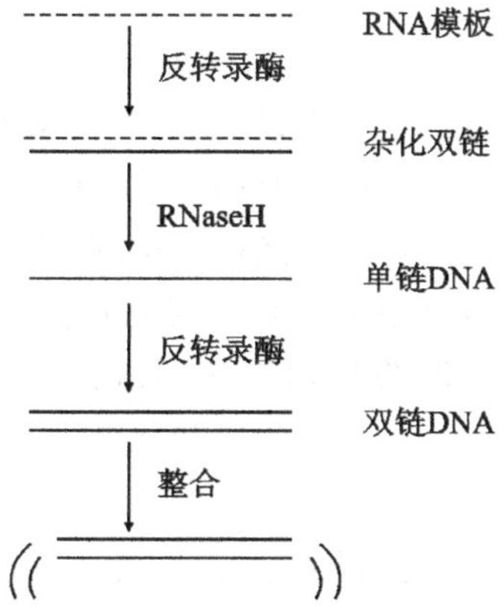

图 12-9　反转录酶催化的 cDNA 合成

第三节　DNA 损伤与修复

紫外线、电离辐射、化学诱变等使 DNA 在复制过程中发生突变，这一过程叫 DNA 损伤。其实质就是 DNA 分子上碱基的改变，造成 DNA 结构和功能的破坏，导致基因突变。其分子改变的类型分为：错配、缺失、插入和重排。损伤按其发生的原因可分两大类，即自发性损伤和环境因素损伤。所谓自发性损伤是还未找到特异环境有害因素的损伤，故此两大类有时很难区别。

一、DNA 损伤

(一)DNA 自发性损伤

1. DNA 复制错误　碱基配对错误频率为 1%～10%，因为 DNA pol 的校读作用，使复制错误很低，仅 10^{-9}。

2. 碱基的自发性损伤　碱基中的氨基($-NH_2$)、酮基(C＝O)和烯醇基(＝C-OH)常发生异构转变、丢失等。

(二)环境因素对 DNA 损伤

1. 化学物质　烷化剂如氮芥，环磷酰胺等，可使鸟嘌呤的第 7 位 N 发生烷化而除去鸟嘌呤。亚硝酸盐、丝裂霉素、放线菌素 D、博莱霉素和各种铂的衍生物，能结合在碱基上，使 DNA 碱基发生链内或链间交联，进而阻止了复制和转录。苯并芘活化后与鸟嘌呤第二位氨基结合，导致损伤。黄曲霉素活化后亦可攻击某些鸟嘌呤，它们都是致癌剂。碱基或核苷类似物 5-氟尿嘧啶、6-巯基嘌呤等，既阻止核苷酸合成，又阻止 DNA 复制和表达。染料吖啶黄、二氢吖啶等，可嵌入 DNA 双链间，影响其复制和转录。

2. 物理因素　大量紫外线照射可使两个相邻嘧啶共价结合形成嘧啶二聚体（如 TT）或使 DNA 链断裂，电离辐射可使磷酸二酯键破坏从而使 DNA 链断裂。

二、DNA 损伤的修复

（一）无差错修复

通过体内的各种修复机制，使 DNA 的损伤得到完全恢复。

1. 光修复　通过光复活酶的催化，使嘧啶二聚体解离而修复。此酶需 300～600nm 波长照射激活，人体仅在淋巴细胞和成纤维细胞中发现，故称为非重要修复方式。如遗传缺陷使此酶缺少，便会产生"着色性干皮病"，病人对日光和紫外线非常敏感，容易发生皮肤癌。

2. 切除修复　亦称暗修复，是人体重要的修复方式，核酸内切酶先特异识别并结合于损伤部位，在其 5′端切断磷酸二酯键，DNA polⅠ在切口的 3′端，以完整的互补链为模板，按 5′→3′方向合成 DNA 链进行修补。同时在切口 5′端，发挥其 5′→3′外切酶作用，切除包括损伤部位在内的一小段 DNA。最后由 DNA 连接酶把新合成的修补片段和原来的 DNA 断裂处连接起来（图 12-10）。

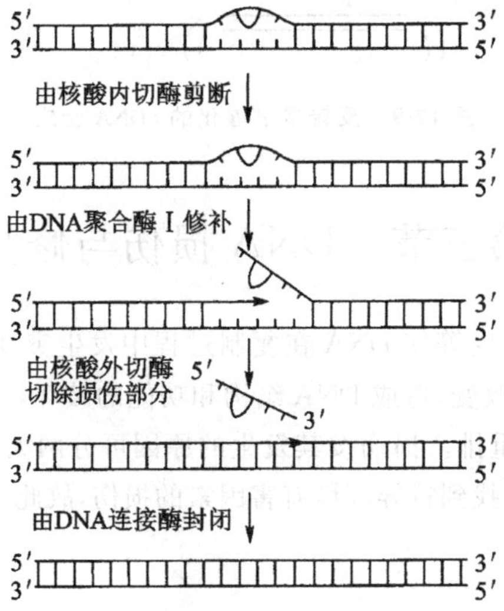

图 12-10　切除修复

（二）有差错修复

通过修复后仍有 DNA 碱基序列差错。

1. 重组修复　又称复制后修复。损伤的 DNA 先进行复制，结果使无损伤 DNA 的单链复制成正常 DNA 双链，有损伤 DNA 单链由于损伤部位不能被复制，出现有一条链带缺口的 DNA 双链。通过分子重组，把定位于亲代单链的缺口相应顺序转移、重组到该缺口处填补。亲代链中的新缺口因为互补链是正常的，可由 DNA pol Ⅰ 修复，连接酶连接。但亲代 DNA 原来的损伤仍存在（图 12-11）。如此代代复制，该损伤链逐代被"稀释"。

2. SOS（save our souls）修复　SOS 是国际海难信号，这一命名表示这仅是一类应急性的修复方式。当 DNA 分子受到大范围严重损伤时，影响到了细胞存活，可诱导细胞产生多种复制酶和蛋白因子，它们对碱基识别能力差，但能催化空缺部位的 DNA 合成，此修复虽有错误，但抢救了细胞生命。

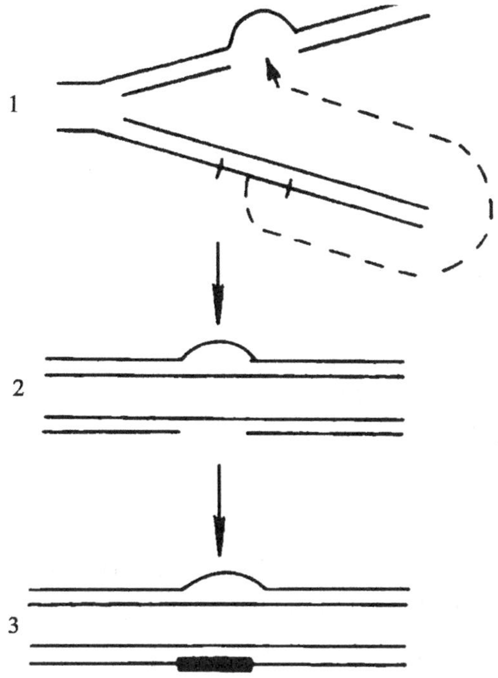

图 12-11　重组修复

1：示损伤部位，虚线箭头示片段交换

2：重组后，损伤链有缺陷单链，健康链带缺口　3：粗短线代表健康链复制复原

如果 DNA 的损伤不是致死性的，而又未得到修复或者难以完全修复，结构异常的 DNA 通过复制把变异遗传到子代，造成子代生物性状改变，称为基因突变(gene mutation)。凡引起这种遗传性 DNA 损伤的因素称为突变剂(mutagen)。由突变剂引发的基因突变叫诱发突变(induced mutation)，反之，为自发突变(spontaneous mutation)。

思　考　题

1. 名词解释

半保留复制　冈崎片段　逆转录

2. 简述遗传信息传递的中心法则。

3. 简述原核生物 DNA 聚合酶的主要功能。

4. 下列几个论点是否正确，请加以简单评论：

(1)DNA 是唯一的遗传信息携带者。

(2)DNA 只存在于细胞核内。

(3)从兔子的心脏和兔子的肝脏细胞核提纯得到的 DNA 毫无差别。

（肖明贵）

第十三章

RNA 生物合成

学习目标

1. **掌握** 转录的概念、转录与复制的区别。
2. **理解** RNA 聚合酶的结构和功能。
3. **了解** RNA 生物合成过程及加工。

转录(transcription)是指在 DNA 指导的 RNA 聚合酶催化下,以 DNA 为模板、NTP 为原料合成 RNA 的过程。体内各种 RNA 都基本上以这种方式合成。在合成过程及合成之后,其中某些碱基还要进一步修饰成稀有碱基(如还原成二氢尿嘧啶,异位成假尿苷,脱氨成次黄嘌呤及甲基化等)。

从化学反应机制上看,转录与复制有相似之处,例如合成方向都是 5′→3′,都以生成磷酸二酯键连接核苷酸,但相似中仍有不同之处,区别见表 13-1。

表 13-1 复制和转录的区别

类别	复制	转录
模板	两股链均复制	模板链转录(不对称性转录)
原料	dNTP	NTP
酶	DNA 聚合酶	RNA 聚合酶
产物	子代双链 DNA	mRNA,tRNA,rRNA
配对	A—T C—G	A—U T—A C—G

小贴士

美国生物化学家罗杰·科恩伯格 20 世纪 70 年代开始使用 X 射线衍射技术结合放射自显影技术缜密研究真核细胞的转录过程,并最终制作出详尽的检晶仪图片,描绘出生命体基因表达和调节的精细过程,为破译生命的隐秘做出了重大贡献。因在“真核转录的分子基础”研究领域做出的贡献,而单独获得 2006 年诺贝尔化学奖。其父亲阿瑟·科恩伯格因为发现并成功分离了 DNA 聚合酶而获得 1959 年的诺贝尔医学奖。成就了有史以来第六对父子先后获诺贝尔奖的佳话。

第一节 转录体系

一、模板 DNA

DNA 是双链结构，但只能转录其中一条链上的转录单位。转录单位是指 RNA 聚合酶作用的起始位点到终止位点之间的 DNA 顺序。真核生物多数转录单位只含 1 个结构基因，原核细胞则含几个功能相关的基因。DNA 两股链中被转录的单链叫模板链(template strand)，不被转录的单链称编码链(coding strand)。由于各个基因在 DNA 双链中分布不同，使各转录单位也分布在两链的不同节段，因此模板链并不固定于某条 DNA 单链。只转录 DNA 双链中模板链，而不转录编码链的转录方式称为不对称转录(asymmetrical transcription)。

DNA 编码链上可与 RNA 聚合酶特异结合，使转录开始的特定部位称启动子(promoter)，但启动子本身并不被转录。原核生物的启动子包括 3 个功能单位(图 13-1)：转录起始部位，即转录时与 RNA 链中第 1 个核苷酸互补结合的部位，常用＋1 表示其顺序位置，第二个核苷酸用＋2 表示，其后依此类推；结合部位，即 RNA 聚合酶结合的部位，在启动部位上游 10(即-10) bp 处，碱基顺序为 TATAAT，故称 TATA 盒(TATA box)；识别部位，即 RNA 聚合酶识别 DNA 所必需的部位，在起始部位上游 35(-35)bP 处，具 TTGACA 顺序。真核生物的启动子还不十分清楚，但已知也有一特殊富含 AT 碱基对区叫 Hogness 盒，在转录起始部位上游 25 (-25)bp 处，是 RNA 聚合酶与启动子结合的部位。此部位上游 45～85bp 处，有 GGCCAATCT 顺序，称 CAAT 盒，可能也与结合 RNA 聚合酶或启动子强度有关。

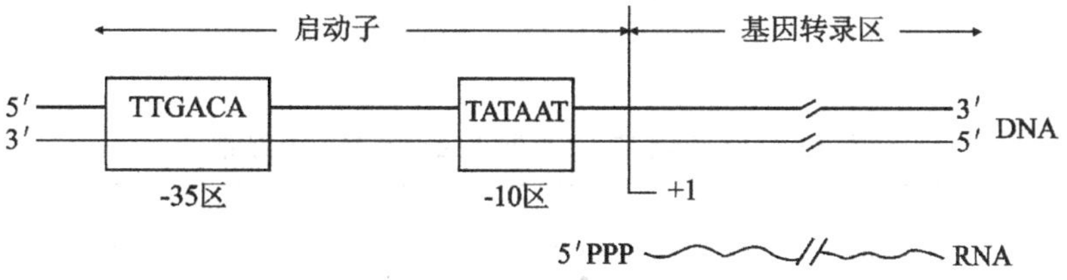

图 13-1 原核生物启动子

除了启动子，在真核生物还有增强子(enhancer)，位于启动子上游或下游，作用是增强转录速率。

在转录单位内，原核生物模板链的一级结构与蛋白质一级结构直接互相对应，真核生物则在基因之内还镶嵌着非编码区。把在基因中能编码蛋白质的 DNA 顺序称外显子(exon)，而夹在外显子之间不编码蛋白质的 DNA 顺序叫内含子(intron)。

DNA 链上还有转录终止信号，称终止因子(terminator)。原核生物的终止因子有两类，一类为不含回文顺序(回文指一段正读和反读意义都相同的文字，在 DNA 链中指一段走向相反、顺序相同的双链顺序)或回文顺序较少，其终止转录作用需要 ρ 因子协助。ρ 因子为一种协助转录终止的蛋白质，能与单股 RNA 链结合，具有 ATP 酶活性，可水解 ATP 释出能量供其沿 RNA 按 5′→3′滑动，最后接触到 RNA pol 与之反应，使 RNA-DNA 杂交体解链，RNA 释出。另一类则具回文顺序，其转录出的 RNA 形成发夹样结构，使 RNA pol、RNA 和模板形成三元复合物，直接阻止 RNA 聚合酶的滑动(图 13-2)。此外模板链 5′端有 3′AAAAAA5′顺序，在其 mRNA3′端形成

5′UUUUUU3′顺序,A-U 结合键在碱基对中结合力最弱,使 RNA 易脱落而终止转录。

二、RNA 聚合酶

在各种原核和真核生物中均有 DNA 指导的 RNA 聚合酶(DNA directed RNA polymerase,DDRP),即 RNA 聚合酶(RNA pol)。

原核生物中研究得比较透彻的是大肠杆菌的 RNA 聚合酶。大肠杆菌 RNA 聚合酶由 4 种亚基 α、β、β′和 σ 组成的 5 聚体,其中 α 亚基有 2 个,故为 $\alpha_2\beta\beta'\sigma$,称为全酶。σ 亚基在 RNA 合成起动后即脱离其他亚基,此时 RNApol 称核心酶。核心酶只具催化合成 RNA 作用,无识别启动子功能。各亚基的功能见表 13-2。

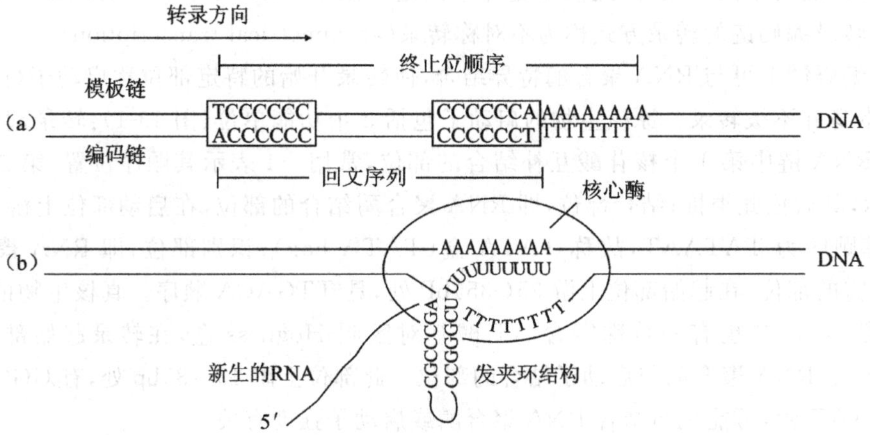

图 13-2 终止因子的作用

(a)终止部位的顺序 (b)三元终止复合物的生成

表 13-2 大肠杆菌 RNA 聚合酶亚基组成及功能

亚基	分子量	数量	功能
α	37 000	2	决定哪些基因被转录
β	151 000	1	RNA 的起始与延伸
β′	156 000	1	结合 DNA 模板
σ	70 000	1	识别起始点

真核细胞中有 3 种 RNA pol,分别称 RNA pol Ⅰ、Ⅱ、Ⅲ。它们专一地转录不同的基因,产生不同的产物。三种酶对鹅膏蕈碱抑制作用的敏感性不同,是区别三种酶的方法之一。各亚基的功能见表 13-3。

表 13-3 真核细胞 RNA 聚合酶的种类和功能

种类	细胞定位	合成的 RNA	对 α-鹅膏蕈碱的敏感性
Ⅰ	核仁	rRNA 前体	不敏感
Ⅱ	核质	hnRNA,mRNA	高度敏感
Ⅲ	核质	tRNA 前体,5SrRNA	中度敏感

第二节 转录的过程

真核生物的转录过程与原核生物大体相似，但尚不完全清楚，故以原核生物为例介绍转录的具体过程。

一、起始阶段

σ 因子辨认模板链启动子的识别位点，并与之结合，导致全酶结合在启动子的结合位点。此两位点含 TA 碱基对多，容易解开。当全酶在启动子由 3′端向 5′端滑动到达启动子的起始部位时，选择性结合到模板链。此时，酶结合处的局部 DNA 发生变构，在约 17 个 bp 范围双链解开，形成转录泡。两个三磷酸嘌呤核苷优先按碱基配对原则与模板配对，全酶即催化其间形成磷酸二酯键，同时放出焦磷酸。之后，σ 因子脱落，模板链上只结合着核心酶。σ 因子的脱落使核心酶与模板链结合变得疏松，便于核心酶沿模板链由 3′→5′滑动。

二、延伸阶段

核心酶在模板链上由 3′→5′端滑动，一方面使 DNA 双链不断按模板链 3′→5′方向解开，另一方面使与模板配对结合的 NTP 间不断形成磷酸二酯键，RNA 链按 5′→3′方向延伸。由于核心酶移动过后，两条单股 DNA 链又恢复到双股形式，使转录泡沿 DNA 模板链按 3′→5′方向随核心酶一起滑动。新生成的 RNA 和模板链约有 12bp 的杂交螺旋，超过此数值则解开成单链 RNA(图 13-3)。

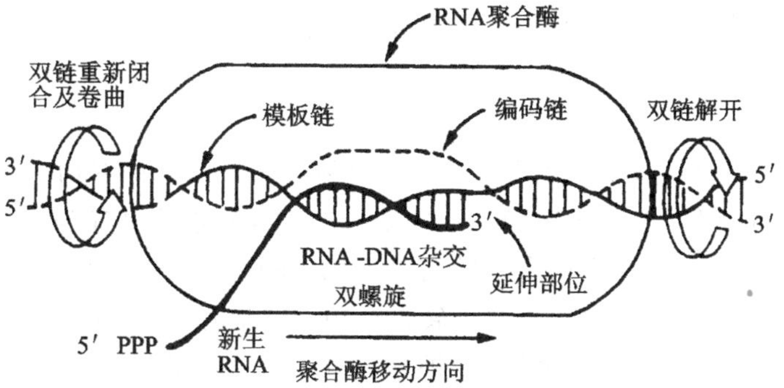

图 13-3 转录的延长

三、终止阶段

随着核心酶沿模板链由 3′端向 5′端滑动，新合成的 RNA 链不断由 5′端向 3′端延伸。当核心酶滑动到模板 DNA 链终止因子时，若终止因子有富含 GC 的回文顺序，则新生的 RNA 链形成发夹样结构，阻碍核心酶滑动，使模板-核心酶-新生 RNA 三元复合物易于解体，加之，模板回文顺序后的 AAAAAA 与新生 RNA 的 UUUUUU 配对结合键最易断开，致使新生 RNA 链脱落，转录终止。若终止子中不含回文顺序或回文顺序较少时，不形成或形成短的发夹结构，模板-核心酶-新生 RNA 三元复合物不易解体，则沿新生 RNA 链由 5′→3′滑动来的 ρ 因子与核心酶结合，使转录终止并释出新生 RNA 链，核心酶随后亦脱落(图 13-4)。

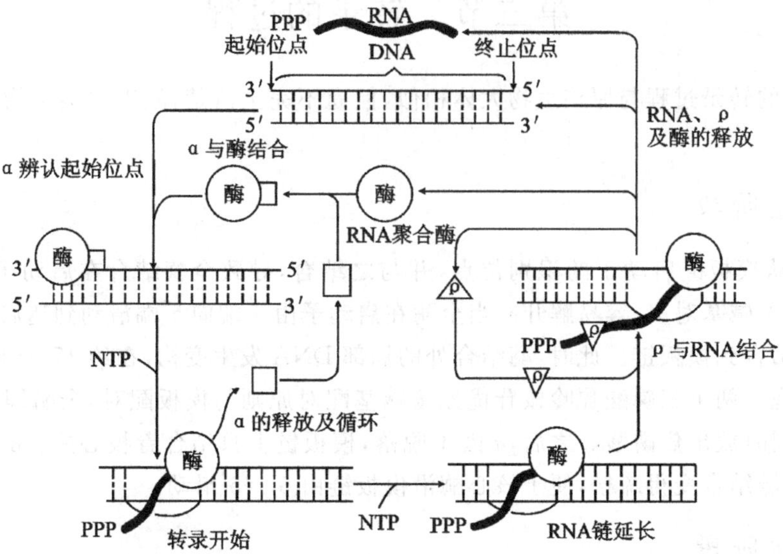

图 13-4 RNA 合成过程

第三节 转录后的加工

转录出的 RNA 还无生物活性，除原核生物的 mRNA 外，所有真核和原核生物转录出的 RNA 都必须经剪接、修饰等加工后，才能变得有生物活性。

一、mRNA 的加工

真核生物转录出的 mRNA 产物是 mRNA 前体，分子量大而不均一，称核不均一 RNA (heterogeneous nuclear RNA，hnRNA)。哺乳动物 hnRNA 分子中有 50%～75%的顺序不出现在胞质中，说明这些顺序是属于内含子的转录产物，在加工成熟过程中被切除掉了。剪接过程包括切除内含子的转录产物，拼接外显子转录产物为完整的 mRNA。

剪接后的 mRNA 还需进行首尾修饰，即在 5′端戴上“帽子”结构，3′端加上“尾巴”结构。“帽子”结构是 7-甲基鸟苷-5′-三磷酸(m^7GpppG)，由 5′端的 G 与另一分子 GTP 在磷酸酶催化下生成 GpppG，再受甲基化酶催化，鸟嘌呤的第 7 位氮原子甲基化而成(图 13-5)，有保护 mRNA 免受 RNA 酶水解破坏的功能，并作为蛋白质生物合成时的识别标志。“尾巴”结构是在 3′端加上 100～200 个的多聚腺苷酸(polyA)，也称“靴状结构”(图 13-6)，有保护 mRNA 被翻译的稳定性，还发现它会随着 mRNA 的寿命而缩短，而且翻译活性也会逐渐下降，也可能与其被连续翻译及 mRNA 由细胞核进入细胞质的转运有关。

二、tRNA 的加工

真核生物转录出的 tRNA 前体，比成熟的 tRNA 多数十个核苷酸，成熟过程主要有两种方式，一是剪切掉 5′端和 3′端的某些序列及 14～60 个插入序列，然后在 3′端又接上“CCA-OH”序

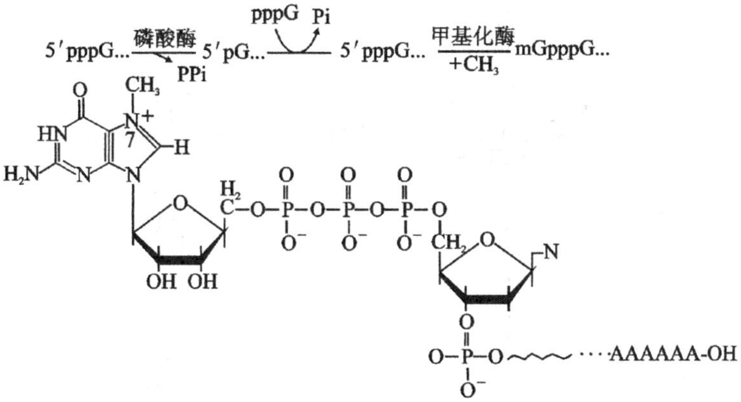

图 13-5 mRNA 帽子结构的生成(上)及帽子结构的详细结构式(下)

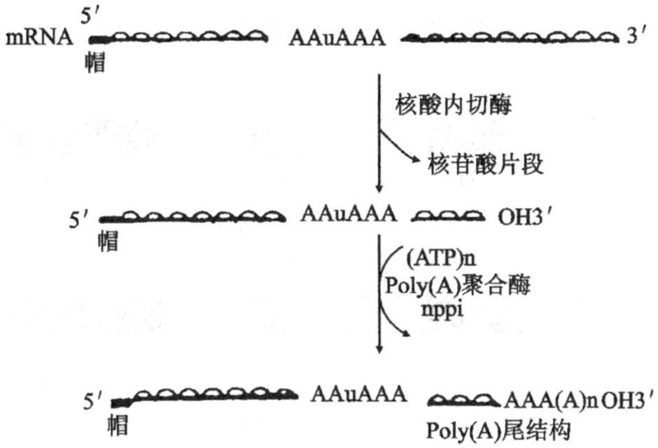

图 13-6 mRNA 尾巴的形成

列;另一个是化学修饰,反应的类型有多种,如把尿嘧啶还原成二氢尿嘧啶(DHU)、异位成假尿嘧啶核苷(φ),甲基化成胸腺嘧啶(T),使嘌呤碱基(A 或 G)脱氨后生成次黄嘌呤等,这也是 tRNA 分子富含大量稀有碱基的原因(图 13-7)。

三、rRNA 的加工

真核生物的 rRNA 共 4 种,其中除 5SrRNA 在核质外,其余 3 种的基因均在核仁并靠近,故可在核仁合成同一前体(45SrRNA)。每个基因转录产物的某些核糖 2′-OH 上先进行甲基化,以抗核酸酶破坏。而非基因的间隔区则无甲基化,在成熟过程中逐步切除,最后生成 18SrRNA、28SrRNA 和 5.8SrRNA。5SrRNA 前体经过碱基修饰成熟为 5SrRNA(图 13-8)。然后 28SrRNA、5.8SrRNA、5SrRNA 与相关蛋白质一起构成核糖体的 60S 大亚基;18SrRNA 与相关蛋白质一起构成核糖体的 40S 小亚基,构成的大、小亚基通过核孔转运到细胞质中,作为蛋白质合成的场所。

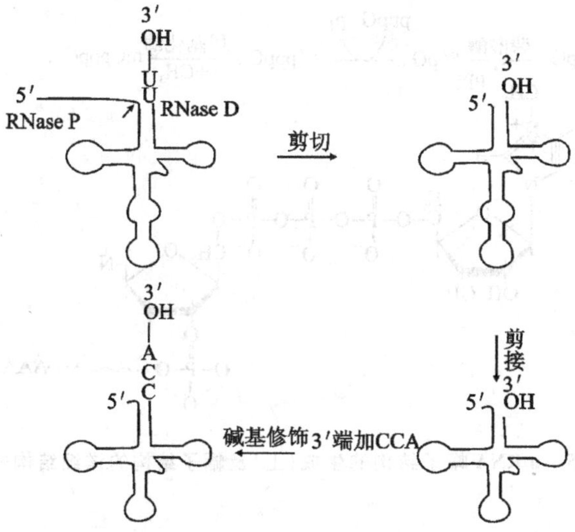

图 13-7　tRNA 前体的加工

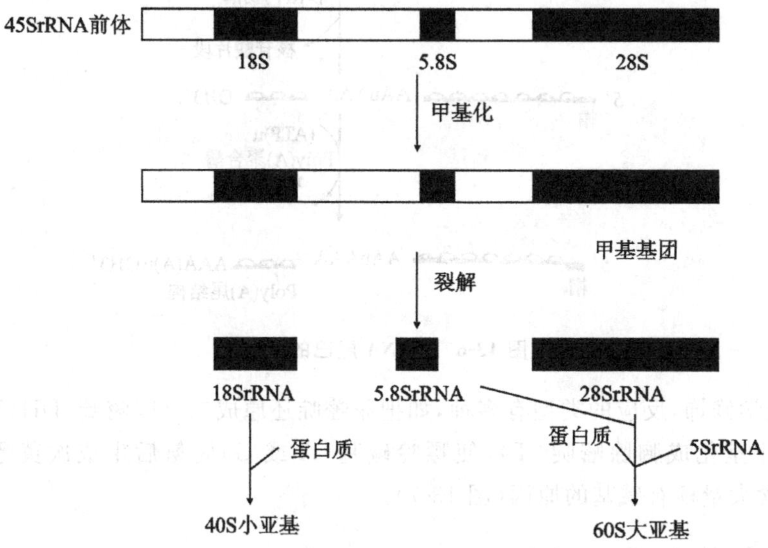

图 13-8　真核细胞 rRNA 前体加工示意图

思 考 题

1. 名词解释

不对称转录　模板链　编码链　内含子　外显子

2. 简述转录与复制的异同点。
3. 简述 RNA 转录体系及它们在 RNA 合成中的作用。

（肖明贵）

第十四章

蛋白质生物合成(翻译)

学习目标

1. **掌握** 三类 RNA 在蛋白质合成过程中的作用。
2. **理解** 蛋白质生物合成过程。
3. **了解** 蛋白质生物合成过程的调控。

将 mRNA 上的核苷酸序列转变为蛋白质中氨基酸序列的过程称为翻译。如前所述,贮存在 DNA 分子上的遗传信息在组织细胞里需要表达时,首先通过转录过程转到 mRNA 分子上,再通过 mRNA 去指导蛋白质合成。

第一节　蛋白质生物合成体系

参与蛋白质生物合成的物质除作为原料的 20 种氨基酸外,还有 mRNA、tRNA、核糖体(含 rRNA)、多种酶、蛋白质因子、ATP、GTP 和一些无机离子等。这些物质总称为蛋白质生物合成体系。

一、三类 RNA 在翻译中的作用

(一)mRNA 与遗传密码

mRNA 上所携带的遗传信息是以碱基互补原则,从 DNA 结构基因转录下来的。在 mRNA 链上以 5′→3′方向,每 3 个相邻碱基组成一个三联体代表一种氨基酸,这个三联体称遗传密码(又称密码子,codon)(表 14-1)。组成 mRNA 的碱基有 4 种,故可排列成 $4^3=64$ 个密码子,它们不仅代表 11 种氨基酸,而且有起始密码和终止密码。

mRNA 上的密码子具有以下特点。

1. 密码的简并性　一种氨基酸具有两种以上的密码子称为密码的简并性。同一种氨基酸有几种密码子称同义密码。密码子的专一性主要由头 2 个碱基决定,第 3 个碱基则呈摆动现象。这是由于密码子的第 3 个碱基(3′端)与反密码子的第 1 个碱基(5′端)配对要求不十分严格,因此第 3 个碱基即使发生突变仍能正确翻译出,这对维持生物物种的稳定性有一定意义。

2. 密码阅读的连续性　密码之间不隔开,翻译方向是从 5′端向 3′端一个一个连续不断地进行,直至终止密码。如在 mRNA 分子插入或缺失一个碱基,就会引起阅读框(被翻译的碱基顺序)移位,称移码。移码可引起突变。

表 14-1　64 种遗传密码与氨基酸的对应关系

第一个核苷酸（5′端）	第二个核苷酸 U	C	A	G	三个核苷酸（3′端）
U	UUU 苯丙氨酸	UCU 丝氨酸	UAU 酪氨酸	UGU 半胱氨酸	U
	UUC 苯丙氨酸	UCC 丝氨酸	UAC 酪氨酸	UGC 半胱氨酸	C
	UUA 亮氨酸	UCA 丝氨酸	UAA 终止密码	UGA 终止密码	A
	UUG 亮氨酸	UCG 丝氨酸	UAG 终止密码	UGG 色氨酸	G
C	CUU 亮氨酸	CCU 脯氨酸	CAU 组氨酸	CGU 精氨酸	U
	CUC 亮氨酸	CCC 脯氨酸	CAC 组氨酸	CGC 精氨酸	C
	CUA 亮氨酸	CCA 脯氨酸	CAA 谷胺酰胺	CGA 精氨酸	A
	CUG 亮氨酸	CCG 脯氨酸	CAG 谷胺酰胺	CGG 精氨酸	G
A	AUU 异亮氨酸	ACU 苏氨酸	AAU 天冬酰胺	AGU 丝氨酸	U
	AUC 异亮氨酸	ACC 苏氨酸	AAC 天冬酰胺	AGC 丝氨酸	C
	AUA 异亮氨酸	ACA 苏氨酸	AAA 赖氨酸	AGA 精氨酸	A
	AUG[①] 蛋氨酸	ACG 苏氨酸	AAG 赖氨酸	AGG 精氨酸	G
G	GUU 缬氨酸	GCU 丙氨酸	GAU 天冬氨酸	GGU 甘氨酸	U
	GUC 缬氨酸	GCC 丙氨酸	GAC 天冬氨酸	GGC 甘氨酸	C
	GUA 缬氨酸	GCA 丙氨酸	GAA 谷氨酸	GGA 甘氨酸	A
	GUG 缬氨酸	GCG 丙氨酸	GAG 谷氨酸	GGG 甘氨酸	G

* AUG 若在 mRNA 翻译起始部位，为起始密码；不在起始部位，则为蛋氨酸密码。

3. 起始密码和终止密码　UAA、UAG 和 UGA 是 3 个终止密码，它们不代表任何氨基酸，只标志翻译的终止。AUG 是蛋氨酸的密码子，但在 mRNA 分子翻译起始部位时，又是肽链合成的起始密码子。因此，代表氨基酸的密码子是 61 个。

4. 密码的通用性　遗传密码子基本上通用于生物界所有物种，说明了生物的同源进化。近 10 年研究表明，在线粒体和叶绿体的密码与通用密码有一些差别。

(二)tRNA 与氨基酸的转运

在蛋白质生物合成中 tRNA 是氨基酸特异的运载工具，这是由于 tRNA 的 3′-末端的 CCA-OH(氨基酸臂)是结合氨基酸的部位，可结合氨基酸形成氨基酰-tRNA。结合何种氨基酸，取决于 tRNA 反密码环上的反密码子。反密码子准确地按碱基配对原则与 mRNA 上密码子结合，使所带的氨基酸按 mRNA 分子中密码子顺序排列成肽链。这种结合是反方向的，即反密码子的第 1、2、3 核苷酸分别和密码子的第 3、2、1 核苷酸结合。其中反密码子的第 1 位核苷酸和密码子的第 3 位核苷酸结合时，并不严格遵循碱基配对原则，即 U-G、I-U、I-C 或 I-A 均可配对，这种现象称为摆动配对。

(三)rRNA 与蛋白质构成的核糖体(又称核蛋白体)

核蛋白体由大亚基和小亚基组成，两个亚基均由不同的 rRNA 与多种蛋白质组成。大亚基上有转肽酶，还有两个结合位点，一个是结合肽酰-tRNA 的位点(peptidyl site 位，P 位，亦称“给位”)，另一个是结合氨基酰-tRNA 的位点(aminoacyl site 位，A 位，亦称“受位”)。小亚基有 mRNA 结合部位,使 mRNA 能附着于核蛋白体上,以便遗传密码被逐个进行翻译(图 14-1)。

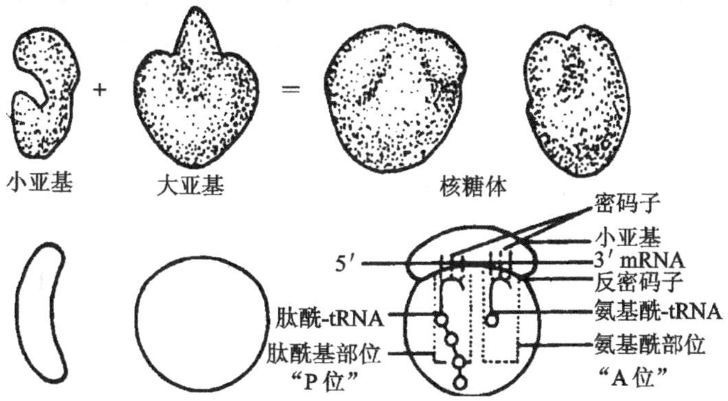

图 14-1　核糖体

二、参与蛋白质合成的酶类

(一)氨基酰-tRNA 合成酶

此酶在 ATP 存在下,催化氨基酸活化,以便与 tRNA 结合。此酶特异性很高,每一种酶只催化一种特定氨基酸与其相应 tRNA 结合。

(二)转肽酶

存在于核蛋白体大亚基上,是其组成蛋白质成分之一。作用是使 P 位上肽酰(或氨基酰)-tRNA 的肽酰(或氨基酰)转移至 A 位上氨基酰-tRNA 的氨基上,使酰基与氨基结合形成肽键。

三、其他因子

(一)蛋白因子

如起始因子(initiation factor,IF)、延长因子(elongation factor,EF)、终止因子或称释放因子(releasing factor,RF),分别参与蛋白质生物合成的起始、延长和终止过程。

(二)金属离子

常见的有 Mg^{2+} 和 K^{+},参与蛋白质的生物合成。

(三)ATP、GTP 等供能物质

在氨基酸活化阶段所需要的能量由 ATP 提供,肽链延长阶段则需要大量的 GTP 供能。

第二节　蛋白质生物合成过程及调控

一、蛋白质生物合成过程

蛋白质的生物合成包括三个阶段:氨基酸活化、肽链合成、多肽链合成后的加工修饰。此过程原核生物与真核生物不全相同,以下以原核生物为例进行介绍。

(一)氨基酸的活化

氨基酸的羧基以酯键的形式连接在 tRNA 的 3′末端上，形成氨基酰-tRNA，即氨基酸的活化。反应在细胞质进行，由氨基酰-tRNA 合成酶（下面反应式中用"酶"代表）催化，ATP 供能。反应分两步进行。

$$R-CH-COOH + ATP \xrightleftharpoons{\text{酶} + Mg^{2+}} R-CH-C \sim AMP-\text{酶} + PPi$$
$$\underset{NH_2}{} \qquad\qquad \underset{NH_2}{} \underset{O}{}$$

$$R-CH-C \sim AMP-\text{酶} + tRNA\cdots CCA-OH \rightleftharpoons tRNA\cdots CCA-O \sim C-CH-R + AMP + \text{酶}$$
$$\underset{NH_2}{} \quad \underset{O}{} \qquad\qquad\qquad\qquad\qquad\qquad \underset{O}{} \quad \underset{NH_2}{}$$

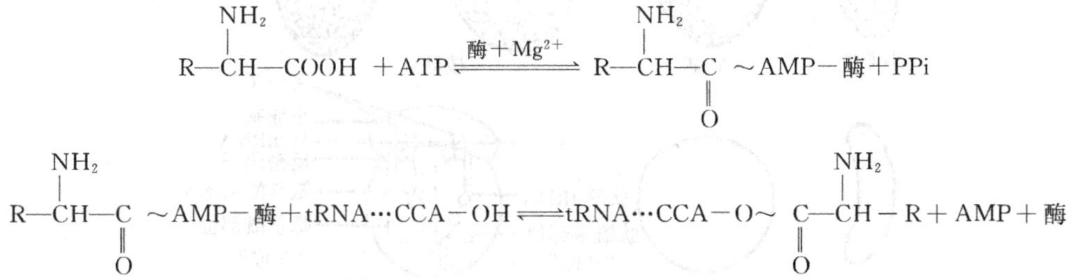

反应中，ATP 分解成 AMP 和焦磷酸并释放能量，使氨基酸的羧基活化，形成氨基酰-AMP-酶中间复合物，其中的活化氨基酰进一步转移到 tRNA 的 3′-CCA 末端腺苷酸（A）的核糖 2′或 3′位的游离-OH 上，以酯键连接，形成氨基酰-tRNA。转运氨基酸至核糖体上，按 mRNA 遗传密码指导的顺序，参与肽链合成。

(二)肽链的合成

在核糖体上按 mRNA 密码顺序，氨基酸缩合成肽链的过程称核糖体循环（ribosome cycle）。此循环可分为起始、延伸、终止 3 个阶段。

1. 起始阶段　起始阶段主要由核糖体大、小亚基，模板 mRNA 及具有启动作用的甲酰蛋氨酰-tRNA 共同构成起始复合体，这一过程需要 Mg^{2+}、GTP 及几种 IF 参与（图 14-2）。mRNA 分子阅读框中第一个密码子既代表起始密码子，又是蛋氨酸密码子，但原核生物参加形成起始复合体的氨基酰-tRNA 是甲酰蛋氨酰-tRNA（fmet-$tRNA^{fmet}$），称为起始 fmet-$tRNA^{fmet}$。

起始复合体的形成首先由 IF_3、小亚基、IF_1 和 mRNA 形成一个复合物，同时 IF_2、起始 fmet-$tRNA^{fmet}$ 和 GPT 也结合成一个复合物，然后上述两种复合物再组成 30S 起始复合物。之后，IF_3 脱落，$IF_{1,2}$ 和 GTP 仍结合在复合物中。大亚基结合到小亚基上，形成 70S 起始复合体。复合体中的 GTP 水解为 GDP 和 Pi 脱落，同时 $IF_{1,2}$ 也释放出来。70S 起始复合体含 mRNA 链的两个密码子，其中第 1 个是起始密码子 AUG 对应于核糖体的 P 位，起始 fmet-$tRNA^{fmet}$ 的反密码子恰好与之互补结合；mRNA 的第 2 个密码子对应于核糖体的 A 位，以便接受相对应的氨基酰-tRNA。

2. 肽链的延伸　起始复合体形成后，随即对 mRNA 链上的遗传信息进行连续翻译，即各种氨基酰-tRNA 按 mRNA 的密码子顺序在核糖体上一一对号入座，由 tRNA 带到核糖体上的氨基酸依次以肽键相连接，直到新生肽链达到应有的长度为止。新生肽链每增长一个氨基酸单位都要经过进位、转肽和移位的过程，这一阶段需要 EF、GTP、Mg^{2+} 和 K^+ 参与。

(1)进位(注册)　在起始复合体中，起始 fmet-$tRNA^{fmet}$ 在核糖体的 P 位，A 位空着，依照核糖体 A 位处 mRNA 上的第 2 个密码子，相应氨基酰-tRNA 的反密码子与之互补结合，进入到 A 位。进位必需 EF-T（由 Tu、Ts 两亚基组成）和 GTP 参与。当 EF-T 与 GTP 结合后，释出 Ts，与氨基酰-tRNA 结合成氨基酰-tRNA-Tu-GTP 复合物，将氨基酰-tRNA 送至核蛋白体的 A 位。之后 Tu-GTP 分解释出 Pi，Tu-GDP 脱下，Ts 促进 Tu-GDP 中 GDP 脱落，与 Tu 重新结合成 EF-T（Tu-Ts）。

这样在第1次进位后，核蛋白体P位及A位各结合了一个氨基酰-tRNA。

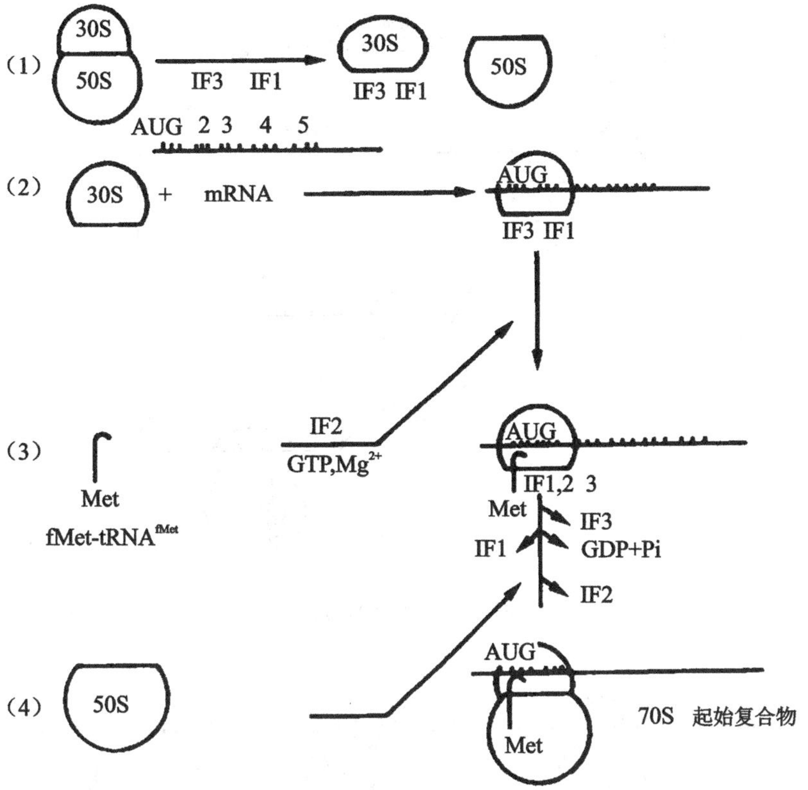

图14-2　翻译的起始阶段

(2)转肽(成肽)　在大亚基中的转肽酶催化下，P位上甲酰蛋氨酰-$tRNA^{fmet}$中的甲酰蛋氨酰基转移到A位，并通过其活化的酰基与A位上氨基酰-tRNA中氨基酰的氨基结合，形成第一个肽键。这样在核糖体A位生成了二肽酰-tRNA，之后P位上空载的tRNA从核蛋白体上脱落下来。转肽过程需要Mg^{2+}和K^{+}。肽链的合成方向从N端→C端。

(3)移位(转位)　在EF-G、GTP和Mg^{2+}的参与下，GTP分解供能，核糖体沿mRNA由5′端向3′端移动一个密码子位置，使原先在A位上的二肽酰-tRNA移至P位，而mRNA链上的下一个密码子进入A位，以便另一个相应的氨基酰-tRNA进位。然后再进行转肽，形成三肽酰-tRNA，接着再移位。进位、转肽、移位反复进行，肽链就按mRNA密码顺序所决定的氨基酸顺序不断延长，直至出现终止密码为止(图14-3)。

3. 肽链合成的终止　当肽链合成至A位上出现终止密码(UAG、UAA或UGA)时，各种氨基酰-tRNA都不能进位，只有终止因子能够识别终止密码并与之结合。终止因子和核糖体结合后，使转肽酶活性改变为催化P位上肽酰-tRNA水解酶的作用，从而使合成的多肽链从tRNA上释放出来，这一步也需要GTP分解供能。接着，tRNA也从P位上脱落，核糖体再解聚为大、小亚基，并与mRNA分离。至此，多肽链的合成过程即告完成(图14-4)。

实际上，细胞内合成多肽时并不是单个核糖体，而是每分子mRNA常结合着多个核糖体。1分子mRNA上结合多个核糖体所形成的多聚体称多核糖体，多核糖体才是合成肽链的功能

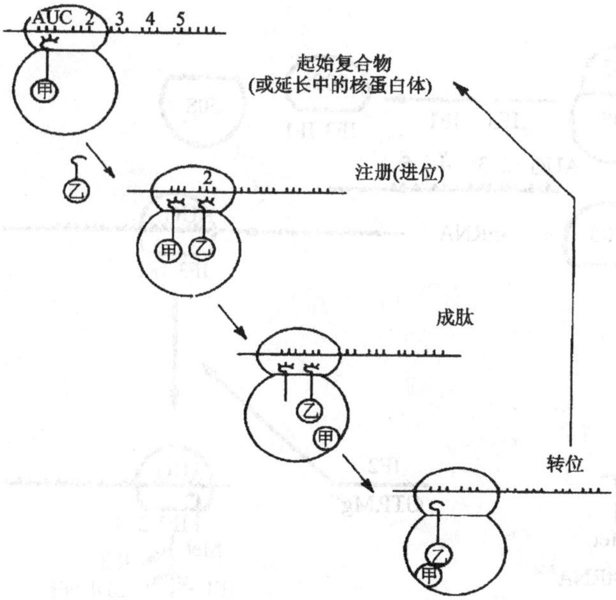

图 14-3　翻译的延长

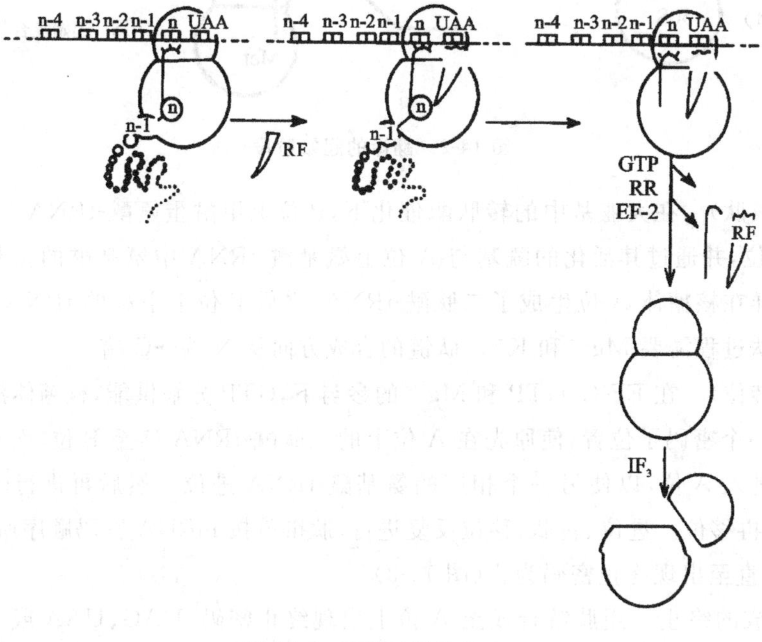

图 14-4　翻译过程的终止

单位。多核糖体上核糖体的数目依 mRNA 的长度而定。一般多个核糖体之间相隔 90 多个核苷酸的距离，所以 mRNA 愈长，结合核糖体愈多。在多核糖体中，每一个核糖体上都有一条正在增长的新生肽链。距 mRNA3′端愈近，新生肽链愈长，直到肽链完全合成为止(图 14-5)。通过多核糖体的形式提高了 mRNA 的利用率，即提高了多肽链合成的效率。

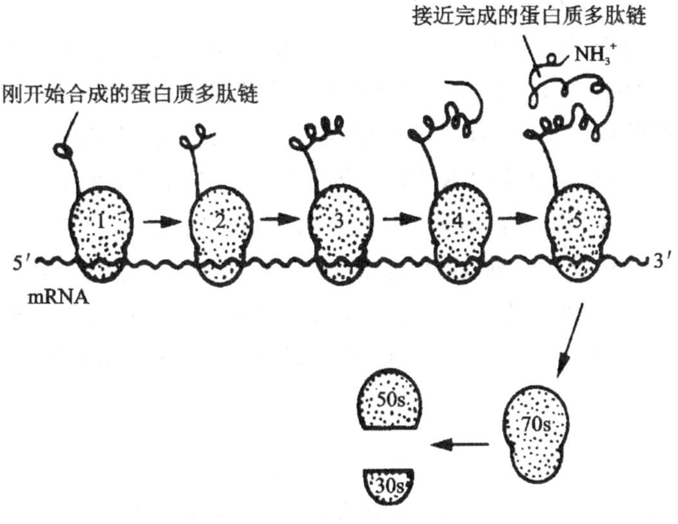

图 14-5 多核糖体

(三)多肽链合成后的加工修饰

许多新合成的多肽链还无生物活性,需经加工修饰,才能成为具有一定生物活性的完整的蛋白质分子。主要的加工修饰如下:

1. 切除 多肽链 N-端的甲酰蛋氨酸可于肽链合成后或在肽链延长过程中,被肽链脱甲酰基酶和对蛋氨酸特异的氨基肽酶作用下先后切除。

2. 水解 在特异的蛋白酶作用下水解掉肽链上的某些氨基酸残基或肽段。

3. 亚基聚合 由两条或两条以上肽链构成的蛋白质(如血红蛋白),亚基与亚基之间通过非共价键聚合成四级结构。

4. 连接辅基(辅酶) 结合蛋白质的酶蛋白部分一定要与相应的辅基(辅酶)结合后才有生物学功能。

5. 修饰 氨基酸残基侧链基团经磷酸化、羟基化或甲基化等反应对肽链进行化学修饰。如胶原蛋白中某些脯氨酸和赖氨酸经羟化生成羟脯氨酸和羟赖氨酸,才能进而成为胶原纤维。

6. 二硫键的形成 多肽链内部或多肽链间所形成的二硫键,是多肽链中空间位置相近的半胱氨酸残基的巯基氧化而形成的,二硫键的形成对维持蛋白质空间结构起着重要作用。

二、基因表达的调控

(一)基因表达的概念及基因表达调控的意义

基因表达主要是指 DNA 结构基因中遗传信息通过基因激活、转录和翻译合成具有特定功能的蛋白质分子的整个过程。而 tRNA 和 rRNA 基因的转录是基因表达的另一种方式。基因表达调控的意义在于:一是使生物体各组织具有不同的物质代谢功能;二是使机体在生长、发育的不同阶段,基因表达按先后顺序进行。即基因表达具有很强的空间性和时间性,以便使机体能更好地适应内外环境的变化和生命过程的需要。

(二)基因表达调控的方式

1. 原核生物基因表达调控　1961年,Jacob和Monod根据对大肠杆菌乳糖代谢调节的研究,提出了"操纵子"学说。所谓操纵子,就是原核生物基因表达调控的基本单位,它是由一组结构基因和位于其上游的启动基因(启动子)和操纵基因组成。启动基因是RNA聚合酶在转录起始时的结合部位,操纵基因是控制RNA聚合酶向结构基因移动的必经部位,相当于转录的"控制闸",闸门打开,结构基因便被转录。闸门的开与关,受位于启动基因上游的调节基因表达的阻遏蛋白(辅阻遏蛋白)及诱导剂(阻遏剂)的影响(图14-6)。这是原核生物基因表达调控的主要方式,也称负性调控,而正性调控是指cAMP与分解代谢基因活化蛋白(CAP)结合形成cAMP-CAP结合到启动基因的CAP位点上,促进转录进行,协助负性调控使细胞适应环境的变化。

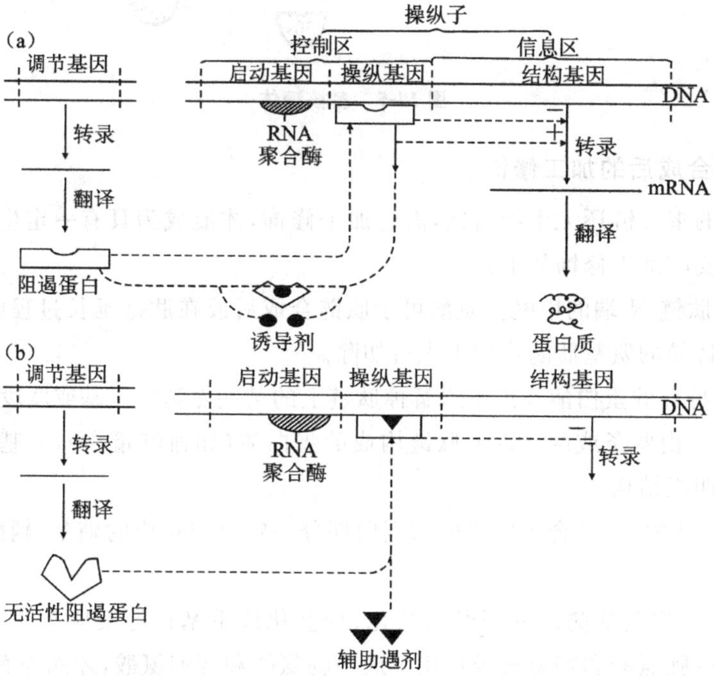

图14-6　基因操纵子调节系统示意图

＋促进　－抑制

2. 真核生物基因表达调控　真核基因组分子巨大,结构复杂,调节也更复杂,但可简单描述为由顺式作用元件和反式作用因子调控。顺式作用元件是指对基因转录有调控作用的DNA序列,反式作用因子是指能直接或间接与DNA调控元件结合而发挥作用的蛋白质因子。顺式作用因子包括启动子和增强子,反式作用因子主要是一些蛋白质因子。

思考题

1. 名词解释

翻译　遗传密码　基因表达　核蛋白体循环

2. 简述遗传密码的特点。

3. 简述三类 RNA 在蛋白质生物合成中的功能。

4. 简述蛋白质生物合成的延长过程。

5. 用连续的$(CCA)_n$核苷酸序列合成一段 mRNA，放入试管内加入胞质提取液(含翻译的所有组分)及 20 种氨基酸。反应结果得到由组氨酸、脯氨酸、苏氨酸组成的肽。已知组氨酸和苏氨酸的遗传密码是 CAC、ACC，你能否判断出脯氨酸的密码？

(肖明贵)

第十五章

常用基因技术

学习目标

1. **掌握** 基因工程技术、PCR、转基因技术和克隆技术的概念。
2. **理解** 基因工程的关键酶、载体和主要操作步骤，PCR的原理。
3. **了解** 常用技术的发展状况。

分子生物学是从分子水平研究生命本质的一门新兴学科，是当前生命科学中发展最快并与其他学科广泛交叉与渗透的前沿研究领域，其基本原理及技术已渗透到所有生命科学的分支，全面推动了生命科学各领域的发展。1953年，英国生物学家沃森和克里克揭示DNA(脱氧核糖核酸)分子的立体结构以后，给传统的生物技术注入了崭新的活力。尤其是20世纪70年代兴起的现代生物技术，导致分子生物学研究发生了一系列的深刻变化，使人类在疾病的认识、预防、诊断、治疗及药物生产等领域取得了伟大的成就。其中基因工程技术尤为引人注目。

第一节　基因工程技术

20世纪50年代，分子生物学的迅速发展确定了主要遗传物质DNA的双螺旋结构，阐明了遗传信息传递的中心法则，破译了遗传密码，为基因工程奠定了理论基础。同时酶学、细菌学、病毒学的发展，为基因工程提供了必要的工具。20世纪70年代，Boyer、Cohn和Berg等创立了DNA克隆技术，打破了种属的界限，第一次使本来只存在于真核细胞中的蛋白质能够在大肠杆菌中合成，这是基因工程诞生的里程碑。人类基因计划的初步完成，更为基因工程技术提供了广阔的发展前景和巨大的潜力。科学界公认基因工程的出现是20世纪最重要的科学成就之一，标志着人类主动改造生物界的能力进入新的阶段。

小贴士

人类基因组计划(HGP)由美国生物学家、诺贝尔奖得主Du lbecco在1986年首先提出，于1990年10月1日正式启动，美国、英国、法国、德国、日本和中国等6国的科学家共同承担这一计划。人类基因组计划目标是测定人体细胞中24条染色体(x,y染色体和22条常染色体)上的基因及碱基排列顺序，并对大肠杆菌、酵母、线虫、果蝇和小鼠等5种模式生物基因组的研究。2003年4月14日，研究组宣布人类基因组序列图绘制成功，人类基因组计划的所有目标全部实现。已完成的序列图覆盖人类基因组所含基因区域的99%，精确率达到 99.99%，这一进度比原计划提前两年多。HGP 研究发现全部人类基因组约有 2.91Gbp：基因数目约为 2.5 万个，数量少得惊人，人与人之间 99.99%的基因密码是相同的，人类基因组中存在"热点"和大片"荒漠"，男性的基因突变率是女性的两倍，人类基因组中大约有 200 多个基因是来自于插入人类祖先基因的细菌基因，人类基因编码的全套蛋白质（蛋白质组）比无脊椎动物编码的蛋白质组更复杂。目前人类基因组研究转入后基因组时代，研究内容包括生物信息学与功能基因组学，研究核心内容包括基因组多样性、遗传疾病产生的原因、基因表示调控的协调作用，以及蛋白质产物的功能。

一、基因工程的基本概念

基因工程（gene engineering）就是应用酶学的方法，在体外将各种来源的遗传物质——同源或异源的、原核的或真核的、天然的或人工合成的 DNA 与载体 DNA 结合成一具自我复制功能的 DNA 分子，继而通过转化或转染等导入宿主细胞，生长、筛选出含有目的基因的活细胞，再经扩增，提取获得大量目的 DNA 的无性繁殖系，即 DNA 克隆，又称为基因克隆或重组 DNA。基因工程是近年发展起来的一项生物学高新技术，与当前发展的细胞工程、酶工程及蛋白质工程共同构成了当代新兴的学科领域——生物技术工程。生物技术工程的兴起为现代科学技术的发展和工农业、医药卫生事业的进步提供了巨大的潜力。

二、工具酶

在重组 DNA 技术中，常需要一些基本工具酶进行基因操作。如对目的基因进行处理时，需利用序列特异的限制性核酸内切酶在准确的位置切割 DNA，使较大的 DNA 分子成为一定大小的 DNA 片段；构建重组 DNA 分子时，必须在 DNA 连接酶催化下才能使 DNA 片断与克隆载体共价连接。此外，还有一些工具酶也都是重组 DNA 时必不可少的。

（一）限制性核酸内切酶

限制性核酸内切酶是基因工程必需的工具酶，具有特别的重要意义。所谓限制性核酸内切酶（restriction endonuclease）就是识别 DNA 的特异序列，并在识别位点或其周围切割双链 DNA 的一类内切酶。目前已知的限制性核酸内切酶有 1 800 余种，主要是从细菌中提取的。限制性核酸内切酶具有高度专一性，能识别的核苷酸序列通常是 4～8 个碱基对。限制性核酸内切酶的切口有两种类型：一种为黏性末端，即两链的切口错开 2 至 4 个碱基。因为两个末端的碱基互补配对，易于配合。常见的有 5′末端突出的黏性末端和 3′末端突出的黏性末端。另一种为平头末端，即在同一水平上切断 DNA 的双链。同一种限制性内切酶所产生的黏性末端是相同的，相同的黏性末端的碱基具有互补性，通过连接酶可把它们连接起来，因而，具有黏性末端的 DNA 片断容易结合进载体 DNA 分子中，表 15-1 中列举了几种最常用的限制性核酸内切酶。

表 15-1　限制酶识别序列和切割方式举例

限制酶	识别序列和切割点	说明
BamH Ⅰ	……G↓GATCC…… ……CCTAG↓G……	六核苷酸　黏端切口

续表

限制酶	识别序列和切割点	说明
Cla Ⅰ	……AT↓CGAT…… ……TAGC↓TA……	六核苷酸　黏端切口
Sal Ⅰ	……G↓TCGAC…… ……CAGCT↓G……	六核苷酸　黏端切口
Sma Ⅰ	……CCC↓GGG…… ……GGG↓CCC……	六核苷酸　平端切口
Alu Ⅰ	……AG↓CT…… ……TC↓GA……	四核苷酸　平端切口
Hpa Ⅱ	……C↓CGG…… ……GGC↓C……	四核苷酸　黏端切口
Eco R1	……G↓AATTC…… ……CTTAA↓G……	六核苷酸　黏端切口

注：↓表示切割位点。

(二)其他工具酶

1. DNA 聚合酶　这类酶需 DNA 模板，也需要引物，催化 5′→3′核苷酸链的延长。常用的有大肠杆菌聚合酶Ⅰ和耐热 DNA 聚合酶。耐热 DNA 聚合酶是一类从水栖耐高温菌中分离到的 DNA 聚合酶，具有 5′→3′聚合酶活性，催化 DNA 合成的活性，可适应相当宽的温度范围。在 95℃的半衰期为 35 min，对聚合酶链反应(PCR)技术的发展起关键作用。

2. DNA 连接酶　DNA 连接酶可催化一个 DNA 链的 5′-P 末端与另一个 DNA 链的 3′-OH 末端通过磷酸二酯键连接起来。它可催化平头末端或黏性末端的 DNA 链之间的连接，但连接平头末端的效率远低于后者。

3. 其他　如反转录酶、多聚核苷酸激酶、碱性磷酸酶等。

三、载体

为了得到大量的目的基因，最好的办法是将其导入合适的宿主细胞内进行扩增繁殖，能携带外源性 DNA 进入宿主细胞的一些 DNA 分子，称为载体(vector)。良好的载体应具备以下条件：①容易进入宿主细胞，而且能在宿主细胞中复制繁殖，并有较高的拷贝数；②载体 DNA 上要有合适的限制性核酸内切酶位点，可供插入外来核酸片段，且插入后不影响其进入宿主细胞和在细胞中的复制；③容易从宿主细胞中分离纯化出来，便于重组操作；④有容易被识别筛选的标记，当其进入宿主细胞或携带外来的核酸序列进入宿主细胞时都能容易被辨认和分离出来。常用的载体有质粒、λ 噬菌体和病毒等。

1. 质粒　质粒(plasmid)是细菌或细胞染色质以外能自主复制且与细菌或细胞共生的遗传成分。大多是双链闭环 DNA 分子，质粒分子本身含有复制功能的遗传结构，能在宿主细胞内独立自主地进行复制，并在细胞分裂时保持恒定地传给子代细胞。一般质粒载体有 2～3 个抗药基因，有利于用它的抗药性进行下一步筛选工作。理想的质粒，对同一种限制性核酸内切酶只有一个切口。常用的质粒有PBR322、PSC101等。

2. 噬菌体　噬菌体(phage)是感染细菌的一类病毒，常用的有λ噬菌体和M_{13}噬菌体等。DNA重组体中经常使用人工改造的λ噬菌体，使其有利于外源基因的插入。

3. DNA病毒　近年来发展了一些用动物病毒DNA改造的载体。如逆转录病毒载体、腺病毒载体等。

质粒和噬菌体载体只能在细菌中繁殖，不能满足真核DNA重组需要。感染动物的病毒可改造用作动物细胞的载体。这些载体在限制性核酸内切酶作用下造成切口，使目的基因片断插入到载体DNA分子中，形成重组体，然后导入宿主细胞进行表达。

四、基因工程的主要步骤

基因工程是将不同生物的基因，在体外与载体DNA连接，然后导入微生物或细胞内扩增表达。一个完整的基因工程应包括：目的基因的获取；基因载体的选择与构建；目的基因与载体的连接；重组体的转化；DNA重组体的筛选与鉴定；克隆基因的表达。

(一)目的基因的获取

目的基因是指所要研究或应用的基因，也就是需要克隆或表达的基因。进行DNA克隆时，所构建的嵌合DNA分子是由载体DNA与某一来源的cDNA或基因组DNA连接而成。cDNA或基因DNA即含有我们感兴趣的基因或DNA序列——目的基因，又称外源DNA。目前获取目的基因大致有如下几种来源：从基因组中直接分离；利用反转录酶合成cDNA片段；人工合成基因；聚合酶链式反应扩增基因等。

(二)基因载体的选择与构建

外源DNA片段离开染色体是不能复制的。必须依靠基因载体(如质粒等)在宿主细胞中复制。基因工程中载体的选择和构建是极强技术性的专门工作，目的不同，操作基因的性质不同，载体的选择和构建方法也不同。

(三)基因与载体的连接

通过不同途径获取目的基因，选择适当的构建好的克隆载体后，下一步工作是如何将目的基因与载体连接在一起，即DNA的体外重组。这种人工DNA重组是靠DNA连接酶将外源DNA与载体共价连接的。进行载体选择、改建或切割目的基因前，必须考虑基因与载体的连接方式。连接方式与切割载体DNA和目的DNA时产生末端的性质有关。

(四)重组体转化

将外源DNA导入宿主细胞，并改变宿主细胞的性状的过程称为转化，转化DNA在进入宿主细胞后可独立地进行复制。常用的宿主细胞是大肠杆菌，一般先用$CaCl_2$处理大肠杆菌，以增加其细胞膜的通透性，使重组质粒透入菌体，然后进行培养。目前也有电穿孔法、显微注射法、基因枪法等新技术，将外源DNA导入宿主细胞。

(五)DNA重组体的筛选与鉴定

重组体DNA分子导入受体细胞后，经适当的培养得到大量转化子菌落或转染噬菌斑，应设法将众多的转化菌落或转染噬菌斑区分开来，并鉴定出所含重组DNA分子确实带有目的基因的菌株。

(六)克隆基因的表达

重组体 DNA 在宿主细胞中复制而使目的基因扩增，但是目的基因能否在宿主细胞中进行转录并翻译出有活性的产物，即目的基因的表达是基因工程技术是否有价值的关键。重组 DNA 技术除基因克隆外，还可以进行目的基因的表达，实现生命科学研究、医药或商业目的。为使目的基因高效表达，就需要研究基因表达过程中的有关调控因子(如表达体系、载体与基因的来源等)以创造高效表达的条件，体现基因工程更大的作用。基因工程的主要步骤总结如图 15-1 所示：

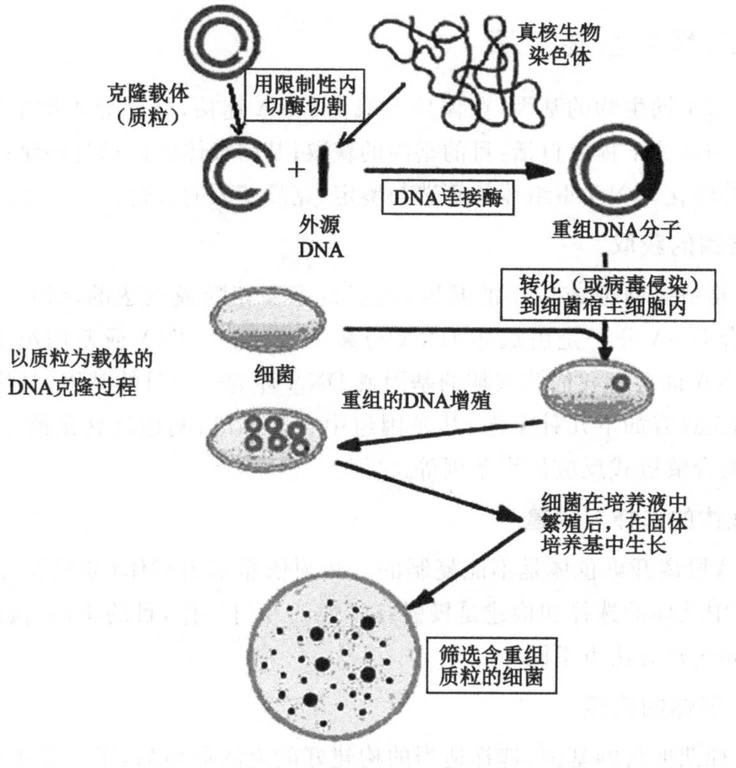

图 15-1 基因工程的主要步骤

五、基因工程在医学中的应用

作为分子生物学发展的重要组成部分，基因工程技术给生命科学带来了革命性变化，促进着生命科学各学科研究和应用的进步，对推动医学各领域的发展起着重要的作用。

(一)对人类遗传信息的认识

人类基因组 DNA 含有 3 万～4 万个基因，但至今人类对自己赖以生存繁衍的这个庞大的遗传信息库知之甚少，目前已经知道的人基因只占估计数的百分之几，已搞清楚其表达调控者寥寥无几，人类对自己生存的基础和实质只有很表面的肤浅认识，设想如果人类掌握了自身全部遗传信息的结构、功能、表达和调控，无疑将能够深刻认识人的生长、发育、生存、繁衍的整个生老病死历程，将能对疾病的诊断、治疗和预防提出极有效的措施，将能真正掌握自己生存和发展的命运。

(二)基因诊断

基因诊断(gene diagnosis)是利用分子生物学技术,通过检测基因(内源或外源)的存在,分析基因的类型和缺陷及其表达功能是否正常,从而对人体状态和疾病做出诊断的一种方法。基因诊断与传统的诊断方法比较有几个重要的特点:①属于"病因诊断",针对性和特异性强;②精确性和灵敏度高,微量标本即可进行诊断;③检测标本适应性强,检测范围广;④诊断感染性疾病早期、快速。目前,基因诊断检测的疾病主要有三大类:感染性疾病的病原诊断、各种肿瘤的生物学特性的判断、遗传病的基因异常分析。如结核病、人类免疫缺陷病毒(HIV)、乙型肝炎病毒(HBV)、丙型肝炎病毒(HCV),感染性疾病的早期诊断;肿瘤相关病毒基因的检测,疗效监测和预后判断;遗传性疾病如苯丙酮尿症、珠蛋白合成障碍性贫血、假肥大型肌营养不良、甲型血友病、乙型血友病、成年型多囊肾、慢性进行性舞蹈病等的基因诊断。

(三)基因治疗

基因治疗是采用分子生物学的方法和原理,将人的正常基因或有治疗作用的基因通过一定方式导入人体靶细胞以纠正基因的缺陷或者发挥治疗作用,从而达到治疗疾病目的的方法。基因治疗与常规治疗方法不同:一般意义上疾病的治疗针对的是因基因异常而导致的各种症状,而基因治疗针对的是疾病的根源——异常的基因本身。基因治疗有两种形式:一是体细胞基因治疗,正在广泛使用;二是生殖细胞基因治疗,因能引起遗传改变而受到限制。实施基因治疗首先应具备以下条件:了解疾病发生的分子机制,诊断分子生物学技术的正确应用与基因诊断临床应用,在此基础上分离、克隆正常基因或有治疗作用的核酸片段。选择高效的载体系统与目的基因重组。选择适当的受体细胞,接受正常基因并回输到患者体内适度表达,发挥特定的治疗作用。虽然基因治疗已部分应用于临床并获得成功,但尚属研究阶段,导入基因的稳定性,表达时效等问题尚待解决。

(四)基因工程药物与疫苗

利用基因工程技术生产有应用价值的药物是当今医药发展一个重要的方向:一是利用基因工程技术改造传统的制药工业,例如用 DNA 重组技术改造制药所需要的菌种或创建的菌种,提高抗生素、维生素、氨基酸产量等;二是用克隆的基因表达生产有用的肽类和蛋白质药物或疫苗。

(五)转基因动物和植物

详见本章第三节内容。

(六)蛋白质工程

蛋白质工程是在基因工程基础上综合蛋白质化学、蛋白质晶体学、计算机学辅助设计等知识和技术发展起来的研究新领域,开创了按人类意愿设计和研制人类需要的蛋白质的新时期。利用基因工程可以克隆获得天然的或任意设计的核酸序列,可以大量获得过去难以得到的生物体内极微量的活性蛋白质,可以设计获得任意定点突变的基因和蛋白质,这就为研究蛋白质与核酸的结构与功能,揭露生命的本质提供了有力的手段。

第二节 聚合酶链反应技术

聚合酶链反应(polymerase chain reaction,PCR)是近十多年发展起来的一项快速体外基因扩增技术,为最常用的分子生物学技术之一。PCR 这一技术是 1983 年由 Mullis 发明的,Mullis 也因此获得了 1993 年诺贝尔化学奖。

一、概述

聚合酶链反应是在体外利用酶促反应合成特异 DNA 片段的一种方法,是获得特异序列的基因组 DNA 和 cDNA 的专门技术革新。应用 PCR 技术可以使特定的基因或 DNA 片段在短短的 2～3 h 内体外扩增数十万至百万倍。扩增的片段可以直接通过电泳观察,也可用于进一步的分析。这样,少量的单拷贝基因不需通过同位素提高其敏感性来观察,而通过扩增至百万倍后直接观察到,而且原需要一两周才能做出的诊断可以缩短至数小时。近年来,基因分析和基因工程技术有了革命性的突破,主要归功于 PCR 技术的发展和应用。

典型的 PCR 由高温变性模板、引物与模板退火、引物沿模板延伸三步反应组成一个循环,通过多次循环反应,使目的 DNA 得以迅速扩增。其主要步骤是:将待扩增的模板 DNA 置高温下(通常为 93～94℃)使其变性双链解离成单链。人工合成的两个寡核苷酸引物在其合适的复性温度下分别与目的基因两侧的两条单链互补结合,两个引物在模板上结合的位置决定了扩增片段的长短。耐热的 DNA 聚合酶在 72℃将单核苷酸从引物的 3′端开始掺入,以目的基因为模板从 5′→3′方向延伸,合成 DNA 的新互补链。

二、PCR 反应的原理

PCR 反应的原理(图 15-2)是根据双链 DNA 在体外可随温度变化发生变性与复性的特点而设计的,在体外反应体系中加入含有目的基因的 DNA 样品,两条与模板 DNA3′-端序列互补的引物,耐热 DNA 聚合酶,原料 dNTP 及 Mg^{2+} 等辅助因子,然后将反应体系置 94℃左右使 DNA 变性解链,55℃左右使单链 DNA 与引物退火杂交,为达到此目的,DNA 引物的量应大大超过 DNA 模板的量,竞争与单链模板结合,再置于温度 72℃左右,由耐热 DNA 聚合酶催化引物和延伸成子链,如此经变性—退火—延伸三步反应反复循环,经 30 次左右的循环,在两段引物限定范围的序列以几何级数扩增,使目的基因扩增上百万倍。PCR 技术在分子生物学的发展中起到了巨大的推动作用,由于耐热的 TaqDNA 聚合酶的使用以及自动 PCR 扩增仪的问世,加之近年又发明了多种派生的 PCR 技术,使其在基因克隆、基因诊断等诸多方面获得了广泛的应用。

三、PCR 技术的主要用途

(一)目的基因的克隆

PCR 技术为在重组 DNA 过程中获得目的基因片段提供了简便快速的方法。该技术可用于:①与反转录反应相结合,直接从组织和细胞的 mRNA 获得目的基因片段;②利用特异性引物以 cDNA 或基因组 DNA 为模板获得已知目的基因片段;③利用简并引物从 cDNA 文库或基因组文库中获得具有一定序列相似性的基因片段;④利用随机引物从 cDNA 文库或基因组文

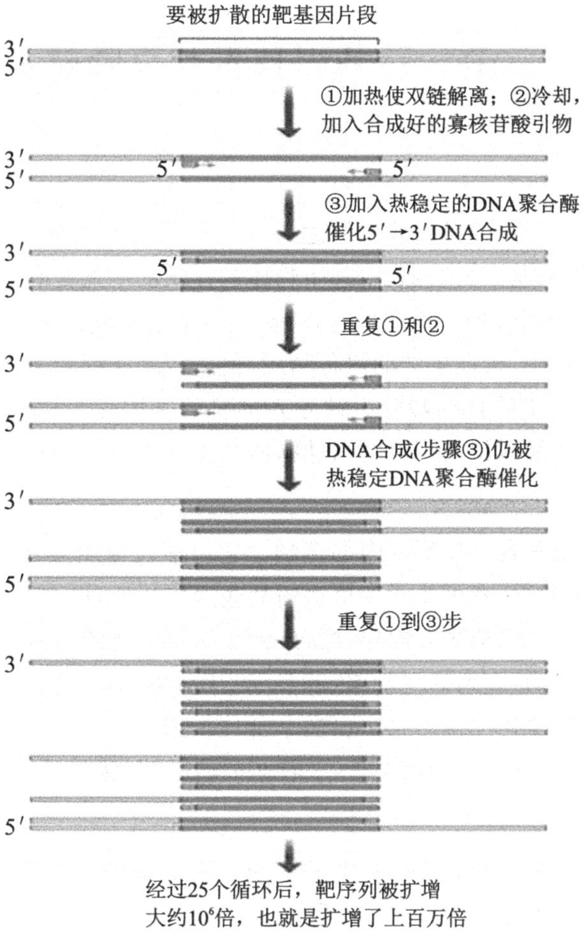
要被扩散的靶基因片段
3′
5′
①加热使双链解离；②冷却，
加入合成好的寡核苷酸引物
3′
5′
5′
5′
③加入热稳定的DNA聚合酶
催化5′→3′DNA合成
3′
5′
5′
5′
重复①和②
3′
5′
DNA合成(步骤③)仍被
热稳定DNA聚合酶催化
3′
5′
重复①到③步
3′
5′
经过25个循环后，靶序列被扩增
大约10⁶倍，也就是扩增了上百万倍

图 15-2 PCR 原理示意图

库中克隆基因。

(二)基因的体外突变

利用 PCR 技术可以随意设计引物在体外对目的基因片段进行嵌和、缺失、点突变等改造。

(三)DNA 和 RNA 的微量分析

PCR 技术高度敏感，对模板 DNA 的含量要求很低，是 DNA 和 RNA 微量分析的最好方法。实际工作中，一滴血液、一根毛发或一个细胞已足以满足 PCR 的检测需要，因此在基因诊断方面具有极广阔的应用前景。

(四)DNA 序列测定

PCR 技术的引入使 DNA 测序工作大大简化，也提高了测序的速度。待测 DNA 片段既可克隆到特定的载体后进行序列测定，也可直接测定。

(五)基因突变分析

基因突变可引起许多遗传性疾病、免疫性疾病和肿瘤等，分析基因突变的原因可为这些疾病的诊断、治疗和研究提供重要的依据。利用 PCR 与一些技术的结合可以大大提高基因突变检测的敏感性。

第三节　转基因技术与克隆技术

一、转基因技术

转基因技术是生命科学前沿的重要领域之一。它是指将人工分离和修饰过的基因导入到生物体基因组中，由于导入基因的表达，引起生物体的性状的可遗传的修饰，这一技术称之为转基因技术(transgene technology)。通俗地讲，转基因技术是指利用分子生物学技术，将某些生物的基因转移到其他物种中，改造生物的遗传物质，使遗传物质得到改造的生物在性状、营养和消费品质等方面向人类需要的目标转变。被导入的目的基因称为转基因(transgene)，据目的基因的受体不同可分为转基因植物与转基因动物两大类。

(一)转基因植物

转基因植物是基因组中含有外源基因的植物。它可通过原生质体融合、细胞重组、遗传物质转移、染色体工程技术获得，有可能改变植物的某些遗传特性，培育高产、优质、抗病毒、抗虫、抗寒、抗旱、抗涝、抗盐碱、抗除草剂等的作物新品种。而且可用转基因植物或离体培养的细胞，来生产外源基因的表达产物，如人的生长素、胰岛素、干扰素、白介素 2、表皮生长因子、乙型肝炎疫苗等基因已在转基因植物中得到表达。迄今全球批准进入田间试验的转基因植物已剧增至几千例，投放到市场的转基因植物数十种，如转基因西红柿、转基因玉米、转基因大豆等。

(二)转基因动物

转基因动物就是基因组中含有外源基因的动物。它是按照预先的设计，通过细胞融合、细胞重组、遗传物质转移、染色体工程和基因工程技术将外源基因导入精子、卵细胞或受精卵，再利用生殖工程技术，有可能育成转基因动物。通过生长素基因、多产基因、促卵素基因、高泌乳量基因、瘦肉型基因、角蛋白基因、抗寄生虫基因、抗病毒基因等基因转移，可能育成生长周期短，产仔、生蛋多和泌乳量高，生产的肉类、皮毛品质与加工性能好，并具有抗病性，在牛、羊、猪、鸡、鱼、兔等动物中已取得一定成果，科学家正努力建成以转基因动物的奶作为原料的“生物药厂”，而且利用转基因猪的器官进行人类器官移植也已经列入科学家的探讨范围。

然而，自第一种转基因生物问世，人类对有关转基因技术和转基因食品的争论就从未停止。对转基因技术的主要担心有：含有抗虫害基因的食品是否会威胁人类健康；转基因产品对环境的影响；转基因产品是否会破坏生物多样性；转基因产品带来的伦理问题等等。

二、克隆技术

克隆是英文“clone”一词的音译，是利用生物技术由无性生殖产生与原个体有完全相同基因组之后代的过程。把人工遗传操作动物繁殖的技术叫克隆技术。克隆也可以理解为复制、拷贝，就是从原型中产生出同样的复制品，它的外表及遗传基因与原型完全相同。

在生物学上，克隆通常用在两个方面：克隆一个基因或是克隆一个物种。克隆一个基因是指从一个个体中获取一段基因(例如通过 PCR 的方法)，然后将其插入另外一个个体(通常是通过载体)，再加以研究或利用。克隆一个生物体意味着创造一个与原先的生物体具有完全一样的遗传信息的新生物体。在现代生物学背景下，这通常包括了体细胞核移植。在体细胞核移植中，卵母细胞核被除去，取而代之的是从被克隆生物体细胞中取出的细胞核，通常卵母细胞和它移入的细胞核均应来自同一物种。由于细胞核几乎含有生命的全部遗传信息，宿主卵母细胞将发育成为在遗传上与核供体相同的生物体。

克隆技术是科学发展的结果，它有着极其广泛的应用前景。在园艺业和畜牧业中，克隆技术是选育遗传性质稳定的品种的理想手段，通过它可以培育出优质的果树和良种家畜。在医学领域，目前美国、瑞士等国家已能利用“克隆”技术培植人体皮肤进行植皮手术，这一新成就避免了异体移植可能出现的排异反应，给病人带来了福音。克隆技术还可用来大量繁殖许多有价值的基因，如治疗糖尿病的胰岛素、有希望使侏儒症患者重新长高的生长激素和能抗多种疾病感染的干扰素等等。值得注意的是，克隆技术在带给人类巨大利益的同时，也会给人类带来伦理和社会方面的忧虑，但它的产生归根结底是利大于弊，它将被广泛应用在有利于人类的方面。

三、基因芯片

基因芯片又称 DNA 芯片、生物芯片，通过微加工技术将大量特定序列的 DNA 片段（基因探针）有规律地排列固定于 2 cm^2 的硅片、玻片等支持物上，构成的一个二维 DNA 探针阵列，通过检测每个探针分子与标记的样品分子的杂交信号强度进而获取样品分子的数量和序列信息的技术。

生物芯片技术主要包括四个基本要点：芯片方阵的构建、样品的制备、生物分子反应和信号的检测。①芯片方阵的构建，先将玻璃片或硅片进行表面处理，然后使 DNA 片段或蛋白质分子按顺序排列在芯片上。②样品制备，生物样品往往是非常复杂的生物分子混合体，除少数特殊样品外，一般不能直接与芯片反应。可将样品进行生物处理，获取其中的蛋白质或 DNA、RNA，并且加以标记，以提高检测的灵敏度。③生物分子反应，芯片上的生物分子之间的反应是芯片检测的关键一步。通过选择合适的反应条件使生物分子间反应处于最佳状况中，减少生物分子之间的错配比率。④芯片信号检测，常用的芯片信号检测方法是将芯片置入芯片扫描仪中，通过扫描以获得有关生物信息。

生物芯片技术可广泛应用于疾病诊断和治疗、药物筛选、农作物的优育优选、司法鉴定、食品卫生监督、环境检测、国防、航天等许多领域。它将为人类认识生命的起源、遗传、发育与进化，为人类疾病的诊断、治疗和防治开辟全新的途径，为生物大分子的全新设计和药物开发中先导化合物的快速筛选和药物基因组学研究提供技术支撑平台。

小贴士

克隆羊 Dolly 是世界上首例应用体细胞和核移植技术进行克隆成功的动物，出生于 1996 年，其供体细胞是从一只雌性供体羊上获得的乳腺细胞。因此，可以把 Dolly 看作是供体羊的遗传复制品，Dolly 从出生后直到 3 岁之前都显示正常，染色体检查显示它的端粒长度比预期的要短。事实上，它的端粒长度大概是同一品种羊 6 岁时的平均长度。Dolly 在 6 岁时死于肺部疾病，因此，许多科学家都认为它的生物学年龄要远远超过它的实际年龄。

思 考 题

1. 名词解释

基因工程技术　目的基因　聚合酶链反应　载体　克隆技术

2. 试述基因工程的主要过程，并举例说明其在医学上的应用。

3. 简述PCR的工作原理。

4. 简述转基因技术和克隆技术及其应用。

（简清梅）

第十六章

生物化学实验指导

一、实验须知

1. 课前预习实验内容　为了获得良好的实验效果，学生实验前应认真预习实验内容，包括实验目的、原理、操作步骤及注意事项，为实验操作做好准备。

2. 自觉维护实验课纪律　为了保持有序的实验课秩序，学生应穿好工作服提前到达实验室，在实验操作中注意保持安静，不得大声喧哗、旷课、迟到与早退。

3. 严格遵守实验操作规程　在教师的指导下开展实验，学生应按规范操作，仔细观察实验现象和结果，做好记录，并对结果进行科学分析，在认真思考的基础上，独立完成实验报告，及时上交指导教师批阅。

4. 爱护实验室仪器设备　实验操作中学生应小心使用实验仪器，不随便乱动精密仪器。如有损坏及时报告老师，并按赔偿制度酌情赔偿。学生操作中注意节约试剂和用品，不得随意浪费。

5. 保持实验室清洁卫生　实验结束后，学生应彻底打扫实验室卫生。将用过的试管、吸管及器皿等物品洗净后放回原处，仔细清洁实验台，倒净废物及垃圾，关好水、电开关及门窗，保持实验室干净整洁。

二、实验室安全

1. 防火防爆　实验室应具备齐全的防可燃、可爆设施，安全通道保持通畅。易燃试剂（如乙醚、乙醇、甲醇、丙酮、氯仿等）与空气混合物有不同程度的爆炸性，使用时要特别注意远离火源和保持空气流通。切勿将易燃试剂放在烧杯等广口容器内直接在火源上加热，以防容器破裂引起火灾。水浴加热时，切勿使容器密闭，以防爆炸。

2. 防化学性危害　一些剧毒、致癌和腐蚀性化学试剂，能通过皮肤、消化道和呼吸道侵入人体造成危害。在实验操作中凡遇能产生烟雾、有毒性或腐蚀性气体时，应放在通风柜内或在开窗通气的条件下进行。

3. 防生物源性危害　实验中来自病人的标本是潜在传染源，如病毒性肝炎、艾滋病等患者的血清，故实验中应注意消毒隔离，防止感染。实验用过的试管、吸管应立即浸泡在盛有消毒液（如 0.3 mol/L 的石炭酸）的桶内，经消毒后方能洗涤。实验台面用 0.3 mol/L 石炭酸或含氯石灰（漂白粉）的消毒液清洗。实验完毕后要用消毒液浸泡双手，流水冲洗。

4. 实验废物的处理　实验用过的酸性或碱性废液倒入下水道后，需用大量流水冲洗下水管道，以防废液潴留，损坏下水管道设施。属于传染性废物（如盛标本的塑料管和剩余的标本）须经高压灭菌后才能丢入垃圾堆。

（肖明贵）

实验一　蛋白质的两性电离与等电点测定

【目的】

1. 验证蛋白质两性电离与等电点性质。

2. 掌握酪蛋白等电点测定的原理和方法。

【原理】

蛋白质是两性物质，具有酸碱两种形式的电离特征。它在溶液中的带电情况既取决于自身的分子组成，也取决于溶液的 pH 值。调整溶液的 pH 值可以使蛋白质分子带不同的电荷。蛋白质在等电点时为兼性离子，其溶解度最低，容易沉淀析出；若在大于或小于等电点的 pH 值溶液中，因蛋白质分子带同种电荷而相互排斥，不易发生沉淀。一般情况下，偏离等电点越远，蛋白质所带的同种电荷越多，发生沉淀的可能性越小。因此，根据蛋白质分子在溶液中的沉淀物多少可测定蛋白质的等电点。

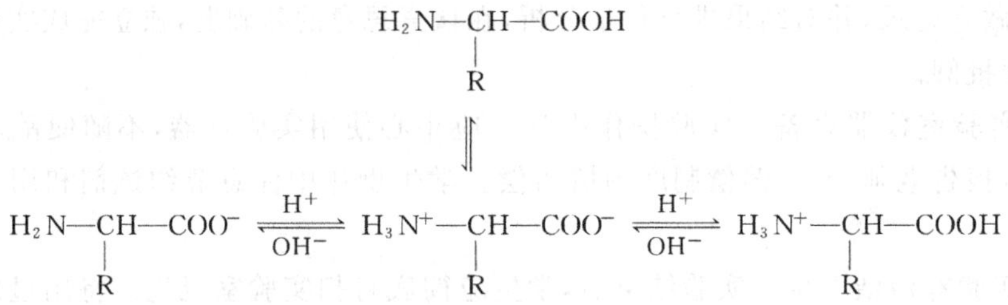

负离子（pH>pI）　　兼性离子 pH＝pI　　正离子（pH<pI）

【器材】

刻度吸管（0.5 mL、1.0 mL、5.0 mL）、试管、吸耳球、试管架、记号笔等。

【试剂】

1. 5.0 g/L 酪蛋白醋酸钠溶液　称取纯酪蛋白 0.5 g，加蒸馏水 40.0 mL 及 1.0 mol/L NaOH 溶液 10.0 mL，振摇使酪蛋白完全溶解，然后加入 1.0 mol/L 醋酸钠溶液 10.0 mL，混匀后移入 100 mL 容量瓶中，用蒸馏水稀释至刻度并混匀。

2. 0.1 g/L 溴甲酚绿指示剂　该指示剂变色范围 pH 值 3.8～5.4。酸式色为黄色，碱式色为蓝色。

3. 0.02 mol/L 盐酸溶液。

4. 0.02 mol/L 氢氧化钠溶液。

5. 1.0 mol/L 醋酸溶液。

6. 0.1 mol/L 醋酸溶液。

7. 0.01 mol/L 醋酸溶液。

【操作】

1. 蛋白质的两性电离

(1)取中号试管 1 支,加入 50 g/L 酪蛋白醋酸钠溶液 0.3 mL,0.1g/L 溴甲酚绿指示剂 1 滴,混匀。观察溶液呈现的颜色。

(2)用乳头滴管缓慢滴加 0.02 mol/L 盐酸溶液,随滴随摇,直到有明显的大量沉淀发生。观察溶液颜色的变化。

(3)继续滴入 0.02 mol/L 盐酸溶液,观察沉淀与溶液颜色的变化情况。

(4)再滴入 0.02 mol/L 氢氧化钠溶液,随滴随摇,可再度出现明显的大量沉淀,再继续滴加 0.02 mol/L 氢氧化钠溶液,观察沉淀与溶液颜色变化情况。

2. 酪蛋白等电点的测定

(1)取干净试管 5 支,按表 16-1 的顺序准确地加入各种试剂并混匀。

表 16-1　酪蛋白的两性电离与等电点测定操作步骤

加入物(mL)	1	2	3	4	5
蒸馏水	1.6	—	3.0	1.5	3.38
1.0 mol/L 醋酸溶液	2.4	—	—	—	—
0.1 mol/L 醋酸溶液	—	4.0	1.0	—	—
0.01 mol/L 醋酸溶液	—	—	—	2.5	0.62
5.0 g/L 酪蛋白醋酸钠溶液	1.0	1.0	1.0	1.0	1.0
溶液的最终 pH 值	3.2	4.1	4.7	5.3	5.9
沉淀结果					

(2)静置 20 min,观察各管沉淀,并用一、+、++、+++、++++记录沉淀结果。

【思考题】

1. 根据你所观察到的蛋白质两性电离实验的颜色及沉淀变化现象,说明其结果并解释其原因。

2. 酪蛋白的等电点是多少?

(左华泽)

实验二　血清蛋白质醋酸纤维薄膜电泳

【目的】

了解电泳法分离血清蛋白质的原理,加深对蛋白质两性电离与等电点性质的理解,学会醋酸纤维薄膜电泳的基本操作方法。

【原理】

血清中各种蛋白质的等电点大都在 pH 值 7 以下,在 pH 值 8.6 的缓冲液中,它们都带负电荷,在电场中向正极移动。因不同蛋白质等电点不同,在同一电场中所带电荷量不同,同时分子大小与分子形状也不同,因此在外加直流电场的作用下向阳极移动的速率各异,经过一定时间的电泳便可分离开来。以醋酸纤维薄膜为支持物可将血清蛋白质分离为 5 条色带,从正极起依次为清蛋白、α_1 球蛋白、α_2 球蛋白、β 球蛋白和 γ 球蛋白(实验图 2-2a)。

【器材】

电泳仪、电泳槽、醋酸纤维薄膜(2 cm×8 cm)、血清加样器(可用盖玻片、X 线胶片)、载玻片、镊子、恒温水浴箱、分光光度计等。

【试剂】

1. 巴比妥缓冲液(pH 值 8.6,离子强度 0.075)　巴比妥钠 15.45 g,巴比妥 2.76 g,蒸馏水 700～800 mL,加热溶解,冷后补足蒸馏水至 1 000 mL。

2. 氨基黑 10B 染色液　氨基黑 10B 0.5 g,甲醇 50 mL,冰醋酸 10 mL,蒸馏水 40 mL,混合使溶解。

3. 漂洗液　甲醇 45 mL,冰醋酸 5 mL,蒸馏水 50 mL,混匀,分装甲、乙、丙 3 瓶备用。

4. 洗脱液　0.4 mol/L NaOH 溶液。

5. 透明液　冰醋酸 25 mL,无水乙醇 75 mL,混匀备用。

【操作】

1. 电泳槽的准备　将缓冲液加入电泳槽的两槽内,并使两槽液面同一水平。两槽内侧边各贴挂 4 层脱脂纱布浸入缓冲液中,构成盐桥(图 16-1)。

2. 薄膜的准备　于 2 cm×8 cm 的醋纤薄膜无光面一端约 1.5 cm 处用铅笔画一直线,表示点样位置,同时做一编号标记。将膜的有光泽面向下,浸入巴比妥缓冲液中,待充分浸透后即薄膜无白斑(约 20 min)取出,用滤纸轻轻吸去薄膜表面多余的缓冲液。

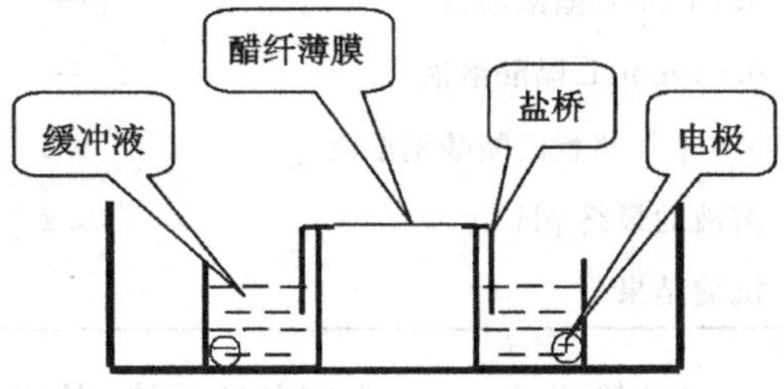

图 16-1　电泳槽装置示意图

3. 点样　用加样器取新鲜血清约 5 μL,直接"印"于点样线上,将已点好样的薄膜平整地贴于电泳槽的盐桥上,无光泽面向下,点样端置电泳槽的阴极端。盖好电泳槽盖,平衡 5 min。接通电源,以电压 8～10 V/cm 膜长或电流 0.4～0.6 mA/cm膜宽,通电 45～60 min 后关闭电源。

4. 染色与漂洗　用镊子取出薄膜条直接浸入染色液中染色 3～5 min,取出,依次置于甲、乙、丙 3 瓶漂洗液中漂洗,直到背景漂洗净为止,可见 5 条蛋白着色带。

5. 透明　若保存薄膜,待膜干燥后,置透明液中 10～20 min,取出贴于玻璃板上,干后即透明,可长期保存。

6. 定量　将漂净的薄膜用滤纸吸干,将蛋白区带分段剪下,另剪一条约平均于 5 条蛋白区带的空白薄膜,共 6 条,分别浸入盛有洗脱液的试管中,其中清蛋白管加洗脱液 4 mL,其余各管加 2 mL,置室温 30 min,不时振摇,待色泽完全浸出,用分光光度计,在波长 620nm 处比色,以空白调零,读出各管吸光度(也可直接将染色和干燥好的膜条放入专业扫描仪中扫描定量)。

【结果计算】

吸光度总和 $T=2A_{\text{Alb}}+A_{\alpha_1}+A_{\alpha_2}+A\beta+A\gamma$

各组分蛋白质的百分数:

$$\text{Alb}\%=\frac{A_{\text{alb}}\times 2}{T}\times 100\%$$

$$\alpha_1\text{ 球蛋白}=\frac{A_{\alpha_1}}{T}\times 100\%$$

α_2 球蛋白 $=\frac{A\alpha_2}{T}\times 100\%$

β 球蛋白 $=\frac{A\beta}{T}\times 100\%$

γ 球蛋白 $=\frac{A\gamma}{T}\times 100\%$

若需求各组分蛋白质的绝对值(g/L),可同时测定血清总蛋白浓度后相乘即可。

【临床意义】

1. 参考值范围　清蛋白:55%～74%。α_1 球蛋白:0.8%～3.2%。α_2 球蛋白:4.5%～9.0%。β 球蛋白:5.8%～12%。γ 球蛋白:10%～19%。

2. 血清蛋白电泳的病理改变　血清蛋白电泳的病理改变有一种或几种组分降低或增加的情况,对某些疾病有一定诊断价值(图 16-2、图 16-3)。

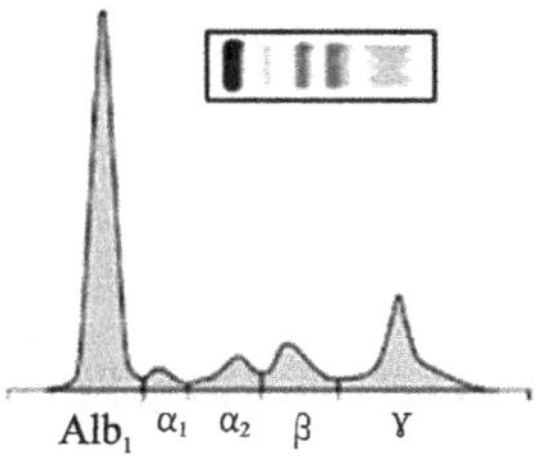

图 16-2　正常结果

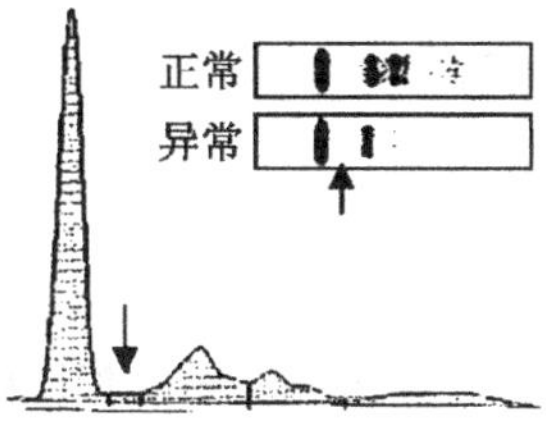

图 16-3　α_1 球蛋白缺陷

【思考题】

1. 血清点样端应置于电泳槽的哪一端,为什么?

2. 写出电泳结果自阳极端至阴极端的蛋白质组分顺序。

（左华泽）

实验三　酶作用专一性及激活剂、抑制剂对酶活性的影响

【目的】

通过唾液淀粉酶对淀粉和蔗糖的水解作用,验证酶的专一性。并观察激活剂、抑制剂对酶促反应的影响。

【原理】

1. 酶作用专一性　唾液淀粉酶对淀粉有水解作用,生成麦芽糖和少量葡萄糖,两者均属于还原性糖,能使班氏试剂中的 Cu^{2+} 还原成 Cu^{+},生成砖红色 Cu_2O 沉淀。蔗糖不能被淀粉酶水解,且蔗糖本身又无还原性,故不能使班氏试剂还原而产生颜色反应。

2. 激活剂、抑制剂对酶活性的影响　唾液淀粉酶对淀粉有水解作用,因酶的活性不同可产生不同的水解产物,其与碘液的呈色反应不一样。据此来观察激活剂、抑制剂对酶活性的影响。唾液淀粉酶对淀粉的水解过程如下:

	淀粉→	蓝色糊精→	红色糊精→	无色糊精→	麦芽糖＋少量葡萄糖
遇碘呈色反应	蓝色	蓝色	红色	无色	无色

中间可出现其他过渡色，如蓝紫色、棕红色等。

【器材】

恒温水浴箱、试管、试管架、滴管、沸水浴、烧杯等。

【试剂】

1. 10 g/L 淀粉溶液　取可溶性淀粉 1 g，加 5 mL 蒸馏水，调成糊状再加蒸馏水 80 mL，加热使其溶解，最后用蒸馏水稀释至 100 mL。冰箱保存。

2. 10 g/L 蔗糖溶液

3. pH 值 6.8PBS 缓冲液　取磷酸氢二钠 477 mg，磷酸二氢钠 397 mg，蒸馏水溶解至 100 mL。

4. 班氏试剂　结晶硫酸铜（$CuSO_4 \cdot 5H_2O$）17.3 g 溶于 100 mL 热的蒸馏水中，冷却后稀释至 150 mL，此即第一液。将枸橼酸钠 173 g 和无水碳酸钠 100 g 加水 600 mL，加热使之溶解，冷却后稀释至 800 mL，此即第二液。将第一液慢慢倒入第二液中，混匀后即为班氏试剂。

5. 1%NaCl 溶液

6. 1%$CuSO_4$溶液

7. 1%Na_2SO_4 溶液

8. 稀碘液

9. 稀释新鲜唾液　用水漱洗口腔以除去食物残渣，再含约 30 mL 的蒸馏水做咀嚼运动，促进唾液分泌，2 min 后收集并以棉花过滤于烧杯中备用。

10. 煮沸唾液　取上述稀释唾液约一半于另一烧杯中，放沸水中煮沸 5 min，使唾液淀粉酶变性失活。

【操作】

1. 酶作用专一性

(1)取 3 支试管按表 16-2 操作。

表 16-2　酶作用专一性测定操作步骤

加入物	1	2	3
pH 值 6.8PBS 缓冲液	20 滴	20 滴	20 滴
10 g/L 淀粉溶液	10 滴	10 滴	—
10 g/L 蔗糖溶液	—	—	10 滴
稀释唾液	5 滴	—	5 滴
煮沸唾液	—	5 滴	—
		混匀，置 37℃水浴 10 min	
班氏试剂	20 滴	20 滴	20 滴
		混匀，置沸水浴中煮沸	

(2)观察各管的变化，记录并分析结果。

2. 激活剂、抑制剂对酶促反应的影响

(1)取 4 支试管按表 16-3 操作。

表 16-3　酶激活剂、抑制剂对酶促反应的影响操作步骤

加入物	1	2	3	4
pH 值 6.8PBS 缓冲液	20 滴	20 滴	20 滴	20 滴
10 g/L 淀粉溶液	10 滴	10 滴	10 滴	10 滴
1% NaCl 溶液	—	10 滴	—	—
1% $CuSO_4$溶液	—	—	10 滴	
1% Na_2SO_4溶液	—	—	—	10 滴
蒸馏水	10 滴	—	—	—
稀释唾液	5 滴	5 滴	5 滴	5 滴
	混匀各管，置 37℃水浴箱 5～10 min			
稀碘液	1 滴	1 滴	1 滴	1 滴

（2）观察各管颜色的区别，说明激活剂、抑制剂对酶活性的影响。

（左华泽）

实验四　分光光度计的使用

以可见光为光源，通过比较有色溶液对某特定波长光线的吸收程度来确定其含量的分析方法称为可见光分光光度法。分光光度计是分光光度法测定溶液浓度的主要仪器，其种类较多，目前临床上使用较多的有 721 型、722 型、724 型、751 型等分光光度计。下面以 722 型光栅分光光度计为例，介绍分光光度计的仪器结构、工作原理和使用方法。

【目的】

了解分光光度计的结构和工作原理，熟悉 722 分光光度计的使用方法，为今后使用该仪器奠定基础。

【仪器结构】

722 型光栅分光光度计由光源、单色器、试样室、光电管、线性运算放大器、对数运算放大器和数字显示器等部件组成，其基本结构如图 16-4 所示。

【原理】

722 型光栅分光光度计光路如图 16-5 所示，由光源灯（如钨灯）（1）发出的连续辐射光线，经滤光片（2）和球面反射镜（3）至单色器的入射狭缝（4）聚焦成像，光束通过保护玻璃（5）经平面反射镜（6）到准直镜（7）产生平行光，射至光栅（8）色散后又以准直镜（9）聚焦在出射狭缝（10）上形成一连续光谱，由出射狭缝选择射出某一波长的单色光，经聚光镜（11）聚光后，透过试样室（12）中的测试溶液部分吸收后，光经光门（13）再照射到光电管（14）上。当某一波长的单色光通过测试溶液有光吸收现象时，光量减弱，光电转换元件则将变化的光信号转变为电信号，再经线性运算放大器和对数运算放大器处理，将光能的变化程度通过数字显示器显示出来，可根据需要直接从数字显示器上读取透光度（T）、吸光度（A）或浓度（C）。

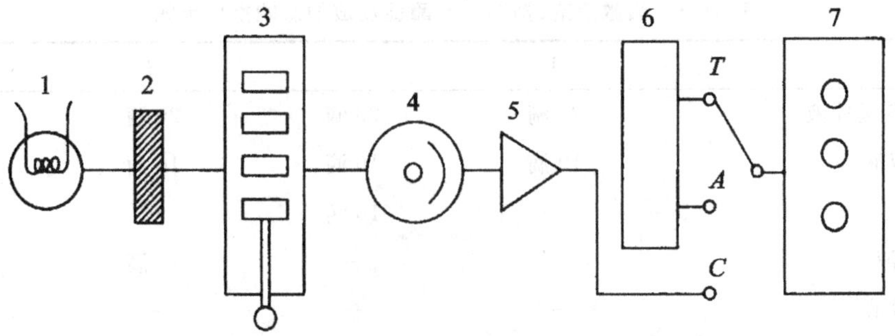

图 16-4　722 型光栅分光光度计结构示意图

1. 光源　2. 单色器　3. 试样室　4. 光电管　5. 线性运算放大器　6. 对数运算放大器　7. 数字显示器

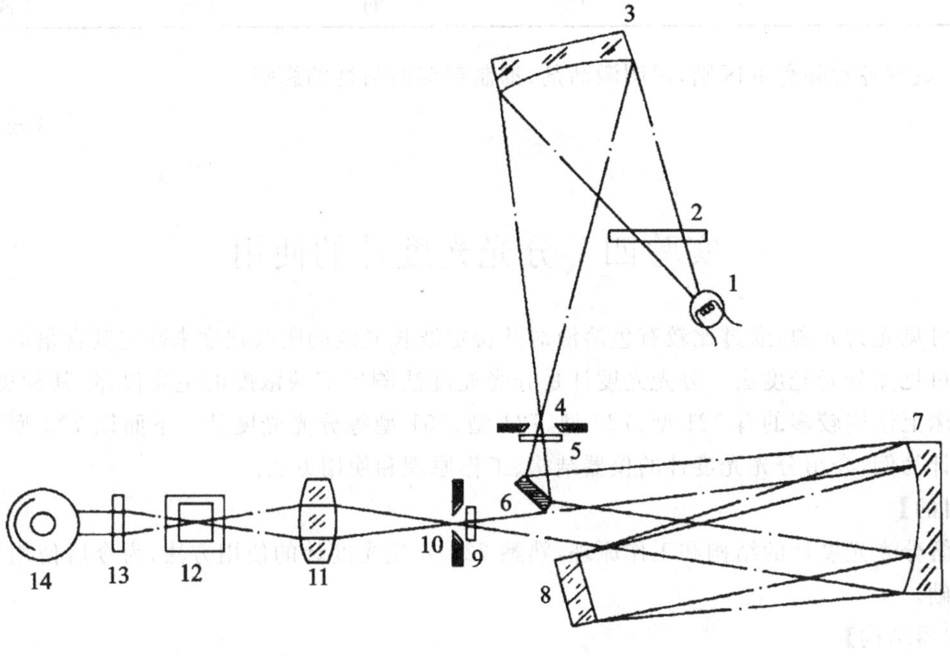

图 16-5　722 型光栅分光光度计光学系统示意图

1. 光源灯　2. 滤光片　3. 球面反射镜　4. 入射狭缝　5. 保护玻璃　6. 平面反射镜　7. 准直镜　8. 光栅　9. 保护玻璃　10. 出射狭缝　11. 聚光镜　12. 试样室　13. 光门　14. 光电管

【操作】

722 型光栅分光光度计的外观如图 16-6 所示。

1. 调节灵敏度　将灵敏度调节旋钮(13)置于放大倍率最小的“1”档。

2. 调节波长，预热仪器　开启电源开关(7)，此时指示灯亮；将选择开关(3)置于“T”位；用手旋动波长旋钮(8)，使波长刻度窗(9)显示所需波长；仪器预热 20 min。

3. 调节透光度为“0”　打开试样室盖(光门自动关闭)，调节 0% T 旋钮(12)，使数字显示器(1)的数据显示为“00.0”。

4. 放置比色皿　将盛有各种溶液(空白溶液或对照溶液、标准溶液、待测溶液)的比色皿置于比色皿架槽上，盛有空白溶液或对照溶液的比色皿对准光路。

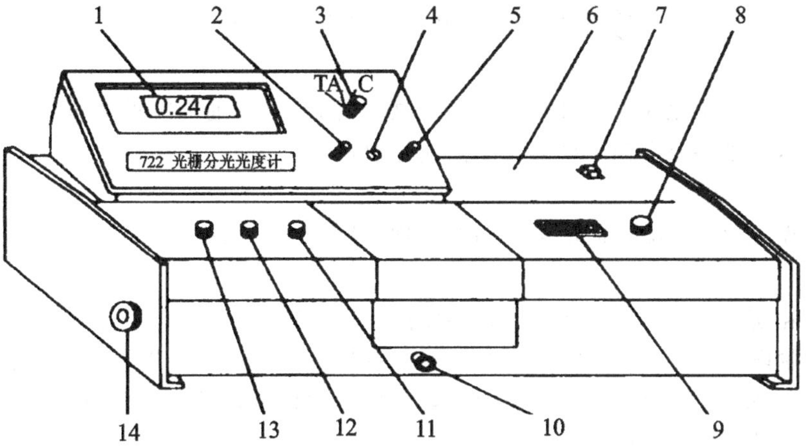

图 16-6　722 型光栅分光光度计外观示意图

1. 数字显示器　2. 消光度调零旋钮　3. 选择开关　4. 吸光度调斜率旋钮　5. 浓度旋钮　6. 光源室　7. 电源开关　8. 波长旋钮　9. 波长刻度窗　10. 试样架拉手　11. 100%T 旋钮　12. 0%T 旋钮　13. 灵敏度调节旋钮　14. 干燥器

5. 调节透光度为"100"　合上试样室盖，调节 100%T 旋钮(11)，使数字显示器(1)的数据显示为"100.0"(若显示不到"100.0"，可适当增加灵敏度档位，但尽可能倍率置低档使用)。反复调节 0%T 旋钮(12)和 100%T 旋钮(11)，保证"00.0"和"100.0"分别到位。仪器即可进行测定工作。

6. 透光度 T 的测定　拉动试样架拉手(10)，分别将盛有标准溶液、待测溶液的比色皿移入光路，数字显示器(1)的显示值即为对应溶液的透光度值(T)。

7. 吸光度 A 的测量　参照步骤"3"和"5"分别调整仪器，保证"00.0"和"100.0"分别到位后，将选择开关(3)置于"A"，调节消光度调零旋钮(2)，使数字显示为".000"，然后分别将盛有标准溶液、待测溶液的比色皿移入光路，数字显示器(1)的显示值即为对应溶液的吸光度值(A)。

8. 浓度 C 的测量　参照步骤"3"和"5"分别调整仪器，保证"00.0"和"100.0"分别到位后，把选择开关(3)置于"C"，将盛有标准溶液的比色皿移入光路，调节浓度旋钮(5)，使得数字显示其浓度值，再将盛有被测溶液的比色皿移入光路，数字显示器(1)即可显示待测溶液的浓度值(A)。

【操作练习】

配置不同浓度的重铬酸钾溶液，选择一中间浓度为标准溶液，余为待测溶液，以蒸馏水为空白溶液，在波长 440nm 处进行比色测定。

【附注】

1. 仪器预热是保证测定结果准确稳定的重要步骤。

2. 比色皿的清洁程度直接影响到实验结果。因此，要将比色皿清洗干净。

3. 每台仪器所配套的比色皿，不能与其他仪器上的比色皿单个调换。

4. 比色皿内盛装的液体不能超过其容量的 2/3，也不宜少于 1/2，且在检测前必须用滤纸将比色皿外的液体擦拭干净。

（李保安）

实验五　血清葡萄糖测定

血糖测定是临床生化检验中最常用的项目之一，测定血中葡萄糖的含量，有助于糖尿病的诊断及治疗。这里主要介绍葡萄糖氧化酶法测定血糖。

【目的】

了解葡萄糖氧化酶法测定血清葡萄糖的原理、操作方法及临床意义。

【原理】

葡萄糖氧化酶(glucose oxidase，GOD)利用氧和水将葡萄糖氧化为葡萄糖酸，并释放过氧化氢。过氧化物酶(peroxidase，POD)在色原性氧受体存在时将过氧化氢分解为水和氧，并使色原性氧受体4-氨基安替比林和酚去氢缩合为红色的醌类化合物，即Trinder反应。其颜色深浅在一定范围内与葡萄糖浓度成正比。

【器材】

试管及试管架、吸量管、水浴箱、722分光光度计。

【试剂】

1. 0.1 mol/L磷酸盐缓冲液(pH值7.0)　溶解无水磷酸氢二钠8.67 g及无水磷酸二氢钾5.3 g于800 mL蒸馏水中，用1 mol/L氢氧化钠(或1 mol/L盐酸)调节pH值至7.0，然后用蒸馏水定容至1 000 mL。

2. 酶试剂　取葡萄糖氧化酶1 200单位，过氧化物酶1 200单位，4-氨基安替比林10 mg，叠氮钠100 mg，溶于磷酸盐缓冲液80 mL中，用1 mol/L NaOH调节pH值至7.0，加磷酸盐缓冲液定容至100 mL。置4℃冰箱保存，至少可稳定3个月。

3. 酚试剂　酚100 mg溶于100 mL蒸馏水中(酚在空气中易氧化成红色，可先配成500 g/L的溶液，贮存于棕色瓶中，用时稀释)。

4. 酶酚混合试剂　酶试剂及酚试剂等量混合，4℃冰箱可以存放1个月。

5. 12 mmol/L苯甲酸溶液　溶解苯甲酸1.4 g于蒸馏水约800 mL中，加热助溶，冷却后加蒸馏水定容至1 000 mL。

6. 100 mmol/L葡萄糖标准贮存液　称取无水葡萄糖(预先置80℃烤箱内干燥恒重，移置于干燥器内保存)1.802 g，以12 mmol/L苯甲酸溶液溶解并移入100 mL容量瓶内，再以12 mmol/L苯甲酸溶液稀释至100 mL刻度处，混匀，移入棕色瓶中，置冰箱内保存。

7. 5 mmol/L葡萄糖标准应用液　吸取葡萄糖标准贮存液5 mL，于100 mL容量瓶中，用12 mmol/L苯甲酸溶液稀释至刻度，混匀。

【操作】

1. 取3支16 mm×10 mm试管，按表16-4进行操作。

表16-4　葡萄糖氧化酶法测定血液葡萄糖操作步骤

试剂(mL)	测定管	标准管	空白管
血清	0.02	—	—
葡萄糖标准应用液	—	0.02	—
蒸馏水	—	—	0.02
酶酚混合试剂	3.0	3.0	3.0

混匀，置于37℃水浴中，保温15 min，在波长505nm处比色，以空白管调零，分别读取测定管吸光度 Au 及标准管吸光度 As。

2. 计算

$$Au/As \times 5 = \text{血糖 mmol/L}$$

【附注】

1. 参考范围　空腹血糖为3.89～6.11 mmol/L。

2. 临床意义

(1)生理性血糖增高见于饱餐后和精神紧张状态时。

(2)病理性血糖增高主要见于：①糖尿病（最常见）；②某些内分泌性疾病，如甲状腺功能亢进、肾上腺髓质肿瘤、胰岛α-细胞瘤等；③颅内压升高，如颅内出血，颅外伤等；④由于脱水引起的高血糖，如呕吐、腹泻和高热等。

(3)生理性血糖降低多见于饥饿或剧烈运动，注射胰岛素或口服降血糖药过量。

(4)病理性血糖降低见于：①胰岛β-细胞增生或肿瘤等，使胰岛素分泌过多；②对抗胰岛素的激素不足，如垂体前叶机能减退、肾上腺皮质机能减退等；③严重肝病患者，肝脏不能有效地调节血糖。

（李保安）

实验六　肝中酮体的生成

【目的】

了解组织匀浆的制备方法，通过实验证明肝中酮体生成作用。

【原理】

以丁酸为底物，将丁酸溶液分别与肝匀浆和肌匀浆保温。肝细胞中含有酮体生成酶系，故能生成酮体，酮体中的乙酰乙酸及丙酮可与含亚硝基铁氰化钠的显色粉反应产生紫红色化合物。肌肉中没有生成酮体的酶系，同样处理的肌匀浆则不产生酮体，因此不能与显色粉产生颜色反应。

【器材】

匀浆机、研钵、恒温水浴箱、离心机、剪刀、白瓷反应板、试管、滴管及试管架等。

【试剂】

1. 0.9%氯化钠溶液。

2. 洛克溶液　取氯化钠0.9 g、氯化钾0.042 g、氯化钙0.024 g、碳酸氢钠0.02 g、葡萄糖0.1 g放入烧杯中，加蒸馏水溶解后，加水至100 mL，置冰箱中备用。

3. 0.5 mol/L丁酸溶液　取44.0 g丁酸溶于0.1 mol/L NaOH溶液中，加0.1 mol/L NaOH溶液至1 000 mL。

4. 0.1 mol/L磷酸盐缓冲液(pH值7.6)准确称取磷酸氢二钠($Na_2HPO_4 \cdot 2H_2O$)7.74 g和磷酸二氢钠($NaH_2PO_4 \cdot H_2O$)0.897 g，用蒸馏水稀释至500 mL，准确测定pH值。

5. 15%三氯醋酸溶液。

6. 显色粉　亚硝基铁氰化钠1 g，无水碳酸钠30 g，硫酸铵50 g，混合后研碎。

【操作】

1. 肝匀浆和肌匀浆的制备　取小鼠一只，断头处死，迅速剖腹，取出肝和肌组织，剪碎，分别放入匀浆器或研钵中，加入生理盐水（重量：体积为 1：3），研磨成匀浆。

2. 取 4 支试管，编号后按表 16-5 操作。

表 16-5　酮体生成试验操作步骤

加入物(滴)	1	2	3	4
洛克溶液	15	15	15	15
0.5 mol/L 丁酸溶液	30	-	30	30
0.1 mol/L 磷酸盐缓冲液	15	15	15	15
肝匀浆	20	20	-	-
肌匀浆	-	-	-	20
蒸馏水	-	30	20	-

3. 将上列 4 支试管摇匀后放 37℃恒温水浴中保温 30 min。

4. 取出各管，每管加入 15%三氯醋酸 20 滴，摇匀，离心 5 min(3 000r/min)。

5. 分别于各管取离心液滴于有凹白瓷反应板中，每凹放入显色粉一小匙（约 0.1 g），观察并记录每凹所产生的颜色反应。

【结果及分析】

观察各管颜色变化，并说明原因。

【思考题】

何谓酮体？酮体何处生成？何处利用？酮体生成利用有何意义？

（肖明贵）

实验七　血清 ALT 测定（赖氏法）

【目的】

了解赖氏法测定转氨酶活性的原理、操作方法及临床意义，加深对转氨基作用的理解。

【原理】

丙氨酸与 α-酮戊二酸在丙氨酸氨基转移酶（ALT）的作用下生成丙酮酸和谷氨酸，在酶反应到达规定时间时，加入 2,4-二硝基苯肼-盐酸溶液以终止反应。生成的丙酮酸与 2,4-二硝基苯肼作用，生成丙酮酸 2,4-二硝基苯腙，后者在碱性溶液中显棕红色。根据颜色的深浅，可求得血清中 ALT 的活力。反应式如下：

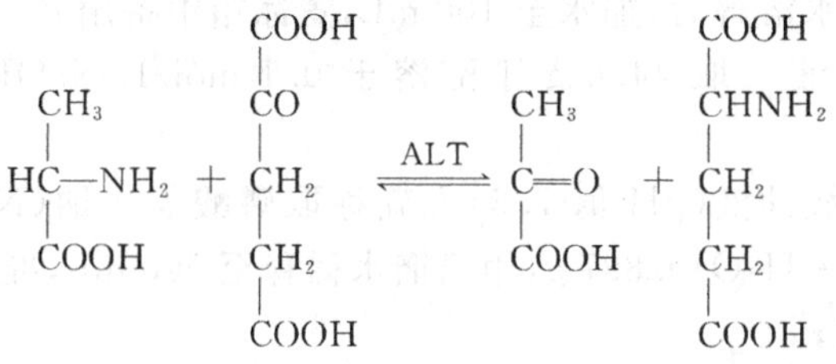

丙氨酸　α-酮戊二酸　丙酮酸　谷氨酸

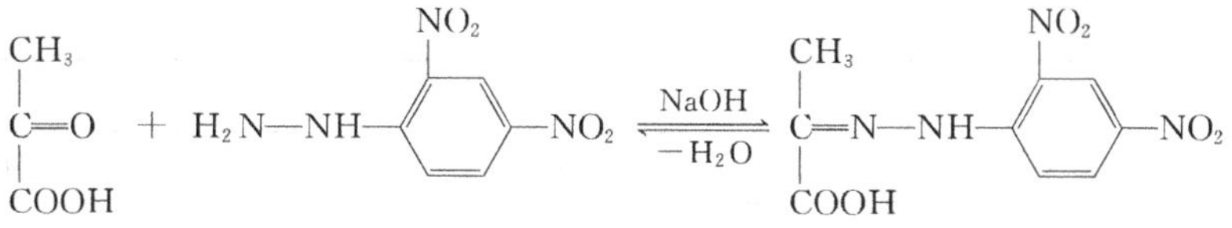

丙酮酸　　2,4-二硝基苯肼　　丙酮酸-2,4-二硝基苯腙(红棕色)

【器材】

试管及试管架、刻度吸管、恒温水浴箱、分光光度计等。

【试剂】

1. 0.1 mol/L 磷酸盐缓冲液(pH 值 7.4)　称取磷酸氢二钠(Na_2HPO_4,AR)11.928 g,磷酸二氢钾(KH_2PO_4,AR)2.176 g,加少量蒸馏水溶解并稀释至 1 000 mL。

2. ALT 底物液　称取 α-酮戊二酸 29.2 mg,DL-丙氨酸 1.79 g 于烧瓶中,加 0.1 mol/L pH 值 7.4 磷酸盐缓冲液 80 mL,煮沸溶解后待冷,用 1 mol/L NaOH 调节 pH 值至 7.4(约加入 0.5 mL),再用 0.1 mol/L 磷酸盐缓冲液在容量瓶内加至 100 mL,混匀,加氯仿数滴,置冰箱可保存数周。

3. 丙酮酸标准液(2 μmol/mL)　精确称取丙酮酸钠(AR)22.0 mg 于 100 mL 容量瓶中,加 0.1 mol/L pH 值 7.4 磷酸盐缓冲液至刻度。

4. 2,4-二硝基苯肼溶液　称取 2,4-二硝基苯肼 19.8 mg,用 10 mol/L 盐酸 10 mL 溶解后,加蒸馏水至 100 mL,置棕色瓶内,冰箱保存。

5. 0.4 mol/L NaOH 溶液　称取 16 g NaOH 溶于适量蒸馏水中,然后稀释至 1 000 mL。

【操作】

取 2 支试管按表 16-6 操作。

表 16-6　血清 ALT 测定(赖氏法)操作步骤

加入物(mL)	测定管	对照管
血清	0.1	0.1
ALT 底物液	0.5	—
	混匀,置 37℃水浴,保温 30 min	
2,4-二硝基苯肼	0.5	0.5
ALT 底物液	—	0.5
	混匀,置 37℃水浴,保温 20 min	
0.4 mol/L NaOH	5.0	5.0

混匀,静置 10 min,用 505nm 波长比色,以蒸馏水调零,读取各管吸光度,用测定管吸光度值减去对照管吸光度值,查标准曲线得 ALT 活力单位。

【标准曲线绘制】

见表 16-7。

表 16-7　血清 ALT 测定(赖氏法)标准曲线绘制操作步骤

加入物(mL)	管号					
	0	1	2	3	4	5
丙酮酸标准液(2 μmol/mL)	0	0.05	0.10	0.15	0.20	0.25

续表

加入物(mL)	管号					
	0	1	2	3	4	5
ALT 底物液	0.05	0.45	0.40	0.35	0.30	0.25
0.1 mol/L pH 值 7.4 磷酸盐缓冲液	0.1	0.1	0.1	0.1	0.1	0.1
	混匀,置 37 ℃水浴,保温 30 min					
2,4-二硝基苯肼	0.50	0.50	0.50	0.50	0.50	0.50
	混匀,置 37 ℃水浴,保温 20 min					
0.4 mol/L NaOH	5.0	5.0	5.0	5.0	5.0	5.0
相当于 ALT 单位	0	28	57	97	150	200

混匀,静置 10 min,用 505nm 波长比色,以蒸馏水调零,读取各管吸光度,将各管吸光度值减去 0 号管吸光度值,以吸光度为纵坐标,各管相应的酶活性单位为横坐标,绘制成标准曲线。

【参考范围】

5～25 卡门氏单位。

【临床意义】

ALT 主要存在于各组织细胞,以肝细胞中含量最多,正常情况下只有极少量释放入血,血清中 ALT 活性很低。当肝细胞病变、坏死或肝细胞膜通透性增加时,ALT 可大量释放入血,使血中该酶的活性显著升高,故此酶是判断肝细胞损伤的一个常用生化指标。

急性肝炎、药物中毒性肝炎时,血清 ALT 活性明显升高;肝癌、肝硬化、慢性肝炎、心肌梗死时,血清 ALT 活性中度升高;阻塞性黄疸、胆管炎时,血清 ALT 活性轻度升高。

【思考题】

1. 何谓转氨基作用?
2. 血清 ALT 活性升高有何临床意义?

(杨友谊)

实验八　血清尿素氮的测定

血清尿素氮是临床生化检验常规检测项目之一,测定血清尿素氮主要了解肾脏的排泄功能。这里主要介绍脲酶-波氏比色法及二乙酰一肟法测定血清尿素氮。

一、脲酶-波氏比色法测定血清尿素氮

【目的】

了解脲酶-波氏比色法测定血清尿素氮的原理、操作方法及临床意义。

【原理】

脲酶水解尿素生成 2 分子氨和 1 分子二氧化碳,氨在碱性环境中与苯酚及次氯酸盐作用生成蓝色的吲哚酚,亚硝基铁氰化钠催化此反应。蓝色吲哚酚生成量与尿素氮的含量成正比,在 630nm 波长处有吸收峰。

【器材】

试管及试管架、吸量管、水浴箱、722 分光光度计。

【试剂】

1. 酚显色剂 苯酚 10 g，亚硝基铁氰化钠(含 2 分子水)0.05 g，溶于 1 000 mL 无氨去离子水中，4℃冰箱存放可保存 2 个月。

2. 碱性次氯酸钠溶液 氢氧化钠 5 g 溶于无氨去离子水中，加“安替福明”8 mL(相当于次氯酸钠 0.42 g)，再加无氨去离子水至 1 000 mL，置棕色瓶内，4℃冰箱可稳定 2 个月。

3. 脲酶贮存液 脲酶(比活性 3 000～4 000 单位/克)0.2 g 置于 20 mL50%(*V*/*V*)甘油中，4℃冰箱可保存 6 个月。

4. 脲酶应用液 脲酶贮存液 1 mL，加 10 g/LEDTA-Na_2 溶液(pH 值 6.5)至 100 mL，4℃冰箱可保存 4 个月。

5. 14 mmol/L 尿素氮标准液 称取干燥纯尿素 42.0 mg，溶于少量无氨去离子水中，移入容量瓶，再加无氨去离子水稀释至 100 mL，加 0.1 g 叠氮钠或氯仿数滴防腐，4℃冰箱可保存 6 个月。

【操作】

1. 取 3 支 16 mm×10 mm 试管，按表 16-8 进行操作。

表 16-8 脲酶-波氏比色法测定血清尿素氮操作步骤

试剂(mL)	测定管	标准管	空白管
脲酶应用液	1.0	1.0	1.0
血清	0.01	—	—
尿素氮标准液	—	0.01	—
无氨去离子水	—	—	0.01
	混匀，37℃水浴 15 min		
酚显色剂	5.0	5.0	5.0
碱性次氯酸钠	5.0	5.0	5.0

混匀，置于 37℃水浴中，保温 20 min，用分光光度计波长 630nm 比色，以空白管调零，分别读取测定管吸光度 *Au* 及标准管吸光度 *As*。

2. 计算

$$血清尿素氮(mmol/L) = Au/As \times 14$$

二、二乙酰一肟法测定血清尿素氮

【目的】

了解二乙酰一肟法测定血清尿素氮的原理、操作方法及临床意义。

【原理】

二乙酰在强酸加热的条件下与尿素缩合成红色的 4,5-二甲基-2-氧咪唑化合物(Fearom 反应)，颜色深浅与尿素氮的含量成正比。因二乙酰不稳定，故试剂中用二乙酰一肟代替，后者与强酸作用产生二乙酰。

【器材】

试管及试管架、吸量管、水浴箱、722 分光光度计。

【试剂】

1. 酸性试剂 在三角烧瓶中加无氨去离子水约 100 mL，然后缓缓加入浓硫酸 44 mL，及

85%磷酸 66 mL,冷至室温后,加入氨基硫脲 50 mg 及硫酸镉($3CdSO_4 \cdot 8H_2O$)2 g,溶解后用无氨去离子水定容至 1 000 mL。置棕色瓶中,4℃冰箱可稳定 6 个月。

2. 179.9 mmol/L 二乙酰一肟溶液　称取二乙酰一肟 20 g 溶于无氨去离子水中并定容至 1 000 mL,置棕色瓶内,4℃冰箱可保存 6 个月。

3. 14 mmol/L 尿素氮标准液　称取干燥纯尿素 42.0 mg,溶于少量无氨去离子水中,移入容量瓶,再加无氨去离子水稀释至 100 mL,加 0.1 g 叠氮钠或氯仿数滴防腐,4℃冰箱可稳定6 个月。

【操作】

1. 取 3 支 16 mm×10 mm 试管,按表 16-9 进行操作。

表 16-9　二乙酰一肟法测定血清尿素氮操作步骤

试剂(mL)	测定管	标准管	空白管
血清	0.02	—	—
尿素氮标准液	—	0.02	—
无氨去离子水	—	—	0.02
二乙酰一肟溶液	0.5	0.5	0.5
酸性试剂	5.0	5.0	5.0

混匀,置沸水浴中煮沸 12 min,取出置冷水中冷却 3~5 min,在波长 540nm 处比色,以空白管调零,分别读取测定管吸光度 Au 及标准管吸光度 As。

2. 计算

$$血清尿素氮(mmol/L)=Au/As\times 14$$

【附注】

1. 参考范围 3.6~14.2 mmol/L。

2. 临床意义:尿素是人体内蛋白质分解代谢的最终产物之一,由肾脏排泄,血清尿素氮的测定可以反映肾脏的排泄功能。尿素氮浓度受多种因素的影响,可分为生理性因素和病理性因素两个方面。

(1)生理性因素　血清尿素氮的浓度与摄入的蛋白质量密切相关。蛋白质摄入量增加,血清尿素氮增加,反之则减少。

(2)病理性因素　血清尿素氮浓度病理增加的原因可分为肾前性、肾性和肾后性三个方面。①肾前性主要见于心力衰竭、消化道或手术大出血、创伤、烧伤等疾病引起的休克,还可见于剧烈呕吐、幽门梗阻、肠梗阻和长期腹泻等;②肾性如急性肾小球肾炎、慢性肾炎、慢性肾盂肾炎、肾结核、肾肿瘤、肾病晚期、肾功能衰竭及中毒性肾炎等;③肾后性疾病如前列腺肿大、尿路结石、尿道狭窄、膀胱肿瘤等导致的尿路受压等。

血清尿素氮减少较为少见,妊娠妇女由于血容量增加以及胎儿同化作用可导致尿素氮减少;因尿素主要在肝脏合成,严重的肝病,如肝炎合并广泛性肝细胞坏死时,导致肝脏合成尿素的功能障碍,血清尿素氮减少。

(李保安)

参考文献

[1] 张昌颖.生物化学[M].2版.北京:人民卫生出版社,1978.

[2] 周爱儒.生物化学[M].6版.北京:人民卫生出版社,2004.

[3] 黄平.生物化学[M].北京:人民卫生出版社,2004.

[4] 钱士匀.临床生物化学和生物化学检验实验指导[M].2版.北京:人民卫生出版社,2004.

[5] 周新,涂植光.临床生物化学和生物化学检验[M].3版. 北京:人民卫生出版社,2003.

[6] 于雪艳,张莲英.生物化学与分子生物学复习多选题[M].上海:第二军医大学出版社,2003.

[7] 高明灿.正常人体机能[M]. 北京:高等教育出版社,2004.

[8] 周春燕,药立波.生物化学与分子生物学[M].9版,北京:人民卫生出版社,2018.

[9] 姚文兵.生物化学[M].8版,北京:人民卫生出版社,2016.

[10] 中国科学院.中国学科发展战略·化学生物学[M].北京:科学出版社,2017.